はじめて学ぶ

物理学

【第2版】

Lectures on elementary physics for motivated beginners

学問としての高校物理

Hiroyuki Yoshida
吉田弘幸［著］

日本評論社

はじめに

本書は物理学の入門書です。はじめて物理学を本格的に学ぶ方に，物理学の魅力をお伝えすることが本書の目的です。具体的には，高校物理の内容を理論として精密に紹介することを通して，物理学の考え方，論理の進め方をお見せしていきます。

考え方をお見せする，と言ってもマニュアル本ではありません。記述の形態は，高校物理で採り上げられている内容に関する，物理学の理論の講義です。その講義を読み進めることにより，直接的には高校物理の内容を習得できますが，結果として物理学の基本的な考え方——論理展開の形式——に慣れることができます。

物理学では，論理を稠密に繋ぐための言語として数学を活用します。高等学校で使われている教科書は，数学の学習進度を考慮して数学的な記述が敬遠されています。そのため，物理法則の結論を「公式」として暗記するような学習に終始しがちです。このテキストでは必要に応じて数学的な手法を躊躇なく使っていきます。それが本来の物理学の手法に他ならないからです。高校で物理を履修された方にとっても，たくさんの新しい発見を経験していただけると思っています。数学的な手法を用いると言っても，読者に要求する数学の知識は高等学校で学ぶ内容のみです。一部，高等学校の数学の範囲を超える部分もありますが，それは，このテキストの中で説明を示してあります。

読者としては，高校生，大学受験生（理系の受験生には限りません）から，物理に興味のある大人の方も想定しています。高校の頃に物理を履修しなかった大人の方でも数学の内容を覚えていれば読み進めることが可能です。高校生の頃に物理に挫折した方でも大丈夫です。物理に関しては高校で学ぶ内容も前提にはしていません。

筆者は普段，都内の塾で高校生を相手に物理の授業を行っています。その際，（受講生の思惑とは必ずしも一致しませんが）全員を物理学科に送り込むつもりで授業を展開しています。だからと言って，不必要に専門的な内容を先取りして教えるのではなく，高校物理を完璧に理解して，大学入試が終わった日から自分一人で専門書を読めるようになることを目標にしています。本書の記述内容は，そこでの授業内容と符合しています。したがって，これから相対性理論や量子力学などの物理学の専門的な理論を学び直したいと考えている大人の方が，ウォーミングアップとして読むのにも最適です。

前述の通り，内容は高校物理の講義なので，高校生や大学受験生が，参考書として読むのにも適しています。むしろ，教科書として読んでいただける内容になっています。演習問題は付けていませんが，理論の理解を深めるために，やや具体的な【例】をいくつか付けました。【例】の中で，新しい内容を説明しているものもあるので，飛ばさずに読んでください。ただ，波動の分野は別の分野（「力学的波動」は「力学」,「光波」は「電磁気」）の派生的な分野であり，具体的な現象の解析が理論となっています。そのため，この 2 つの分野については【例】が少なくなっています。

高校物理の守備範囲とは，主に 17 世紀中盤から 20 世紀初頭にかけて発展した古典物理学です。具体的には，ニュートン力学から前期量子論までです。もう少し細かく分類すれば，力学（第 I 部），熱学（第 II 部），電磁気学（第 IV 部）と，波動現象の扱い方（第 III 部，第 V 部），および，現代物理学の入門（第 VI 部）となります。波動現象を除けば，これが各理論が発展した歴史的な順序と一致します。

力学，熱学，電磁気学は，高校の範囲でも一応完結した理論体系となっています。波動現象の扱い方は，力学や電磁気学の応用分野となりますが，高校の範囲では個別具体的な現象の理解に重点が置かれています。現代物理学の入門は，実際には，数学的手法の制約もあり，入門の入門程度の内容に留まっています。

実は，電磁気学に関しては，高校物理の範囲では理論が完結していません。教科書の記述では，理論体系の最後の 4 分の 1 くらいの部分が欠けています。本書は，応急ではありますが欠けた部分も繕い，完結した形で電磁気学の理論をお見せしています。

前述の通り，守備範囲は高校物理の内容に限定していますが，本書は物理学の法則と理論の紹介を目的に書かれています。理論を精密に紹介するためには論理を飛ばさずに記述する必要があります。そのため，高校物理の本としては，やや日本語の説明が多いかも知れません。しかし，ある分野で用いられる言葉を使いこなすことが，その分野を理解することを意味します。注意深く読むことにより，物理学の基本的な考え方（大袈裟な言い方をすれば「思想」と表現してもよいかも知れません）を身につけることができます。したがって，最後まで読み通していただければ，本書がみなさんの物理学の学習の強い手助けとなると信じています。ただし，そのためには，自分の頭で悩みながら読み進めることが必要です。必要に応じて計算用紙を用意して自分の手で計算も再現し，苦しみながら読み進めることを楽しんでください。

注　本文中で〈**発展**〉とある部分は議論の本題に関わる内容ですが（主に数学的に）難しい記述を含む部分です。また，〈**参考**〉とある部分は議論の本題から離れる内容であり，発展的な記述を含む場合もあります。いずれも，物理を初学の方や大学入試を目標としている方は読み飛ばしても問題ありません。〈**やや発展**〉とある部分は，計算過程は読み飛ばしても構いませんが，結論は確認してください。

第２版にあたって

本書の初版を発行してから約 4 年になります。多くの読者の方にご支持いただき，順調に版を重ねることができました。そして，この度，改訂版として第 2 版を発行できることになりました。

今回の改訂では，次の点を重視しました。

- 2022 年に実施された指導要領の改訂にあわせて用語と項目を調整しました。
- 本書だけでも受験対策として十分な学習ができるように例題を補充しました。
- 余裕のある読者にも楽しんでいただけるように発展的な項目を追加しました。

また，受験生や大人の方だけではなく高校 1 年生や中学 3 年生くらいの方にも読みやすいように，日本語の表記と表現を少し改めました。さらに多くの読者に本書が届くことを期待しています。

2023 年 5 月

吉田弘幸

目次

第II部　熱学

第 III 部　力学的波動

[下巻目次]

第 IV 部　電磁気学

第 V 部　光波

第 VI 部　原子

序章　物理学を学ぶ心構え

0.1 物理学の対象と手法

物理学の目標は，自然および自然現象の基本的な仕組みの探求である。

自然とは「現実に存在する」という意味であり，**物理**という単語も同じ意味で用いることがある。哲学にも自然を対象とする分野があるが，哲学と物理学の違いは，物理学では数学的な手法を用いることにより客観的に議論を進めることが可能となり，誰にでも同じ結論を得ることができる点にある。そのため，科学（science）として確立し，世界中に普及し，時代を超えて通用している。客観性と再現可能性は，科学の重要な要素である。

したがって，物理学の理論（基本的な考え方の体系）を理解するためには，ある程度の数学の知識が必要になる。そこで，本章の第 4 節と第 5 節において，高校物理の学習に必要な数学的手法について解説する。内容は，高等学校の数学 II, 数学 III，数学 C で学ぶものであるが，数学の教科とはやや異なる視点から説明する部分もあるので，既習の方も一読してほしい。

数学的な手法を用いるとは如何なることなのかについて，少し説明を付け加えておく。

ボールを投げると弧を描き飛んで行き，いずれ地面に落下する。これも自然現象の 1 つである。実験をすれば肉眼で観測できるが，これを客観的に捉えるために，この現象を数式で表現することを行う。その具体的な内容は第 I 部の第 1 章で学ぶことになる。現象を数式（関数）で表現することが自然現象を科学的に捉えることの第一歩である。

物理学の基本的な立場として，自然現象には基本的な仕組みがあり，すべてその仕組みに従って現象が生じていると考える。この自然の仕組みを**物理法則**と呼ぶ。物理法則は現実の現象の観測結果から発見される。物理法則の中でも，最も基本的な，その分野の現象を説明する根源的な法則を特に**原理**という。原理や物理法則の根拠となるものは観測結果のみである。

これから学んでいくと分かるように，物理法則自体は抽象的な言葉で表現されているものが多い。普遍的に適用できる法則ほど抽象度が高くなる。しかし，言葉での表現のままでは関数で表現された現象に適用できないし，客観的な議論が難しい。そこで，物理法則も数式で表現することを行う（ほとんどは方程式として定式化されている）。その方程式を解くことにより現象の結果を理論的に予言することが可能となる。

0.2 空間・時間・物質

物理学の対象である自然とは何か。自然とは現実に存在する物と事，宇宙に現れる森羅万象である。

あまりに範囲が広くて指し示す対象を想像することが難しい。もう少し分析的に考えてみることにしよう。宇宙には広大な空間の広がりがある。しかし，空っぽの空間のみが用意されても何も起きない。そこにはさまざまな物質（多くの天体，また地球という天体上には，人間も含めた生物，無生物などなどの**物**）が存在する。ところで，現象（**事**）とは簡単に言えば変化である。変化が生じるのは，この宇宙に時間の流れが用意されているからである。

つまり，空間，時間，物質が自然（現象）を構成する基本的な要素と言うことができる。空間と時間も，それ自体が物理学の対象である。その理論は20世紀になり発展したが，物理学の祖であるニュートンの時代には，空間や時間は所与のものとして受け容れられていた。高校物理の範囲では，空間と時間の物理学的構造が問題となることはないので，本書でも経験的な認識のまま受け容れることにする。つまり，空間はあらゆる方向に無限に広がり，等方的で一様である。そして，時間は淀みなく一方向に連続的に流れ続ける。

物質については，今日的な視点から少し説明を加えておく。

あらゆる物質は原子からできている。原子は原子核と電子が静電気力で結合していて，さらに，原子核は陽子と中性子が核力と呼ばれる強い力により結合してできている。したがって，すべての物質は，**陽子**，**中性子**，**電子**の3種類の粒子が集まって出来上がっている。陽子，中性子，電子の3種類と分類できるのは，これらがそれぞれ種類ごとに固有の属性をもつからである。その属性には**質量**と**電気量**（**電荷**）と呼ばれる 2 種類がある。それぞれの内容については，物理を学ぶにつれて理解が深まっていくが，当面は，それぞれが kg（キログラム）と C（クーロン）という単位で測られる量であることを頼りに経験的な理解をすればよいだろう。より重要なことは，物質の属性として質量と電気量という 2 種類があるということを認めることである。

一定の物質の集まりを**物体**と呼ぶことにする。物体は一定数の陽子，中性子が結合してできた一定数の原子核と，一定数の電子が集まってできていて，やはり，固有の質量と電気量をもつ。電気量は，電磁気の分野では重要な役割を果たすが，初めに学ぶ力学の分野では質量が重要である。また，人間の肉眼で見える程度の大きさの物体の場合には，物体の大きさと比べて電気量の大きさ（より正確に言えば，質量に対する比の値，比電荷）は小さく，現象への影響も小さくなる。

0.3 次元と単位

物理学で扱う数量（物理量）は現実に存在する対象の表現である。つまり，対応する実体が存在する。例えば，数学では 1 辺の長さが 2 の正三角形が存在するが，物理的には存在しない。例えば，1 辺の長さが，この ―――――― くらいの正三角形は現実（つまり物理的）に存在する。この長さは 2 などの数字だけでは表現できない。そこで，2 cm などと数字と単位の積の形で表現することになる。この表現は暫定的なものである。つまり，cm 以外の単位を用いて 20 mm や 0.79 inch と表現することもできる。

使う単位により表現が異なるのは不便なので，物理では実体としての数量（数値化した場合の数字と単位の組）を 1 つの斜体（italic）の文字で表す（一方，単位は立体（roman）の文字で表す）。例えば,「長さ $l = 2\,\mathrm{cm}$」と l を定義しておけば，その後は l だけで，実体として同じ長さを表すことができる。

感覚的には単位と似た概念として**次元**がある。これは，物理量がどのような実体であるかの区別である。基本的な物理量には，物理の学習が進むにつれて種類は増えるが，長さ（L），時間（T），質量（M）などがある（L, T, M はそれぞれを英語（Length，Time，Mass）で表したときの頭文字である）。これらは，自然の基本的な要素である，空間，時間，物質の属性を代表している。基本的とは，それらが互いに独立（他のいくつかの組み合わせで表現できない）で，他の量が

それらの組み合わせで表されることを意味する。例えば,

$$[\text{面積}] = [\mathrm{L}] \times [\mathrm{L}] = [\mathrm{L}^2]$$

$$[\text{速さ}] = \frac{[\mathrm{L}]}{[\mathrm{T}]} = [\mathrm{L} \cdot \mathrm{T}^{-1}]$$

などと表すことができる。このように,物理量の次元を基本的な物理量の次元の組み合わせで表記することを**次元解析**という。質量の本質を理解することは難しいが,単位 kg で測られる量である。前述のとおり,現時点では,このような経験的な理解で十分である。

物理において等式 $A = B$ が成り立つとき,まず,A と B の次元が共通(同次元)であることが前提となる。ある量を求める場合に,結論の量と求めるべき量の次元が一致していることが,結論が正しいことの大前提となる。仮に次元がズレていたら,解答が正しい可能性はゼロである。逆に,次元が正しければ,解答が正しい可能性はかなり高くなる。また,次元の異なるものどうしは和や差を求めることはできず,大小比較も無意味である。

このように,物理学において,次元は極めて重要な概念であり,常に,自分の扱っている量の次元を意識することが大切である。しかし,次元はやや抽象的な概念なので,次元の代わりに単位を確認してもよい。ただし,同じ次元の量でも単位の選択肢は複数ある(例えば,長さについて m, cm, inch など)。これは,統一した方が便利であり,実際,科学の分野では国際的な約束がある。これを SI 系と呼ぶ。現在の SI 系では,長さの単位に m(メートル),質量の単位に kg(キログラム),時間の単位に s(second,秒)を用いる MKS 単位系を採用している。

これら 3 つの単位は,基本的な次元である長さ,質量,時間に対応する単位である。したがって,他の量の単位はすべてこれらの組み合わせで一意的に表示できる。そこで,次元の代わりに単位をチェックしても,計算の正しさを確認することができる。

0.4 ベクトルとスカラー

例えば,友人が校庭を速さ $v = 1.5\,\mathrm{m/s}$ で歩いている状況を考える。しかし,速さを示しただけでは友人の歩き方を確定できない。校舎に向かって歩いているのか,校門に向かって歩いているのかにより状況はまったく異なる。つまり,友人

の歩く様子は速さに加えて歩く向きも指定しなければ実体としては表現できない。

物理量は，大きさだけ（ただし，符号をもつ場合もある）で完全に実体を表現できる量と，大きさと向きを併せて指定することにより完全に表現できる量とがある。前者のような量を**スカラー（量）**，後者のような量を**ベクトル（量）**と呼ぶ。速さと向きにより指定される量を速度と呼ぶ。速度はベクトルである。速度の大きさである速さは，スカラーである。スカラーは，大きさで表現できると言ったが，負の値をとる場合もある。方向や向きの区別がない量と言った方が正確である。スカラーの身近な例としては，速さの他に温度，時間などがある。質量もスカラーである。ベクトルの例は今のところ速度しかないが，すぐにさまざまなベクトル量が登場してくる。速さがそうであるように，ベクトルの大きさはスカラーである。

ベクトルは，図式的には矢印で表示できる。矢印の矢の向きがベクトルの向きを表し，矢印の長さがベクトルの大きさに対応する。ただし，これはイメージであり，矢印が目視できるわけではない。

ベクトルも１つの文字で表すことがあるが，スカラーと区別するために矢印を乗せたり（$\vec{V}$），太字で表したり（$\boldsymbol{V}$）する。本書では，高校数学の教科書と合わせて矢印を用いた表記を採用する。

ベクトル量に関して具体的な計算を行うには，成分表示を利用するのが便利である。

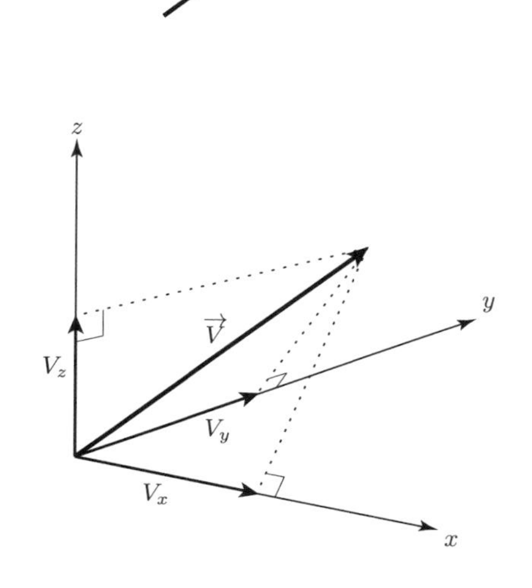

空間に xyz 直交座標系を設定して，ベクトル $\vec{V}$ の x 軸，y 軸，z 軸への正射影（影の符号付き長さ）をそれぞれ V_x, V_y, V_z とすれば，この３つの量の組と，もとのベクトル $\vec{V}$ を同一視することができる。その意味で，

$$\vec{V} = \begin{pmatrix} V_x \\ V_y \\ V_z \end{pmatrix}$$

と表示する。この右辺をベクトル $\overrightarrow{V}$ の成分表示という。また，V_x, V_y, V_z をそれぞれ，ベクトル $\overrightarrow{V}$ の x 成分，y 成分，z 成分という。これは，各座標軸方向の単位ベクトルを $\overrightarrow{e_x}$, $\overrightarrow{e_y}$, $\overrightarrow{e_z}$ として，

$$\overrightarrow{V} = V_x\overrightarrow{e_x} + V_y\overrightarrow{e_y} + V_z\overrightarrow{e_z} \tag{0–4–1}$$

と表すことができることと同じ意味である。実際，

$$\overrightarrow{e_i} \cdot \overrightarrow{e_j} = \begin{cases} 1 & (i = j) \\ 0 & (i \neq j) \end{cases} \qquad (i, j = x, y, z)$$

なので，(0–4–1) 式が成り立つとき，

$$\overrightarrow{V} \cdot \overrightarrow{e_x} = V_x, \quad \overrightarrow{V} \cdot \overrightarrow{e_y} = V_y, \quad \overrightarrow{V} \cdot \overrightarrow{e_z} = V_z$$

となる。正射影は，その方向の単位ベクトルとの内積と等しい。

ベクトルの成分表示は，採用する座標系に応じて変化する。一方，スカラーであるベクトルの大きさは座標系には依存しない不変な値をとる。これが，ベクトルとスカラーの区別の本質である。

ベクトルの演算については，数学の教科書で学ぶ内容が習得できていれば十分なので，ここでの説明は省略する。

0.5 微分と積分

物理では，さまざまな現象を代表する関数を時刻 t の関数として追跡する。その関数の時間変化が現象である。時刻は連続変数なので，現象を精密に分析する際には，微分の手法を用いることになる。数学では，まず，注目する関数が微分可能か否かが問題となるが，物理で扱う関数はほとんどは微分可能なので，以下では，特に吟味することなく扱う関数が微分可能であることを認めることにする。

微分や積分の演算についても，数学の教科書で学ぶ内容についての説明は省略する。

時刻 t の関数 $q = q(t)$ を考える。その導関数を $\dot{q}(t)$ で表すと（物理では時刻 t についての微分をドット〔˙〕で表す），

$$\mathrm{d}q = \dot{q}(t)\ \mathrm{d}t \tag{0–5–1}$$

である。$\mathrm{d}q$ や $\mathrm{d}t$ は，それぞれ q , t の無限小の変化を表す。無限小量を扱うのが

気持ち悪ければ，q や t の変化 Δq, Δt が十分に小さいときに，Δ の代わりに d を用いて，記号 $\mathrm{d}q$ や $\mathrm{d}t$ で表していると思えばよい。

関数 $f(t)$ について，時刻 t を $t = t_1$ から $t = t_2$ まで無限小ずつ変化させて，$f(t)\,\mathrm{d}t$ の和を求める演算を考える。t の有限の変化を無限小に分割すると，区間の個数は無限になるので，無限小量の無限項の和を求めることになる。このような場合には，和を表す記号としては $\sum$ ではなく $\displaystyle\int$ を用いて

$$\int_{t=t_1}^{t=t_2} f(t)\,\mathrm{d}t$$

と表す。これが定積分である。定積分は積分区間の両端における原始関数の値の差と一致するが，定義としては無限小量の和であることを理解しておきたい。

直接的に定積分の計算を実行することは難しいが，$f(t)$ の原始関数，すなわち，

$$\dot{F}(t) = f(t)$$

となる関数 $F(t)$ を知ったとすれば,

$$\mathrm{d}F = \dot{F}(t)\,\mathrm{d}t = f(t)\,\mathrm{d}t$$

なので,

$$\int_{t=t_1}^{t=t_2} f(t)\,\mathrm{d}t = \int_{t=t_1}^{t=t_2} \mathrm{d}F = F(t_2) - F(t_1)$$

となる。つまり，結果として，定積分は原始関数の差として値を求めることができる。

さて，$\dot{q}(t)$ が分かっている場合に，時刻 $t = t_1$ から $t = t_2$ の間の q の変化 $q(t_2) - q(t_1)$ を求めるにはどうすればよいか。その時間経過を十分に小さく分割すれば，分割した各区間についての q の変化は (0–5–1) で与えられるので，それを足し合わせれば求めることができる。つまり,

$$q(t_2) - q(t_1) = \int_{t=t_1}^{t=t_2} \mathrm{d}q = \int_{t=t_1}^{t=t_2} \dot{q}(t)\,\mathrm{d}t$$

となる。左辺が求めたい $q(t_2) - q(t_1)$ であるから，右辺の値を求めればよい。いま $\dot{q}(t)$ は具体的に分かっているので，その原始関数のひとつ（必ずしも，それが $q(t)$ である必要はない）が見つかれば，その差として右辺の定積分の値を知ることができる。

0.6 近似

物理学では，具体的な結論を得るために近似を用いて分析することがある。こういう言い方は誤解を招くかも知れないが，物理学自体が自然の近似である。そして，目の前の現象に対して意味のある議論を行うためには，数学的な厳密性よりも具体性の方が重要な場合がある。

近似には数値の近似と関数の近似とがある。数値の近似は有効数字を考慮して四捨五入などの手法を用いて意味のある範囲で概数を求めることになる。ここで論じるのは関数の近似である。一般論として，微分可能な関数 $f(x)$ は，定数 a と十分に小さい変数 ε に対して，

$$f(a+\varepsilon) \approx f(a) + f'(a) \cdot \varepsilon \tag{0–6–1}$$

と近似することができる。$f(x)$ の定義域が次元をもたない実数であるとき，ε が十分に小さいとは

$$|\varepsilon| \ll 1$$

であることを意味する。

(0–6–1) の右辺の関数は，$\varepsilon = x - a$ と読み換えれば $x = a$ における関数 $f(x)$ のグラフの接線の関数を表している。接線の関数は，接点において元の関数を 1 次関数で近似した関数である。

ここでの近似とは，近似の中心（上の例では $x = a$）において，関数の値と 1 次導関数の値を一致させた 1 次関数を導入することを意味する。さらに近似の精度を高めるためには，2 次導関数，3 次導関数，……，n 次導関数の値を一致させた n 次関数

$$f(a+\varepsilon) \approx f(a) + f'(a) \cdot \varepsilon + \frac{f''(a)}{2} \cdot \varepsilon^2 + \frac{f'''(a)}{3!} \cdot \varepsilon^3 + \cdots + \frac{f^{(n)}(a)}{n!} \cdot \varepsilon^n$$

を導入することができる。これを関数 $f(x)$ の n 次近似という。

高校物理では，1 次近似を用いることが多いが，状況によっては 2 次近似まで必要な場合もある。具体的にはその都度確認しながら使っていくが，代表的な近似の例を示すと以下のようになる。

$$|\theta| \ll 1 \text{ のとき，} \qquad \sin\theta \approx \theta\,, \quad \cos\theta \approx 1\,, \quad \tan\theta \approx \theta$$
$$|\varepsilon| \ll 1 \text{ のとき，} \qquad \text{定数 } \alpha \text{ に対して，} (1+\varepsilon)^{\alpha} \approx 1 + \alpha\varepsilon$$

三角関数について，さらに近似の精度を高める必要がある場合には，

$$|\theta| \ll 1 \text{ のとき，} \quad \cos\theta \approx 1 - \frac{1}{2}\theta^2$$

を用いることがある。

第 I 部
力学

第1章　運動学

力学のテーマは物体の運動の解析である。本章では，運動を数学的に表現する手続きを学ぶ。運動とは平たく言えば「動く様子」である。現実の物体は，回転や変形や分裂などの複雑な運動をする。しかし，そのような複雑な運動も，いくつかの点の運動の組み合わせにより表現できる。また，物体が変形や回転をせずに一様な運動をする場合には，1つの点の運動が物体全体の運動を代表する。そこで，本章ではもっぱら点の運動について論じる。

1.1　1次元の運動

点の運動とは，空間における点の位置（物体を代表する点が占める空間の点の位置：物体を代表する点と空間の点は区別する必要がある）の時間変化である。したがって，その位置を時刻 t の関数として表示できれば，その点の運動が理解できたことになる。

直線上における点Pの位置を指定するには，その直線に座標軸（x 軸とする）を設定して，その点Pが占有する x 軸の座標 x を読み取ればよい。しかし，物理では点の座標ではなく，座標軸の原点とその点を結んだ有向線分（つまり，座標原点を始点として，注目している点を終点とするベクトル）を点の**位置**とみなす。一直線上での位置は，原点に対する向きを符号で表示できるので，値としては位置と座標は一致する。

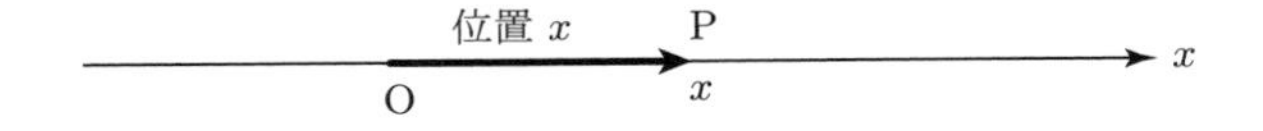

さて，点の位置 x を時刻 t の関数として

$$x = x(t)$$

の形に具体的に表現することが力学の目標となる（物理では，変数とそれを表現する関数とは同じ文字で表すことが多い）。このとき，

$$v \equiv \frac{\mathrm{d}x}{\mathrm{d}t}$$

を**速度**と呼ぶ。また，

$$a \equiv \frac{\mathrm{d}v}{\mathrm{d}t} = \frac{\mathrm{d}^2 x}{\mathrm{d}t^2}$$

を**加速度**と呼ぶ。ここで,「≡」は定義を示す。つまり，$A \equiv B$ は「B により A を定義する」ことを表す。

ところで，物理では時間微分を ˙ (ドット) で表す習慣がある（数学で使う ′ (ダッシュ) と同様)。この表記を用いれば，

$$v = \dot{x}\,, \quad a = \dot{v} = \ddot{x}$$

となる。

なお，速度の大きさ（絶対値）$|\,v\,|$ を**速さ**と呼ぶ。この速さは，小学校で学んだ速さと同じものであるが，あまりその記憶に頼らずに，ここに示した，速度，速さ，加速度の定義をまずは形式的に理解すべきである。感覚的な納得は，定義に基づいて運用する経験を積むことにより自然と獲得できる。

このように速度や加速度を定義するのは，それらが物理法則と直接的に関わるからである。その内容については次章以降で詳しく学ぶ。力学の目標は位置 $x = x(t)$ を求めることなので，速度 v や加速度 a の情報から位置 x を再現する必要がある。$x \to v \to a$ とそれぞれ微分で定義されているので，これを遡る手続きは積分である。したがって，加速度 $a = a(t)$ が求まれば，積分計算を繰り返すことにより位置 x が再現できる。ただし，具体的に関数を求めるためには初期条件，すなわち，時刻 $t = 0$ における位置 $x(0)$ と速度 $v(0)$ を知る必要がある。

初期条件が

$$x(0) = x_0\,, \quad v(0) = v_0$$

であれば，順番に積分計算を実行することにより，

$$v(t) = v_0 + \int_0^t a(s)\,\mathrm{d}s$$

$$x(t) = x_0 + \int_0^t v(s)\,\mathrm{d}s$$

として，速度 $v(t)$，位置 $x(t)$ が求められる。これは，微分と積分の基本的な関係

$$\int_0^t \dot{q}(s)\,\mathrm{d}s = q(t) - q(0)$$

を思い起こせば明らかである。定積分のためのダミーの変数として s を用いた。

このように機械的に計算を行ってもよいが，v–t 図（速度を時刻の関数としてグラフで表したもの）を利用することも有効である。加速度の定義より，v–t 図の接線の傾きは加速度の値と一致する。したがって，加速度が求まれば，その値が接線の傾きになるように曲線を延ばすことにより v–t 図が得られる。ある区間において加速度が一定であれば，その区間の v–t 図は，その加速度の値を傾きとする直線となる。

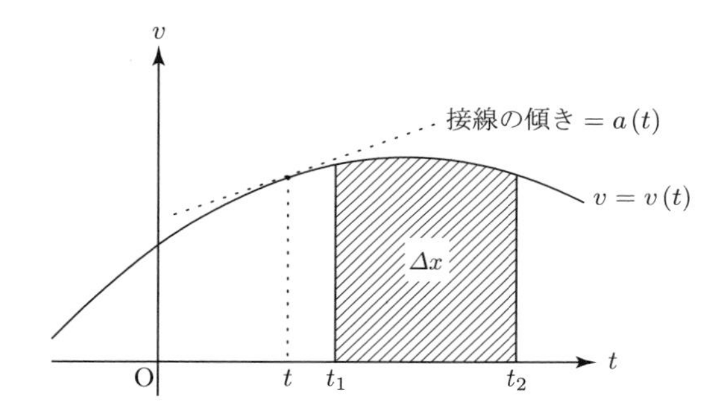

一方，関数の定積分の値は，その関数のグラフの面積を表すので，区間 $t_1 \leqq t \leqq t_2$ において v–t 図と t 軸の間の部分の面積は定積分 $\displaystyle\int_{t_1}^{t_2} v(t)\,\mathrm{d}t$ の値と一致する。$v(t) = \dfrac{\mathrm{d}x}{\mathrm{d}t}$ であるから，この値はその区間における変位

$$\varDelta x = x(t_2) - x(t_1)$$

を表す。ただし，その面積は $v > 0$ の区間については正，$v < 0$ の区間については負の符号をつけて読み取ることになる。これは，$v > 0$ であれば正の向きに変位し，$v < 0$ であれば負の向きに変位することと対応する。

1.2 平面内の運動

平面内の運動や空間内の運動についても，座標原点を始点として注目する点を終点とするベクトルにより，その点の位置を表す。つまり，点Pの位置は

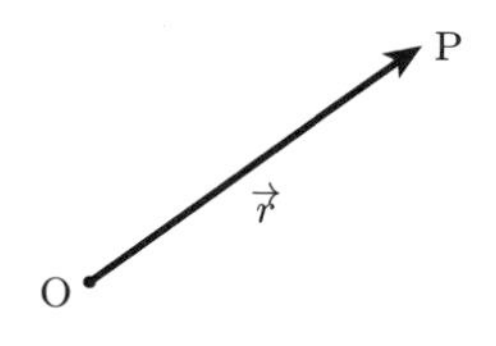

$$\vec{r} \equiv \overrightarrow{\mathrm{OP}}$$

で表す。

具体的な計算を行うには成分表示すると便利である。平面内の運動であれば，xy 座標を設定することにより

$$\vec{r} = \begin{pmatrix} x \\ y \end{pmatrix}$$

と成分表示できる。

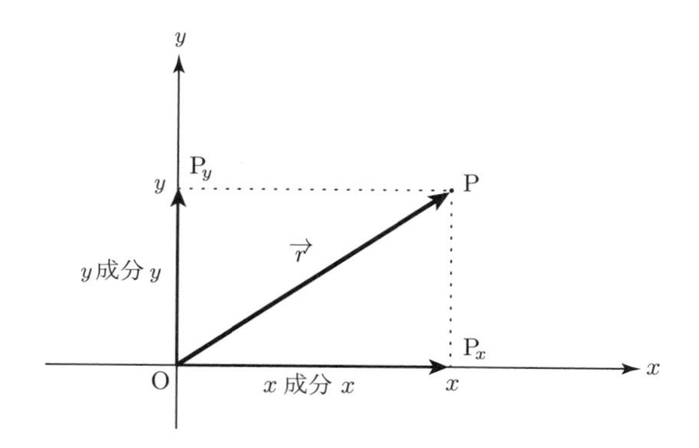

各方向の成分は，値としてはその方向の点Pの座標と一致する。点Pから各座標軸に下した垂線の足を P_x, P_y とする。このとき，点Pの位置の x 成分 x は x 軸上での点 P_x の位置を，成分 y は y 軸上での点 P_y の位置を表す。

点Pの運動に伴って，点 P_x は x 軸上を，点 P_y は y 軸上をそれぞれ運動する。この2点の運動については，前節で論じたのと同様に速度，加速度が定義できる。それらは，点Pの各座標軸方向の速度や加速度を表す。

$$\begin{cases} v_x \equiv \dfrac{\mathrm{d}x}{\mathrm{d}t} : x \text{ 方向の速度} \\ v_y \equiv \dfrac{\mathrm{d}y}{\mathrm{d}t} : y \text{ 方向の速度} \end{cases} \qquad \begin{cases} a_x \equiv \dfrac{\mathrm{d}v_x}{\mathrm{d}t} : x \text{ 方向の加速度} \\ a_y \equiv \dfrac{\mathrm{d}v_y}{\mathrm{d}t} : y \text{ 方向の加速度} \end{cases}$$

これらの量を各成分とするベクトルを導入して，それぞれ，点 P の**速度**（ベクトル），**加速度**（ベクトル）と呼ぶ。すなわち，

$$\vec{v} \equiv \begin{pmatrix} v_x \\ v_y \end{pmatrix} = \begin{pmatrix} \dot{x} \\ \dot{y} \end{pmatrix} : \text{速度（ベクトル）}$$

$$\vec{a} \equiv \begin{pmatrix} a_x \\ a_y \end{pmatrix} = \begin{pmatrix} \dot{v}_x \\ \dot{v}_y \end{pmatrix} = \begin{pmatrix} \ddot{x} \\ \ddot{y} \end{pmatrix} : \text{加速度（ベクトル）}$$

である。前節で調べた 1 次元の運動における位置，速度，加速度もベクトルであるが，成分が 1 つなので矢印を付けずに，その成分のみでベクトル量を表示している。

このようにして，平面上の点の運動は仮想的な 2 点 P_x，P_y の各座標軸上での運動の組み合わせとして再現される。空間内の点の運動の場合には，z 成分も現れるので，仮想的な点も 3 つに増えるが，本質的な考え方は変わらない。

加速度から速度，速度から位置を再現する場合も，成分ごとに前節で行ったのと同様の議論を行えばよい。成分ごとに独立に並行処理を行うことで全体の様子が把握できるのがベクトルの重要な性質である。

ベクトル量について，成分ごとの導関数を成分とするベクトルは，そのベクトル量の時間変化率を表すので

$$\vec{v} = \frac{\mathrm{d}\vec{r}}{\mathrm{d}t}, \quad \vec{a} = \frac{\mathrm{d}\vec{v}}{\mathrm{d}t} = \frac{\mathrm{d}^2\vec{r}}{\mathrm{d}t^2}$$

と表記する。

速度 $\vec{v}$ に対して，

$$v \equiv |\vec{v}| = \sqrt{{v_x}^2 + {v_y}^2}$$

を**速さ**と呼ぶ。速さ以外も，以下では，ベクトル $\vec{q}$ に対して，その大きさを q で表すことにする。ただし，1 次元の運動を考える場合には，→ を付けない文字でベクトルを表すので注意を要する。

1.3 放物運動

具体的な例として放物運動を考える。放物運動とは，空間に放り出された物体の自由運動（他の物体に接触していない運動）である。ところで，地球上には空気が存在するので，空間に放り出された物体の運動は厳密には自由運動ではない。しかし，小物体の速さがあまり大きくない運動については空気の影響は無視できる。本節でも空気の影響は無視する。

地球上での放物運動には次のような特性があることが観測的に確認されている。すなわち，物体の種類や初速度によらず，決まった加速度の等加速運動になる。この加速度を**重力加速度**と呼ぶ。重力加速度の向きは鉛直下向きである。大きさは習慣上 g で表すが，具体的には

$$g \fallingdotseq 9.8\ \mathrm{m/s^2}$$

である。向きに関しては，重力加速度の現れる方向（初速ゼロで物体を放した場合に落下する向き）を鉛直下向きの定義と理解してもよい。

【例 1–1】

地表から速さ v_0，仰角 θ で物体を打ち出した場合の運動を考える。物体の描く軌跡は経験的に知っているだろう。

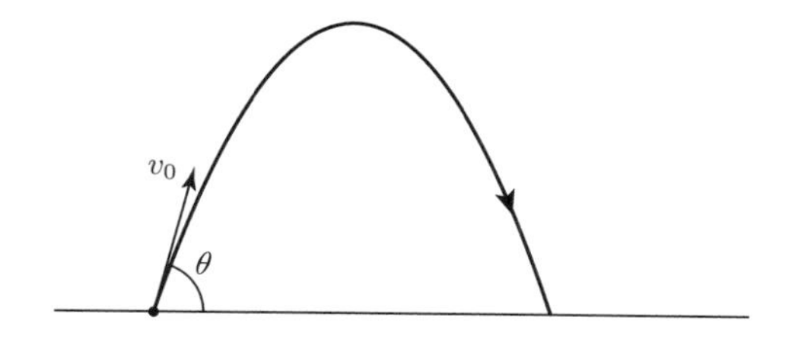

運動は平面運動（ひとつの鉛直面内の運動）になるので，その平面上に座標系を設定して追跡する。物体を投射した点を原点として，水平方向に x 軸，鉛直上向きに y 軸を設定する。

運動は重力加速度による等加速運動になる。設定した座標系では，加速度は y 軸の負の向きに大きさが g であるから，物体が地面に落下するまでの間の加速度は

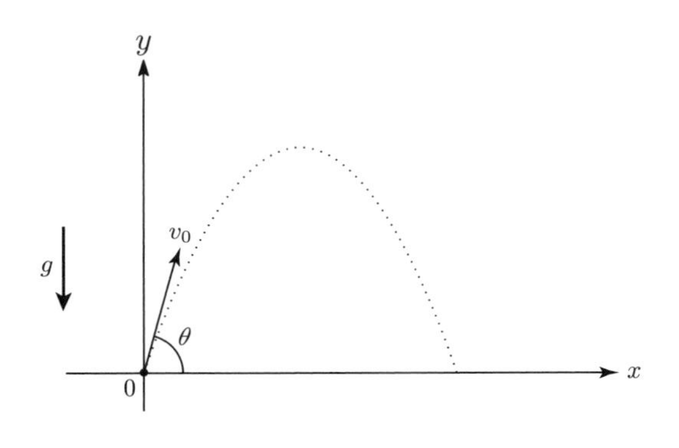

$$\begin{cases} a_x = 0 \\ a_y = -g \end{cases}$$

また，初期条件は，

$$\begin{cases} x(0) = 0 \\ y(0) = 0 \end{cases} \qquad \begin{cases} v_x(0) = v_0 \cos\theta \\ v_y(0) = v_0 \sin\theta \end{cases}$$

である。

$a_x(t) = 0$ なので，x 方向の v–t 図は傾き 0 の直線となる。つまり，$v_x =$ 一定となる（これは，加速度が速度の時間変化率であることからも明らかである）。また，この v–t 図の面積に注目して

$$x(t) - x(0) = v_0 \cos\theta \cdot t$$
$$\therefore\ x(t) = x(0) + v_0 \cos\theta \cdot t = v_0 \cos\theta \cdot t$$

と求めることができる。

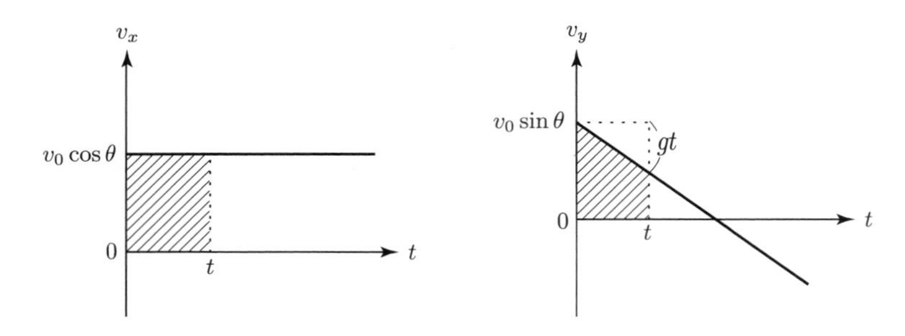

一方，y 方向については，$a_y(t) = -g$ なので，v–t 図は傾き $-g$ の直線となる。

つまり，

$$v_y(t) = v_0 \sin\theta - gt$$

である。また，v–t 図の面積に注目して

$$y(t) - y(0) = v_0 \sin\theta \cdot t - \frac{1}{2}gt^2$$

$$\therefore\ \ y(t) = y(0) + v_0 \sin\theta \cdot t - \frac{1}{2}gt^2 = v_0 \sin\theta \cdot t - \frac{1}{2}gt^2$$

と求めることができる。

以上，整理すれば

$$\begin{cases} v_x(t) = v_0 \cos\theta \\ v_y(t) = v_0 \sin\theta - gt \end{cases}$$

$$\begin{cases} x(t) = v_0 \cos\theta \cdot t \\ y(t) = v_0 \sin\theta \cdot t - \dfrac{1}{2}gt^2 \end{cases}$$

となる。最後の 2 式から t を消去すれば，

$$y = v_0 \sin\theta \times \frac{x}{v_0 \cos\theta} - \frac{1}{2}g\left(\frac{x}{v_0 \cos\theta}\right)^2$$

すなわち，

$$y = \tan\theta \cdot x - \frac{g}{2{v_0}^2 \cos^2\theta}x^2 \tag{1–3–1}$$

となり，放物運動の軌跡が 2 次関数のグラフになることがわかる。これが 2 次関数のグラフを放物線と呼ぶ所以である。初期条件を調節すれば放物物体の軌跡はあらゆる 2 次関数のグラフ（ただし，上に凸のもの）を表しうる。

この 2 次関数の最大値は物体の最高点の高さ H を表す。具体的に求めれば，

$$H = \frac{{v_0}^2 \sin^2\theta}{2g}$$

となる。これは，t の関数としての y の最大値として求めることもできる。また，v_y は $y(t)$ の導関数であり，y の時間変化率を表すので，v_y の値が正から負に変わる，つまり，$v_y = 0$ となる瞬間に y は最大となる。したがって，H は，物体を投射してから $v_y = 0$ となるまでの y 方向の変位と一致する。よって，v–t 図を利用して求めることもできる。

物体の投射点と落下点の距離 R は，投射後（$t > 0$，$x > 0$）において $y = 0$ と

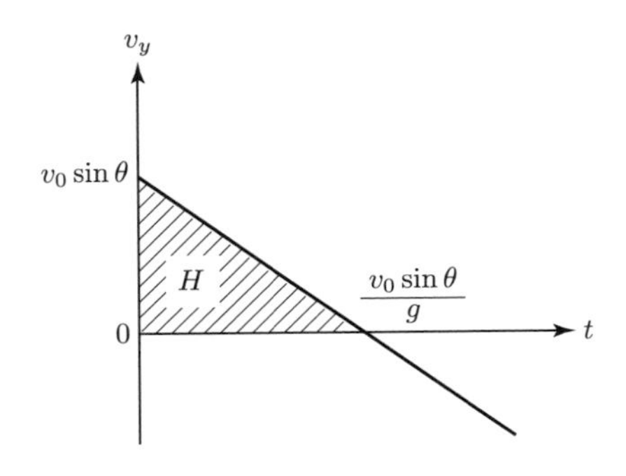

なるときの x の値である。例えば，(1–3–1) 式において $y = 0$ とおいて，$x > 0$ なる x を求めることにより

$$R = \frac{2{v_0}^2 \sin\theta\cos\theta}{g} = \frac{{v_0}^2}{g}\sin 2\theta$$

と求めることができる。v_0 を一定として R を θ の関数と見ると，

$$2\theta = 90^\circ \quad \therefore\ \theta = 45^\circ$$

のときに最大となる。(ただし，実際には空気の影響で次第に失速するため，投射後の早い段階で距離を稼いだ方が有利なので，遠投競争では仰角 45° よりも低めに投げた方がよい。しかし，具体的な角度を理論的に求めることは難しく，おそらく経験に基づく勘に頼る方が遠くまで投げられるだろう。) ■

1.4 相対運動

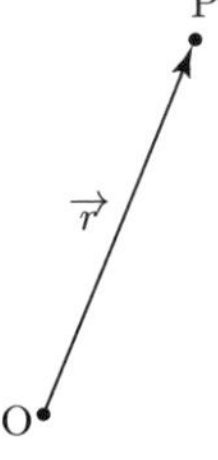

物体の位置 $\vec{r} = \overrightarrow{\mathrm{OP}}$ は，向きが座標原点 O から物体 P の向きで，大きさが $\overline{\mathrm{OP}}$ のベクトルであり，原点 O から見た物体 P の向きと距離を表す。したがって，$\vec{r} = \vec{r}(t)$ の表す運動とは，座標原点から見た（座標系に対する）物体 P の運動である。

物体の運動を，別の動く物体から見ると，座標原点から見た運動とは異なる運動が観測される。例えば，走っている友人を同じ速さで追いかけると，友人は止まって見えるだろう。このように，動いている物体から観測した場合の運動を，座標系に対する運動と区別して**相対運動**

と呼ぶ。（しかし，通常の運動も座標系の原点Oに対する運動なので，実は，運動はすべて相対運動である。）

2つの動点P, Qがあるときに，Qから見たPの運動（Qに対するPの相対運動）を考える。これは，Qを始点としてPを終点とするベクトルの時間変化により表される。

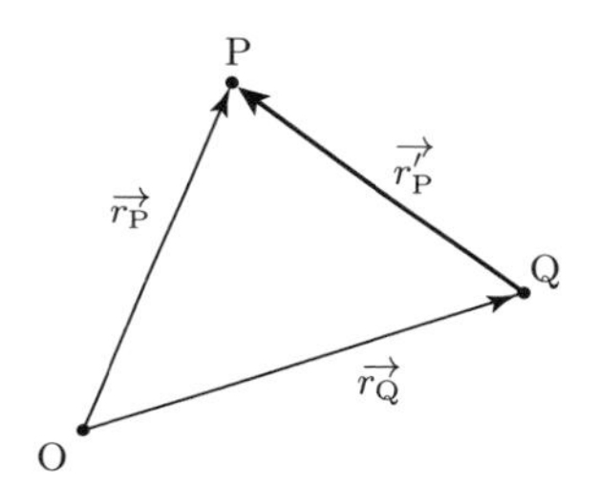

つまり，

$$\vec{r'_\mathrm{P}} \equiv \overrightarrow{\mathrm{QP}} = \vec{r_\mathrm{P}} - \vec{r_\mathrm{Q}}$$

を時刻tの関数として求めることによりQに対するPの相対運動が表される。2つの点があるので，それぞれの位置にP, Qの添え字を付けて区別した。また，Qに対する相対量であることを$'$で表した。

相対運動の速度や加速度を，それぞれ，相対速度，相対加速度と呼ぶ。これは，通常の運動と同様に定義する。すなわち，

$$\text{相対速度}\quad : \quad \vec{v'_\mathrm{P}} \equiv \frac{\mathrm{d}\vec{r'_\mathrm{P}}}{\mathrm{d}t}$$

$$\text{相対加速度}\ : \quad \vec{a'_\mathrm{P}} \equiv \frac{\mathrm{d}\vec{v'_\mathrm{P}}}{\mathrm{d}t}$$

座標系に対するP, Qの速度，および，加速度をそれぞれ$\vec{v_\mathrm{P}}$, $\vec{v_\mathrm{Q}}$，および，$\vec{a_\mathrm{P}}$, $\vec{a_\mathrm{Q}}$とすれば，微分の性質により，

$$\vec{v'_\mathrm{P}} = \vec{v_\mathrm{P}} - \vec{v_\mathrm{Q}}, \qquad \vec{a'_\mathrm{P}} = \vec{a_\mathrm{P}} - \vec{a_\mathrm{Q}}$$

となる。

【例 1–2】

水平面上の物体Pから，水平方向に距離l，鉛直方向に距離hだけ離れた

位置に物体 Q がある。P を Q に向けて初速 v_0 で打ち出すと同時に，Q が初速 0 で落下を始めた（**自由落下**）場合の，Q から見た P の運動（相対運動）を考える。

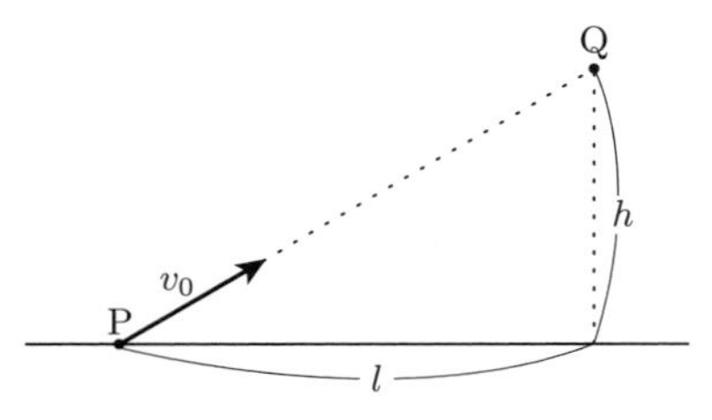

水平方向に x 軸，鉛直上向きに y 軸が向くように座標系を設定する。重力加速度の大きさを g として，補助的に P を打ち出す仰角 θ を用いる。

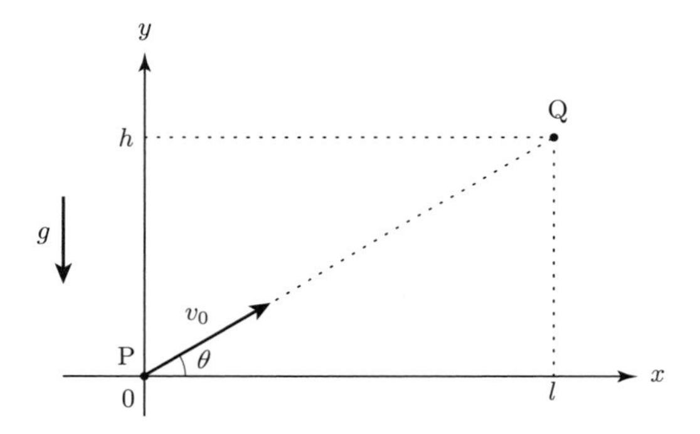

P を打ち出し，Q が落下を始めた時刻を $t = 0$ とする。各物体の速度を成分ごとに時刻 t の関数として与えれば，

$$\begin{cases} v_{\mathrm{P}x} = v_0 \cos\theta \\ v_{\mathrm{P}y} = v_0 \sin\theta - gt \end{cases} \qquad \begin{cases} v_{\mathrm{Q}x} = 0 \\ v_{\mathrm{Q}y} = -gt \end{cases}$$

また，位置は，

$$\begin{cases} x_{\mathrm{P}} = v_0 \cos\theta \cdot t \\ y_{\mathrm{P}} = v_0 \sin\theta \cdot t - \dfrac{1}{2}gt^2 \end{cases} \qquad \begin{cases} x_{\mathrm{Q}} = l \\ y_{\mathrm{Q}} = h - \dfrac{1}{2}gt^2 \end{cases}$$

となる。したがって，Q から見た P の相対的な位置は，

$$\begin{cases} x'_{\mathrm{P}} = x_{\mathrm{P}} - x_{\mathrm{Q}} = -l + v_0 \cos\theta \cdot t \\ y'_{\mathrm{P}} = y_{\mathrm{P}} - y_{\mathrm{Q}} = -h + v_0 \sin\theta \cdot t \end{cases}$$

となる。これに基づいて相対速度，相対加速度を計算すれば，

$$\begin{cases} v'_{\mathrm{P}x} = \dfrac{\mathrm{d}x'_{\mathrm{P}}}{\mathrm{d}t} = v_0 \cos\theta \\ v'_{\mathrm{P}y} = \dfrac{\mathrm{d}y'_{\mathrm{P}}}{\mathrm{d}t} = v_0 \sin\theta \end{cases}$$

$$\begin{cases} a'_{\mathrm{P}x} = \dfrac{\mathrm{d}v'_{\mathrm{P}x}}{\mathrm{d}t} = 0 \\ a'_{\mathrm{P}y} = \dfrac{\mathrm{d}v'_{\mathrm{P}y}}{\mathrm{d}t} = 0 \end{cases}$$

となる。このような計算により求めなくても，PとQの加速度は共通なので，相対加速度がゼロとなることは当然である。それに基づいて，相対運動の初期条件

$$\begin{cases} v'_{\mathrm{P}x}(0) = v_0 \cos\theta \\ v'_{\mathrm{P}y}(0) = v_0 \sin\theta \end{cases} \qquad \begin{cases} x'_{\mathrm{P}}(0) = -l \\ y'_{\mathrm{P}}(0) = -h \end{cases}$$

を用いて，相対速度，相対的な位置の順に求めることもできる。なお，

$$\begin{cases} \cos\theta = \dfrac{l}{\sqrt{l^2 + h^2}} \\ \sin\theta = \dfrac{h}{\sqrt{l^2 + h^2}} \end{cases}$$

である。

上の計算結果より，Qから見るとPは一定の速度で近づいてくることが分かる。速さは v_0 であり，$t = 0$ におけるP, Q間の距離が

$$d = \sqrt{l^2 + h^2}$$

なので，PとQは時刻

$$t = \frac{d}{v_0} = \frac{\sqrt{l^2 + h^2}}{v_0}$$

に衝突することになる。ただし，現実に衝突するためには衝突点が $y > 0$ の部分にある必要がある。その条件は，

$$h - \frac{1}{2} g \left(\frac{\sqrt{l^2 + h^2}}{v_0} \right)^2 > 0 \quad \therefore \ v_0 > \sqrt{\frac{g(l^2 + h^2)}{2h}}$$

である。■

第2章　運動の法則

力学の原理となる法則は，ニュートンの運動の3法則である。あらゆる力学現象は，この法則に基づき論理的に議論を進めれば，正しく演繹することができる。本章では，この力学の原理を紹介する。ただし，具体的な現象の解析には少し工夫が必要になる。その工夫の道筋が力学の理論となる。その内容については，第4章～第6章で学ぶ。

2.1　運動の3法則

1687年，ニュートンは力学の理論を体系的に解説する書『自然哲学の数学的諸原理』（通称『プリンキピア』）を発刊した。力学の原理となる法則も，そこで紹介されている。具体的には，

第1法則：物体は外力の作用を受けない限り，静止していれば静止したままの状態を維持し，ある速度をもてばその速度のまま等速直線運動する。

第2法則：物体の加速度は，その物体の受ける外力の向きに現れ，加速度の大きさは外力の大きさに比例し，物体の質量に反比例する。

第3法則：物体が力の作用を受けるとき，その物体はその相手に，作用線が一致し同じ大きさで逆向きの力を作用する。

なる3つの法則である。ニュートンが『プリンキピア』に記した表現とはやや異なる部分もあるが，現在では，上記のような表現をニュートンの運動の3法則と呼ぶ。この3つの法則が，これから学んでいく力学の原理となる。

外力とは，外界からの力の作用である。運動の第1法則は，物体は，外力の作

用を受けない限り運動状態を変化させないと言っている。つまり，物体は自ら運動状態を変化させることはなく，現在の運動状態（速度）を一定に保つ性質を有している。この物体の性質を**慣性**と呼ぶ。そのため，第 1 法則は**慣性の法則**とも呼ばれる。第 1 法則には，もう少し別の意味もあるが，それは第 3 節で検討する。

運動の第 2 法則は，物体が速度を変化させるとき，つまり，加速度をもつ場合について，加速度と外力の間の因果関係（外力を原因，加速度を結果とする因果律）を示している。物体の加速度が外力の作用と因果関係を有することは第 1 法則にも示唆されている。第 2 法則については，次節で詳しく検討する。

物体が外界から力の作用を受けるとき，外界とは具体的な別の物体である。そして，物体が力の作用を受けるとき，その物体は相手の物体に対して力を及ぼす。これを反作用と呼ぶ。作用と反作用は相対的で，立場の違いにより呼称は入れ替わる。運動の第 3 法則は，作用と反作用は逆向き（方向は一致）で大きさが等しいことを述べている。**作用・反作用の法則**とも呼ばれる。

力は，向きと大きさをもつベクトル量である。物体 A が，物体 B から受ける力の作用が $\vec{f}$ であるとき，その反作用（物体 B が物体 A から受ける力）は $\vec{f}$ と大きさは等しく向きが逆なので，$-\vec{f}$ で表される。

物体が力を受けている様子を図示する場合には，下図のように矢印で表現する。矢印の始点は力が作用している点であり，**作用点**と呼ぶ。矢印の向きが力の向きを示す。力の作用点を通り，力の働く方向に延ばした直線を**作用線**と呼ぶ。

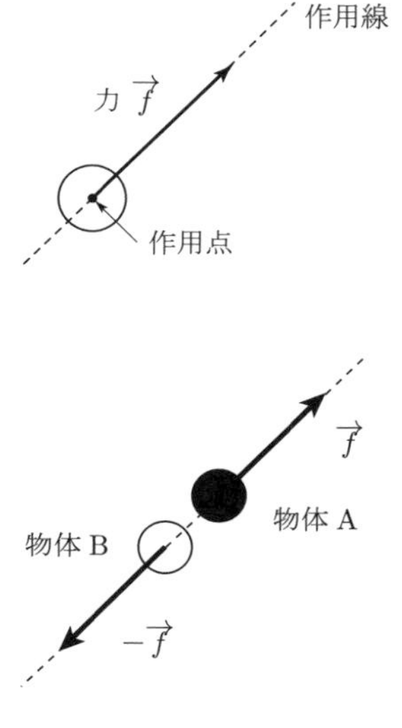

大きさのある物体の運動を扱う場合には，力の向きと大きさだけではなく，作用点や作用線が重要な意味をもつ。したがって，力の作用はベクトル（向きと大きさのみ）では完全には表現できない。向き，大きさ，作用点は力の 3 要素と呼ばれる。作用とその反作用は，作用線を共有する。

2.2 運動方程式

物理学では現象を関数で代表する。運動であれば，物体の位置 $\vec{r}$ を時刻 t の関数

$$\vec{r} = \vec{r}(t)$$

として捉える。この関数が求まれば，現象が理解できたことになる。では，この関数を如何にして求めるのか。それを教えてくれるのが物理法則である。そこで，物理法則は現象を代表した関数についての方程式として定式化する必要がある。それができれば，方程式を解くことにより，客観的に現象を説明することが可能となる。

力学においても，運動 $\vec{r} = \vec{r}(t)$ についての方程式を運動の法則から読み取る必要がある。

運動の第 2 法則は，物体の質量を m，加速度を $\vec{a}$，物体の受ける外力を $\vec{f}$ として，

$$\vec{a} = k \cdot \frac{\vec{f}}{m} \tag{2–2–1}$$

と表すことができる。k は比例定数である。物理法則は自然の仕組みを説明する普遍的な法則であるべきなので，k は物体の種類に依らない普遍定数である。

ところで，加速度 $\vec{a}$ は物理とは無関係に数学的に定義されているが，質量 m や力 $\vec{f}$ は，運動の 3 法則において初めて導入された新しい概念である。その 2 つの量について方程式 (2–2–1) が成り立つのであるが，1 つの方程式では 2 つの量の意味を確定することはできない。したがって，現段階においては，物体に固有な属性としての質量 m と外界からの作用を代表する力 $\vec{f}$ という物理量の存在を認めて，その両者の間に方程式 (2–2–1) が成立することを認めることになる。それぞれの具体的な意味は，さらに理論を発展させる過程において整合的に確定していくことになる。そこで，(2–2–1) 式の比例定数 k が $k = 1$ となるような質量 m と力 $\vec{f}$ を導入することが可能である。その場合，運動の第 2 法則を表現する方程式は

$$\vec{a} = \frac{\vec{f}}{m} \quad \text{i.e.}^{*)} \quad m\vec{a} = \vec{f}$$

---

*) i.e. は「すなわち」の意味で使う。ラテン語 id est の略。

となる。これを運動についての原理的な方程式として採用することとし，**運動方程式**と呼ぶ。なお，試験問題では，通常，物体の質量は与えられるので,「質量とは何か？」という疑問が生じることはない。

なお，同じ外力の作用を受けても，質量 m が大きいほど物体の加速度は小さくなる（運動の変化が小さい，つまり，現在の運動状態を維持する性質が大きい)。つまり，質量とは物体の慣性の大きさを表す物理量であると解釈することが可能である。その意味で，運動の法則により導入された，この質量 m を**慣性質量**と呼ぶこともある。

力学においては，物体の属性としては質量のみに注目する。そこで以下では，混乱の心配がなければ，物体と，その質量を同一視して「物体 m」などと述べることにする。

物体 m の運動方程式

$$m\vec{a} = \vec{f} \tag{2–2–2}$$

は，下図のような物体の力学的な状況を記述する方程式である。

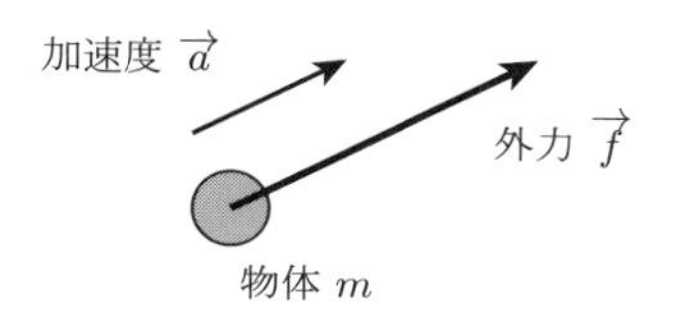

運動方程式の左辺 $m\vec{a}$ と右辺 $\vec{f}$ は，まったく別の実体であり，これらを数学的に比較することは不可能であるが，自然の仕組みとして等しいのである。等しいことを数学的に説明することはできないが（正確には，説明を求めることがナンセンスである)，物理的な事実として等しい。あるいは，等しいことを要請する（自然の摂理として認める)。このように認める（誤解を恐れずに言えば「信じる」と言い換えてもよい）ことが，原理として採用するということである。

“力” は，力学現象を考えるときに最も重要な物理量である。その単位は $m\vec{a}$ の大きさの単位と等しいので，$\mathrm{kg \cdot m/s^2}$ であるが，これを N で表し**ニュートン**と読む。もちろん，力学の創始者であるニュートン（Newton）に因んだ単位である。

ところで，方程式 (2–2–2) は，質量 m 全体が一様な加速度 $\vec{a}$ で運動する状況を想定している。大きさのある物体では必ずしも加速度の一様性は保たれないので，方程式 (2–2–2) は基本的に，質量は有限の大きさであるが幾何学的な大きさが無視でき，点として扱える理想的な物体（これを**質点**と呼ぶ）の運動方程式である。質点の場合には，その点が力の作用点となる。

2.3 慣性系

慣性の法則は，

> **物体が外力の作用を受けない限り，静止していれば静止したままの状態を維持し，ある速度をもてばその速度のまま等速直線運動する。**

と述べている。静止と等速直線運動を分けて扱っているのは歴史的な経緯による。現代的な立場からは，いずれも「加速度がゼロ」と表現できる。ところで，運動方程式

$$m\vec{a} = \vec{f}$$

によれば，$\vec{f} = \vec{0}$ のとき $\vec{a} = \vec{0}$ となる。そうすると，慣性の法則は，一見，運動方程式（運動の第 2 法則）の special case のように思える。しかし，もし，そうならば，慣性の法則を運動の**第 1** 法則として掲げる意味がない。

すでに学んだように加速度は観測する座標系によって値の異なる相対的な量である。したがって，外力の作用を受けない状態でも，観測する座標系に応じて加速度の値はゼロにもゼロでない値にもなる。慣性の法則が運動の第 1 法則であるということは，慣性の法則の成立が，第 2 法則，第 3 法則の成立の前提となる。つまり，慣性の法則は，慣性の法則が成立する座標系（これを**慣性系**と呼ぶ）を採用することを要請しているのである。

上で述べたように，慣性の法則は我々が力学現象を観測すべき立場（観測座標系）を明示している。慣性の法則の成り立つ座標系，つまり，慣性系から観測して初めて，第 2 法則に従って運動方程式を書くことができるのである。ここで 1 つの疑問が生じる。慣性系は存在するのか？　日常的な現象を観測するには地面に固定した座標系が十分によい精度で慣性系と扱えることは実験的に知られている。しかし，近似的に慣性系と扱える座標系ではなく，厳密に慣性系となる座標系は本当に存在するのか？　**「存在する！」**ということが慣性の法則の究極的な主張である。さらに付け加えれば，そのような座標系の特性は局所的なものではなく,「宇宙全体の観測について慣性の法則の成り立つ大域的な性質である」という

ことをも主張している。これは，実験的に確かめることや他の法則から説明することはできない要請であり，原理である。あるいは，ニュートンの哲学的自然観であると言ってもよいだろう。ニュートンは，宇宙空間に固定した座標系（絶対静止系）を慣性系の第1の候補と考えていた。

慣性の法則の成り立つ座標系（慣性系）は，絶対静止系のような特別のものしか存在しないのであろうか？　もし，そうだとすると物理法則の運用は非常に不便なものとなる。厳密な観測を行うためには，常にその特別な座標系を採用する必要がある。

慣性系 (Σ_0) に対して，一様かつ一定な速度

$$\overrightarrow{u_0} = \begin{pmatrix} u_X \\ u_Y \\ u_Z \end{pmatrix}$$

で平行移動する（座標軸の向きは共通とする）座標系 (Σ) を考える。

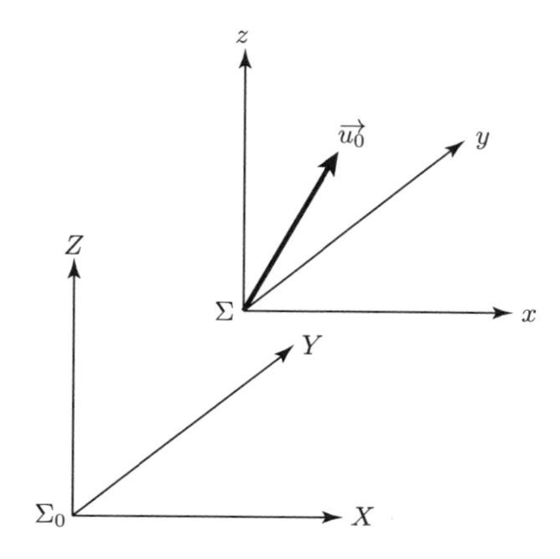

時刻 $t = 0$ における Σ の原点の Σ_0 における位置を

$$\overrightarrow{r_0} = \begin{pmatrix} X_0 \\ Y_0 \\ Z_0 \end{pmatrix}$$

とする。ある物体の2つの座標系 Σ_0, Σ における位置の座標を (X, Y, Z), (x, y, z) とすれば，

$$\begin{cases} x = X - (X_0 + u_X t) \\ y = Y - (Y_0 + u_Y t) \\ z = Z - (Z_0 + u_Z t) \end{cases} \tag{2–3–1}$$

である。これは，Σ_0 系から Σ 系への座標変換を与える関係式で，**ガリレイ変換**と呼ばれる。

Σ_0 系は慣性系なので，物体の受ける力 $\overrightarrow{f}$ を Σ_0 系から観測したときの成分表示を

$$\overrightarrow{f} = \begin{pmatrix} f_X \\ f_Y \\ f_Z \end{pmatrix}$$

とすると，運動方程式より，X, Y, Z は

$$m \begin{pmatrix} \ddot{X} \\ \ddot{Y} \\ \ddot{Z} \end{pmatrix} = \begin{pmatrix} f_X \\ f_Y \\ f_Z \end{pmatrix} \tag{2–3–2}$$

を満たす。$(x,\ y,\ z)$ と $(X,\ Y,\ Z)$ はガリレイ変換 (2–3–1) で結びつくので，u_X, u_Y, u_Z が一定のとき，

$$\begin{cases} \ddot{x} = \ddot{X} \\ \ddot{y} = \ddot{Y} \\ \ddot{z} = \ddot{Z} \end{cases}$$

である。ゆえに，(2–3–2) 式より

$$m \begin{pmatrix} \ddot{x} \\ \ddot{y} \\ \ddot{z} \end{pmatrix} = \begin{pmatrix} f_X \\ f_Y \\ f_Z \end{pmatrix} \tag{2–3–3}$$

が成り立つことが分かる。一方，座標系の原点を平行移動しても，力の大きさと座標軸に対する向きは変わらないので，力 $\overrightarrow{f}$ の成分表示は，Σ 系でも

$$\overrightarrow{f} = \begin{pmatrix} f_X \\ f_Y \\ f_Z \end{pmatrix}$$

である。したがって，(2–3–3) 式の成立は，Σ 系から観測した物体の運動につい

てもニュートンの運動方程式 $m\vec{a} = \vec{f}$ が成り立つことを示す。ニュートンの運動方程式が成立すれば，外力の作用がないとき物体の加速度は $\vec{a} = \vec{0}$ となるので，その座標系では慣性の法則が成立する。つまり，その座標系も慣性系である。

以上まとめれば，次のことが分かる。

慣性系とガリレイ変換で結びつく座標系もやはり慣性系である。

あるいは，

ニュートンの運動方程式は，ガリレイ変換に関して形が不変である。

つまり，ニュートンの運動の法則は任意の慣性系で同じ形で成り立つ。逆に言えば，慣性系はすべて運動の法則の記述に関して対等である。これを**ガリレイの相対性原理**という。**相対性原理**という用語はアインシュタインによる。アインシュタインは，相対性原理が運動の法則だけではなく，すべての物理法則に対して成り立つべきであり，慣性系と慣性系をつなぐ座標変換を修正すべきであることを発見し，**特殊相対性理論**を構築した。相対性理論は，第 VI 部の第 1 章で概略を紹介するが，本書の範囲外の内容となるので詳細を扱うことはできない。興味のある方は適当な専門書を繙（ひもと）いてほしい。

さて，1 つの慣性系とガリレイ変換で結びつく座標系は無数に存在するので，我々はその中からその場面で最も使いやすい慣性系の 1 つを選んで物体の運動を観測すればよいのである。地上に固定された座標系は，十分に短い時間内（数分程度）では，宇宙空間に対して一定の速度で平行移動する座標系と扱うことができ，慣性系として採用できる。

2.4　非慣性系での運動方程式

慣性の法則が成立しない座標系，すなわち，**非慣性系**では，観測している物体の運動を，ニュートンの運動方程式によって説明することができない。しかし，前節で行ったのと同様の手続きにより，慣性系とその座標系をつなぐ座標変換の式を用いて，慣性系における運動方程式を非慣性系での物体の座標についての方程式に書き換えることにより，非慣性系での運動方程式（非慣性系において観測される運動を説明する方程式）を導くことができる。

非慣性系とは，簡単に言えば，宇宙空間に対して加速度をもつ座標系である。その態様はさまざまであるが，2 つの典型的な非慣性系の例について調べておく。

並進加速度系

慣性系 Σ_0 における座標が $(X_\Sigma,\ Y_\Sigma,\ Z_\Sigma)$ である点を原点として，Σ_0 系と同じ向きの座標系をもつ座標系 Σ を考える。つまり，Σ 系は Σ_0 系を

$$\begin{pmatrix} X_\Sigma \\ Y_\Sigma \\ Z_\Sigma \end{pmatrix}$$

だけ平行移動した座標系である。$X_\Sigma,\ Y_\Sigma,\ Z_\Sigma$ が時刻 t の 1 次関数または定数である場合には，Σ 系も慣性系になることを前節で学んだ。ここでは，必ずしも 1 次関数でない場合を考える。

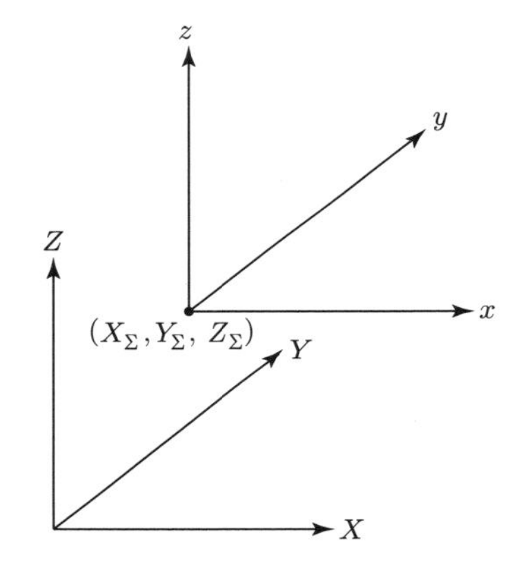

Σ_0 系における物体の座標が $(X,\ Y,\ Z)$，Σ 系における物体の座標が $(x,\ y,\ z)$ とすれば，

$$\begin{cases} x = X - X_\Sigma \\ y = Y - Y_\Sigma \\ z = Z - Z_\Sigma \end{cases}$$

すなわち，

$$\begin{cases} X = x + X_\Sigma \\ Y = y + Y_\Sigma \\ Z = z + Z_\Sigma \end{cases}$$

なので，

$$\begin{cases} \ddot{X} = \ddot{x} + \ddot{X}_\Sigma \\ \ddot{Y} = \ddot{y} + \ddot{Y}_\Sigma \\ \ddot{Z} = \ddot{z} + \ddot{Z}_\Sigma \end{cases}$$

となる。Σ_0 系における物体の運動方程式

$$m \begin{pmatrix} \ddot{X} \\ \ddot{Y} \\ \ddot{Z} \end{pmatrix} = \begin{pmatrix} f_X \\ f_Y \\ f_Z \end{pmatrix}$$

に代入すれば,

$$m \begin{pmatrix} \ddot{x} + \ddot{X}_\Sigma \\ \ddot{y} + \ddot{Y}_\Sigma \\ \ddot{z} + \ddot{Z}_\Sigma \end{pmatrix} = \begin{pmatrix} f_X \\ f_Y \\ f_Z \end{pmatrix}$$

すなわち,

$$m \begin{pmatrix} \ddot{x} \\ \ddot{y} \\ \ddot{z} \end{pmatrix} = \begin{pmatrix} f_X \\ f_Y \\ f_Z \end{pmatrix} + \left\{ -m \begin{pmatrix} \ddot{X}_\Sigma \\ \ddot{Y}_\Sigma \\ \ddot{Z}_\Sigma \end{pmatrix} \right\}$$

となる。これはニュートンの運動方程式とは形が異なるが，Σ 系における物体の運動を正しく表現する方程式である。右辺に導入された

$$-m \begin{pmatrix} \ddot{X}_\Sigma \\ \ddot{Y}_\Sigma \\ \ddot{Z}_\Sigma \end{pmatrix}$$

を**慣性力**と呼ぶ。運動方程式の右辺に現れたので一種の力と解釈し,「見かけの力」と説明されることもある。見かけの力というのは，力の相手や反作用が存在しない数学的な補正項であることを意味する。そして，慣性質量 m に比例する “力” となっている。

非慣性系ではニュートンの運動方程式をそのまま使うことはできないが，見かけの力として慣性力を導入すれば，その座標系から観測する運動を正しく説明することができる。慣性力の形は，その座標系の慣性系からのずれ方によって定まる。

等速回転系〈やや発展〉

今度は，慣性系 Σ_0 に対して，Z 軸を軸として一定の**角速度** ω で回転する座標系 Σ を考える。角速度とは角度の時間変化率であり，この場合は，2 つの座標系の傾きの角度の時間変化率である。

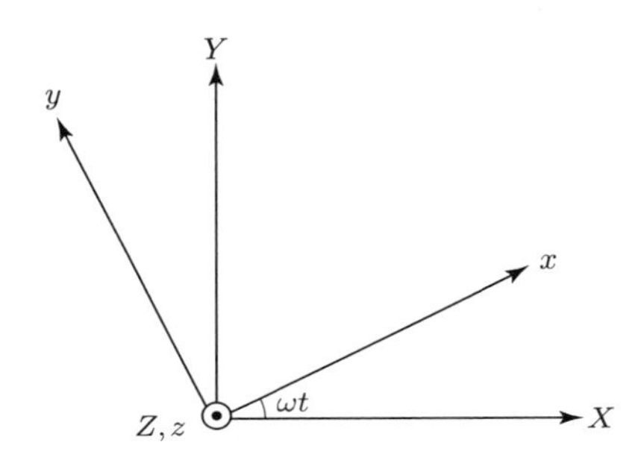

2 つの座標系の原点は一致していて，時刻 $t = 0$ には各座標軸が重なっていたとする。各座標系における物体の座標を (X, Y, Z), (x, y, z) とすると，

$$\begin{cases} x = \cos\omega t \cdot X + \sin\omega t \cdot Y \\ y = -\sin\omega t \cdot X + \cos\omega t \cdot Y \\ z = Z \end{cases}$$

である。これは，一般に Σ_0 系のベクトルの成分から Σ 系での成分に変換する関係式である。逆に x, y, z について解けば，

$$\begin{cases} X = \cos\omega t \cdot x - \sin\omega t \cdot y \\ Y = \sin\omega t \cdot x + \cos\omega t \cdot y \\ Z = z \end{cases}$$

となる。これより，$\ddot{X}$, $\ddot{Y}$, $\ddot{Z}$ を計算して，Σ_0 系での物体の運動方程式に代入して式を整えると次のようになる（やや長い計算になるが，各自で確かめてみよう）。

$$m\begin{pmatrix} \ddot{x} \\ \ddot{y} \\ \ddot{z} \end{pmatrix} = \begin{pmatrix} \cos\omega t \cdot f_X + \sin\omega t \cdot f_Y \\ -\sin\omega t \cdot f_X + \cos\omega t \cdot f_Y \\ f_Z \end{pmatrix} + m\omega^2\begin{pmatrix} x \\ y \\ 0 \end{pmatrix} + 2m\omega\begin{pmatrix} \dot{y} \\ -\dot{x} \\ 0 \end{pmatrix} \tag{2–4–1}$$

(2–4–1) 式の右辺第 1 項は Σ 系における力の成分表示であり，第 2 項，第 3 項は

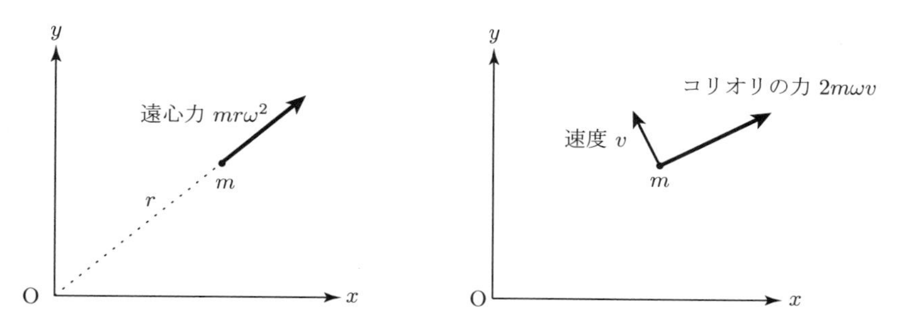

この回転座標系 Σ で現れる慣性力である。第 2 項は回転面内で回転軸から遠ざかる向きに働く力に見えるので**遠心力**という。遠心力の大きさは，物体の回転軸からの距離を r とすれば $mr\omega^2$ である。第 3 項は**コリオリの力**と呼ばれ，回転面内での速度と垂直右向き（$\omega < 0$ ならば左向き）にその速さに比例する大きさで作用して見える。高校生（受験生）としては，遠心力の現れ方は理解しておく必要がある。

高校の物理ではコリオリの力が問題になることは少ない。なお，遠心力は物体の回転ではなく，観測する座標系の回転によって現れる。物体の円運動を遠心力で説明することは概念的に本質的な誤りである。

第3章　力の扱い方

究極的には運動方程式さえ書けば，その解として物体の運動を説明できる。しかし，そのためには物体の受ける外力を正確に読み取らなければならない。力も自然界の存在であり，それは自然の仕組み（物理法則）に従って現れる。ただ，人間の目で直接観測できるような巨視的物体の運動には極めて複雑な機構が関わるので，すべてを物理法則に基づいて理論的に扱うことは不可能である。そこで，運動の法則を学ぶ段階では，力の扱い方をある程度単純化（理想化，モデル化）して扱うことも有益である。

3.1 重ね合わせの原理

この節と次の節では，力についての厳密な理論（力についての純粋な物理法則）を学ぶ。

慣性系から観測するとき，力は作用・反作用の法則に従い，具体的な相手が存在する。ひとつの物体が力を受ける相手は1つだけとは限らない。複数の外界から同時に力の作用を受ける場合には，全体として，その物体の受ける外力 $\overrightarrow{f}$ は，どのように表されるのか。

1つ1つの相手から受ける力は，注目する物体と1つの相手との二者間の関係で定まる（これに関する物理法則は次節で学ぶ）。他にも相手がいるからといって，その影響は受けない。そして，各相手（$1 \sim n$）から受ける力のベクトルを $\overrightarrow{f_1}$，$\overrightarrow{f_2}$，$\cdots$，$\overrightarrow{f_n}$ とすると，注目する物体の受ける外力は，それらの代数和

$$\overrightarrow{f} = \overrightarrow{f_1} + \overrightarrow{f_2} + \cdots + \overrightarrow{f_n}$$

により与えられる（和の結果 $\overrightarrow{f}$ を**合力**という）。これを力に関する**重ね合わせの**

原理という。重ね合わせとは，このように単純な和のことである。物理では，さまざまな場面で重ね合わせの原理が現れるが，その要は「和で表される」ということではなく「1つ1つの効果を独立に評価できる」というところにある。非慣性系からの観測については，慣性力も重ね合わせの原理に従う。

力についての重ね合わせの原理は，力のさまざまな作用（これから学ぶ力積，仕事率，仕事など）について有効な物理法則である。重ね合わせができるということは，他の法則からは説明できず，原理として要請する必要がある。運動の第4の法則として理解するべきである。

3.2 万有引力とクーロン力

自然界に存在する力の基本的な形には4種類ある。そのうち，巨視的な物体の運動に関わるのは，万有引力（重力）と電磁力の2種類である。残りの2つは極（ごく）ミクロな現象でのみ現れる。

電磁力の静的な現れは静電気力（クーロン力）と呼ばれている。万有引力とクーロン力は，数学的には同じ形の関数で表される。

万有引力

万有引力はニュートンによって発見され，その法則はやはり『プリンキピア』に記載されている。

> **2つの物体の間には，物体間の距離の2乗に反比例し，2つの物体の質量の積に比例する大きさの引力が作用する。（万有引力の法則）**

比例定数は**万有引力定数**（**重力定数**）と呼ばれ，習慣上 G で表す。したがって，2物体 m_1，m_2 間の距離（大きさの無視できない物体の場合には中心〔正確には重心〕間の距離）が r のとき，物体間にはたらく万有引力の大きさは

$$f_G = G\frac{m_1 m_2}{r^2}$$

となる。

万有引力定数の値は

$$G \fallingdotseq 6.7 \times 10^{-11}\ \mathrm{N \cdot m^2/kg^2}$$

と非常に小さい。そのため，物体の運動に影響が現れるのは，相手の物体の質量

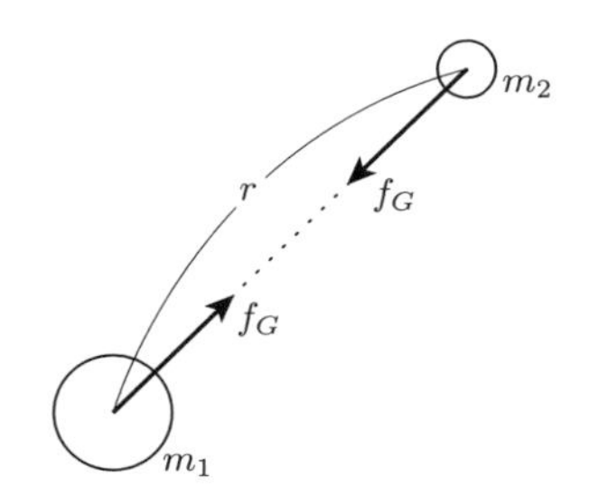

が非常に大きい天体の場合のみである。天体以外の物体からの万有引力は無視できる。2 物体の距離が小さくなれば，質量が小さくても万有引力が意味をもちそうであるが，距離が極めて小さくなると，次に説明するクーロン力の方が支配的であり，結局，万有引力は無視できる。

ところで，万有引力（重力）の法則に関わる物体の質量は，概念的には運動の法則に現れた質量（慣性質量）とは区別できる（区別するべきである）。そのとき，万有引力の法則に関わる質量は**重力質量**と呼ぶ（さらに，引力を受けている側の質量を受動的重力質量，及ぼしている側の質量を能動的重力質量と区別する場合もある）。ところが，自然の仕組みとして，慣性質量と重力質量は区別する必要がない（区別できない）ことが知られている（これを理論的に理解するには一般相対性理論を学ぶ必要がある）。したがって，通常は，両者を区別せず，どちらの意味でも単に“質量”と呼んでいる。

クーロン力

物体固有の属性には，質量の他に電気量（電荷）がある。電荷と電荷の間にはたらく力を**クーロン力**（静電気力）と呼ぶ。もともとは 1773 年にキャベンディッシュにより実験的に発見されたが，1785 年にクーロンにより再発見された。

> **2 つの物体の間には，物体間の距離の 2 乗に反比例し，2 つの物体の電気量の積に比例する大きさの力が作用する。（クーロンの法則）**

クーロン力の向きは，引力の場合も斥力の場合もある。そのため，電気量は符号を区別する必要があり（質量はあらゆる物体で同符号），同符号の電荷の間のクーロン力は斥力，異符号の電荷の間のクーロン力は引力としてはたらく。

したがって，力の向きを符号（斥力を正，引力を負）で表すと，2 つの点電荷 q_1，q_2 間の距離が r のとき，点電荷の間にはたらくクーロン力は，

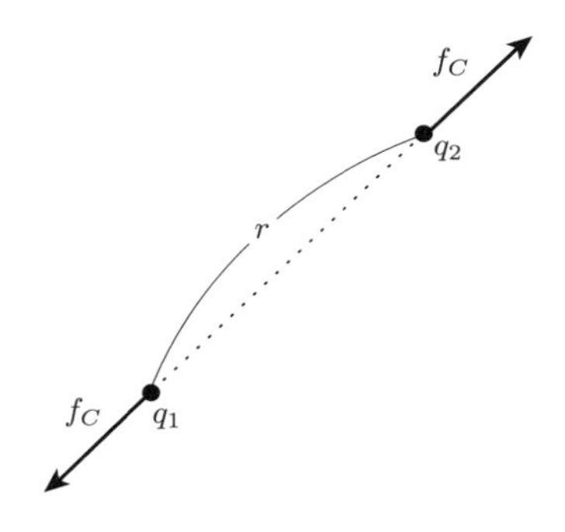

$$f_{\mathrm{C}} = k\frac{q_1 q_2}{r^2}$$

と表せる。比例定数 k を**クーロンの法則の比例定数**と呼ぶ。真空中のクーロンの法則の比例定数 k_0 は,

$$k_0 \fallingdotseq 9.0 \times 10^9\ \mathrm{N \cdot m^2/C^2}$$

である。空気中でもほぼ同じ値となる。

地上での巨視的物体の運動を調べるときに，万有引力の法則やクーロンの法則に遡って力を求める必要はないし，また，現実的には不可能な場合が多い。現象に即した実践的な力の読み取り方を次節以降で扱う。

3.3 重力

地球周辺での物体の運動を調べる際，物体の受ける万有引力としては，地球からの万有引力のみを考慮すればよい。物体 m が地球から受ける万有引力は，地球の中心からの距離を r として，地球の中心の向きに大きさ

$$f = G\frac{mM}{r^2} \qquad (M\ \text{は地球の質量})$$

となる。地球の半径は $R \fallingdotseq 6400\,\mathrm{km}$ と非常に大きい。そのため，通常は（飛行機に乗っていても地面からの高度は約 10 km），

$$r \fallingdotseq R \quad (\text{一定})$$

と扱えるので,

$$f \fallingdotseq G\frac{mM}{R^2} \quad （一定）$$

となる。

ところで，地上での放物運動についての観測結果に基づけば，物体 m は鉛直下向きに大きさ mg（一定）の力を受けることが実験的に知られている。地球上の空間に放り出された物体は，鉛直下向きに大きさ g の加速度をもつので，運動方程式より鉛直下向きに大きさ $f = mg$ の力を受けることになる。この正体は，上で求めた地球からの万有引力である。したがって，重力加速度の大きさ g について

$$G\frac{mM}{R^2} = mg \qquad \therefore \ g = \frac{GM}{R^2}$$

であることが分かる。

このように，地上において物体が地球から受ける万有引力は，理論的にも，実験的にも，一定と扱える。そして，その大きさは重力加速度の大きさ g を用いて

$$f = mg$$

である。この力を**重力**と呼ぶことが多い（万有引力を一般に重力と呼ぶこともある）。重力の向きは鉛直下向きであるが，むしろ，重力のはたらく向きが「下向き」の定義である。（前に「重力加速度の向き」として「下向き」と定義したが，本来は「重力の向き」により定義する。結論は一致する。）地球上では重力がはたらき，物体が落下するので“上・下”の概念が存在する。そして，上下方向を鉛直方向と呼び，鉛直方向と垂直な平面を水平面という。なお，物体が受ける重力の大きさをその物体の**重さ**と呼ぶ。

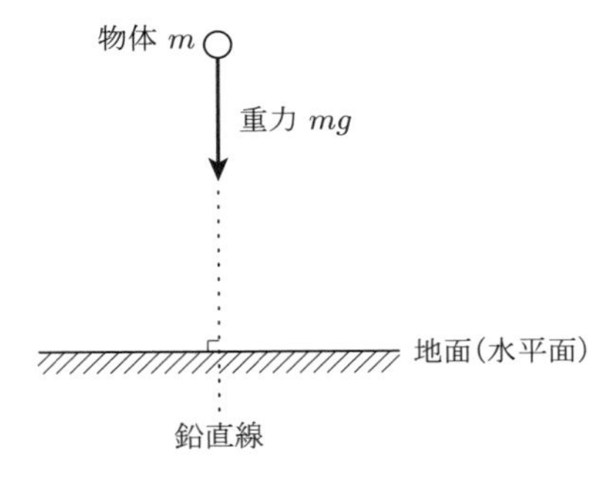

重力は，地球の自転による遠心力の効果も含めて考える場合もあるが，その効果は非常に小さい。本書では，天体上の物体が，その天体から受ける万有引力を重力と呼ぶことにする。

3.4 重力以外の力

電気的に中性な物体の運動を考えるときには，重力以外の力としては，その物体に直接的に接触する外界（別の物体）からの力の作用のみを考慮すればよい。その力はクーロン力の重ね合わせの結果である。

すべての物体は原子が集まってできている。原子は原子核のまわりを電子が周回している系として理解できる。物体と物体が距離を隔てているときは，それらを構成する原子の原子核と電子は相手からは重なって見え，クーロン力は現れない。物体と物体が接触すると，電子と電子が接近することになるので，静電気的な反発力がはたらく。その合力として，物体どうしも，お互いに押し合う向きに力を及ぼし合う。しかし，その力をクーロンの法則に遡って理論的に求めるのは現実的には不可能である（電子の配置が不明であるし，その組み合わせも膨大にある）。

つまり，物体と物体が接触すると物体間に力の作用が現れることは分かるが，その大きさや向きを具体的に知ることはできない。したがって，それを未知量として設定し，運動方程式の結論として求めることになる。ただ，そのような力については，扱い方にはいくつかの約束がある。

抗力

2物体が接触すると，前述のような機構により互いに押し合う向きに力を及ぼし合う。この力を**抗力**と呼ぶ。その向きや大きさは，接触面のミクロな状態によりさまざまであり，一意的には定まらない。

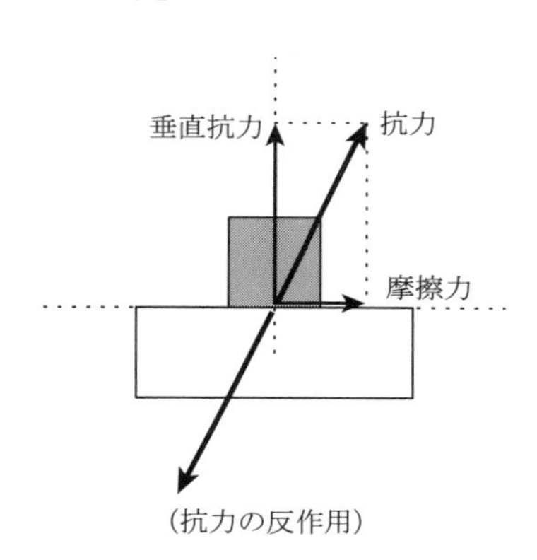

抗力は通常，接触面と垂直な成分（**垂直抗力**）と接触面に正射影した成分（**摩擦力**）とに分解して捉える。

摩擦力の向きは，物体間の滑りを止める向きとなる。現に物体間に滑りが生じている場合には，摩擦力の向きは相手に対して滑っている向き（物体自体の運動の向きではない）と逆向きになる。この場合の摩擦力は特に**動摩擦力**と呼ぶ。

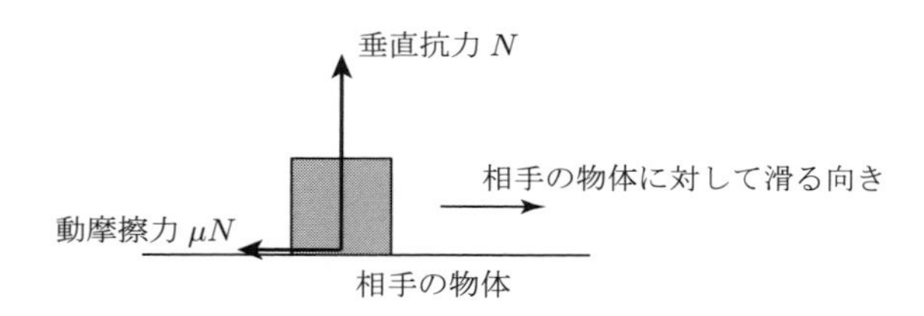

動摩擦力の大きさ F の，垂直抗力の大きさ N に対する比の値

$$\mu \equiv \frac{F}{N}$$

を**動摩擦係数**という。これは，単に動摩擦係数の定義であるが，動摩擦係数の値 μ が与えられた場合には（現象論的な）法則として運用することができる。すなわち，垂直抗力の大きさ N に対して動摩擦力の大きさ F を

$$\frac{F}{N} = \mu \quad \therefore \quad F = \mu N$$

と決定できる。現実には動摩擦係数の値は一定でないが（大きく変動もしない），単純化して一定と扱うことが多い。

一方，物体間に滑りが生じていない状態での摩擦力は**静止摩擦力**と呼ぶ。静止摩擦力の大きさと垂直抗力の大きさの比の値は状況に応じてさまざまな値をとる。ただし，その上限値を**静止摩擦係数**と呼び，2 物体の接触している面の状態で決まる一定値と扱うことが多い。静止摩擦係数 μ_0 が与えられたときに，垂直抗力の大きさ N に対して

$$F_0 = \mu_0 N$$

を**最大摩擦力**と呼ぶ。これは現実にはたらいている静止摩擦力の大きさではない。静止摩擦力の大きさの上限値を与える。力を読み取る段階では静止摩擦係数は議論に登場しない。

静止摩擦力は，摩擦力がなければ生じる滑りを止めるようにはたらく。したがっ

て，その向きは他の力との兼ね合いで決まるので，即座には判断が難しい場合もある。しかし，静止摩擦力は，垂直抗力とは独立に設定する必要があるので，向きが判断できていなくても困らない。符号付きの量として定義すればよい。動摩擦力は，動摩擦係数が与えられている場合に大きさが半分決まってしまうので，運動方程式を書く前の段階で向きを正しく判断する必要がある。

垂直抗力と抗力のなす角を θ とすると，

$$\tan\theta = \frac{F}{N}$$

の関係が成り立つ。

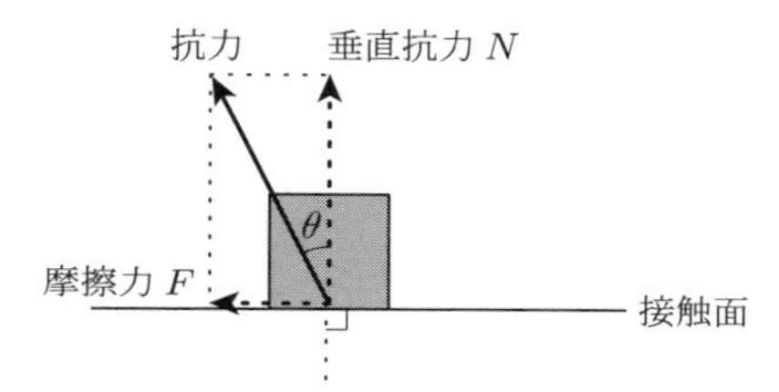

したがって，静止摩擦係数 μ_0 は，摩擦力が最大摩擦力に達した状態での θ の値 θ_0 と

$$\mu_0 = \tan\theta_0$$

の関係にある。つまり，静止摩擦係数は，抗力が接触面に対して傾く角度の限界値の正接を表している。角度 θ_0 は接触面を傾けたときに物体が滑り出す角度と一致し，**摩擦角**と呼ぶ。

張力

物体に力を及ぼすために道具を使う場合がある。例えば，物体に糸を結びつけて引っ張ったり，吊り下げる場合には，糸は物体に力を及ぼす道具として用いられている。通常は（明示的な断りがなくても），糸は質量が無視でき伸び縮みがなく理想的にしなやかなものを想定する。この場合，物体が糸から受ける力は糸が延びている方向で物体を引く向きにはたらく。この力を糸の**張力**と呼ぶ。

通常の糸が用いられていれば，糸の張力の向きはあらかじめ決定できる。ただし，大きさは未知量として設定する必要がある。なお，糸が弛んでいる状態では，

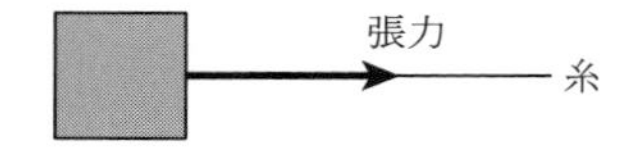

張力の大きさは0となる。

2つの物体を糸で繋ぐ場合，糸が両側の物体に及ぶす張力の大きさは等しい。つまり，同じ糸（一繋がりの糸）では張力の大きさは一様と扱える。

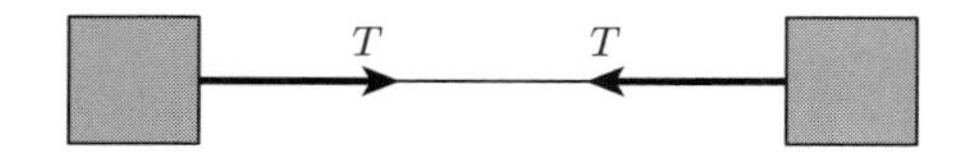

これは，糸の運動方程式を考えることにより説明できる。

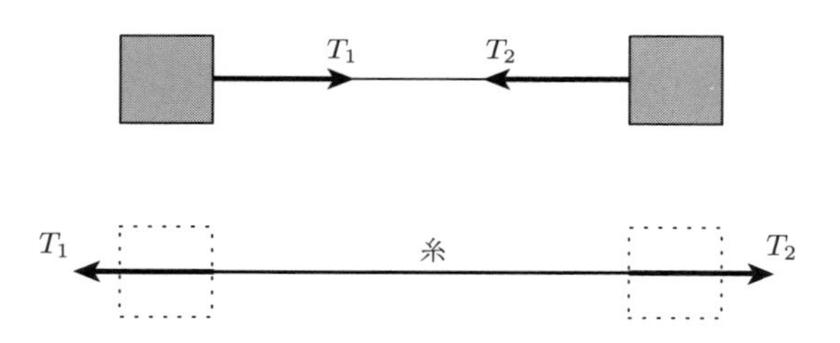

仮に，上図のように糸が両側の物体に及ぼす張力の大きさをT_1，T_2と区別した場合，糸は，その反作用を受けることになる。糸の方向の糸の運動方程式を書いてみれば，糸の質量が無視できるので糸の加速度の値によらず

$$0 = (-T_1) + T_2 \quad \therefore\ T_1 = T_2$$

となる。

同じ糸では糸の張力の大きさを一様と扱える状況は，糸を質量と摩擦が無視できる滑車にかけた場合でも同様である。

しかし，これを説明するには滑車の回転運動を考察する必要があり，高校物理の範囲では難しい。§11.3[*]において調べてみる。

---

* 他の章や節を参照する場合には，このように略記することにする。§11は第11章を示し，§11.3は第11章の第3節を示す。

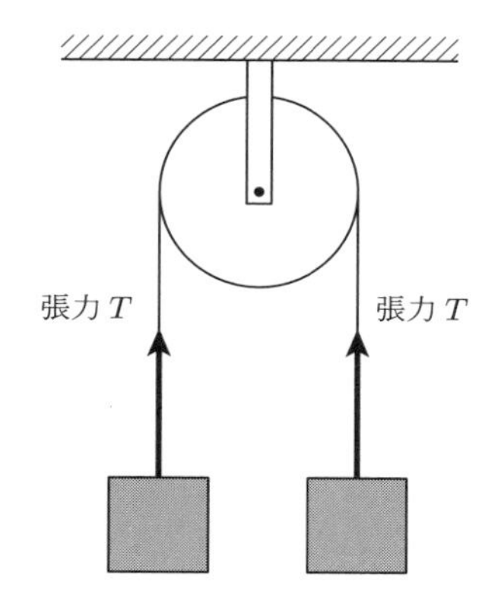

弾性力

糸と似た道具としてばね（弦巻（つるまき）ばね）を用いることがある。

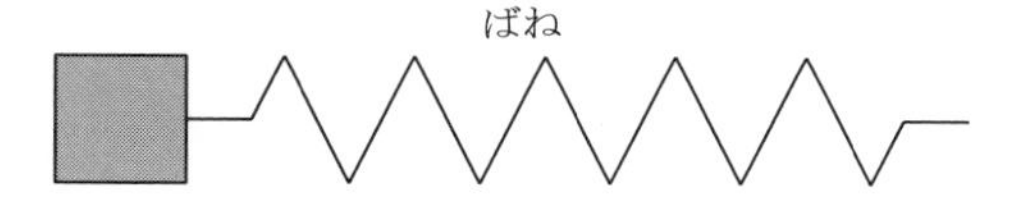

通常，ばねも糸の場合と同様に質量は無視する。ただし，糸と異なり伸び縮みし，その状態に応じて物体に及ぼす力を（近似的に）確定できる。伸びているばねは物体を引く向きに，縮んでいるばねは押す向きに力を及ぼす。つまり，ばね自体が伸びも縮みもしていない状態（自然長の状態）に戻るような向きに接続された物体に力を及ぼす。このような性質の力を**復元力**と呼ぶ。変形された物体が元に戻ろうとする性質を弾性というので，ばねによる力を**弾性力**とも呼ぶ。復元力と弾性力は，異なるカテゴリーの性質に注目した名称であり，通常は「ばねの弾性力」と表現する。質量の無視できるばねでは弾性力の大きさは一様となる。そして，

ばねの弾性力の大きさは，ばねの伸びあるいは縮みの大きさに比例する。（フックの法則）

この場合の比例定数を**ばね定数**と呼ぶ。ばね定数 k のばねによる弾性力の大きさ f は，伸びあるいは縮みの大きさ x を用いて

$$f = kx \tag{3–4–1}$$

で与えられる。

フックの法則は近似的に成立する経験則である（現実のばねには弾性限界があり，伸ばしすぎれば壊れてしまう）が，(3–4–1) 式は，ばね定数の定義と理解すればよい。そして，単に「ばね定数 k」と紹介されている場合には，k を一定値として扱う。

3.5　浮力

液体や気体は定まった形状で置いておくことができず流動してしまうので**流体**と呼ぶ。物体を流体と接触させると，物体が流体の内部に入り込み，まわりを流体に囲まれる。例えば，プールに入った自分の体を思い浮かべれば分かる。

流体中の物体が，まわりの流体から受ける力の態様はさまざまで複雑である。しかし，静的な状態（物体も流体も静止した状態）では，この力は**アルキメデスの原理**に従う**浮力**として現れる。

アルキメデスの原理：流体中の物体がまわりの流体から受ける浮力の大きさは，その物体が排除した流体の重さに等しい。

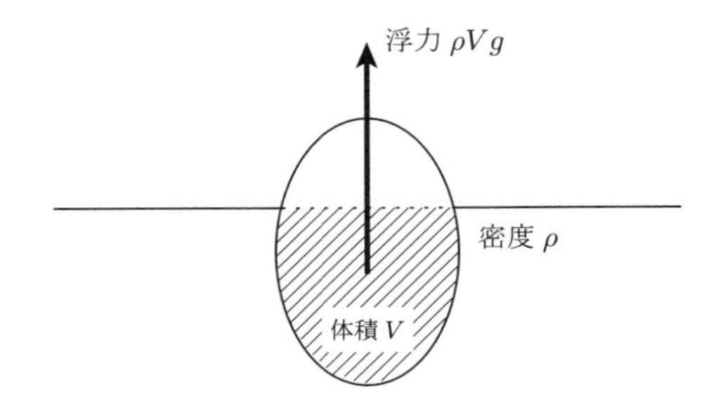

浮力の向きは重力と逆向き，つまり，鉛直上向きである。

浮力の正体はまわりの流体からの圧力による力の合力である。流体は流体中の物体に，その表面と垂直な方向に押す向きの力を及ぼす（圧力の起源に関しては，気体の場合について第II部の§2.2で学ぶ)。その単位面積あたりの力の大きさを圧力という。単位は $\mathrm{Pa} \equiv \mathrm{N/m^2}$ を用いる。圧力は，力とは次元も異なるし，ベクトル量ではなくスカラー量である。

アルキメデスの原理の一般的な証明は難しいが，次のように考えると理解できる。すなわち，仮に物体とまわりの流体の密度（単位体積当たりの質量）が等しければ，物体は完全に流体内部に入り込んでも，その任意の位置において浮きも沈みもしない（下左図)。

したがって，その場合は浮力と重力がつり合っている。つまり，浮力の大きさは，まわりの流体と密度が等しい物体の重さに等しい。

物体の形状が単純な場合（下右図）には次のように説明できる。

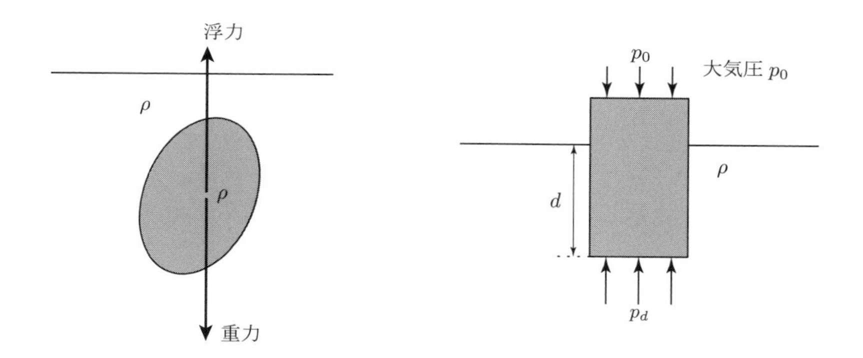

直方体状の物体が1つの辺を鉛直に保った状態で密度 ρ の液体に浮いた状態を考える。物体の水平な断面積を S，鉛直な辺の流体中の部分の長さを d とする。液体の上側は一様な圧力 p_0 の大気があるとする。液体の圧力は，その重さの分だけ深さに比例して大きくなり，大気と接する液面からの深さ z の位置では

$$p_z = p_0 + \rho z g$$

となる。したがって，大きさ

$$F_1 = p_0 S$$

の，上の面を大気から押される力と，大きさ

$$F_2 = p_d S = (p_0 + \rho d g)S$$

の，下の面を液体から押される力の合力が鉛直上向きに現れ，その大きさが

$$F = F_2 - F_1 = \rho S d g$$

となる。これは，物体が押しのけた体積 Sd の液体の重さに等しい。なお，この場合は厳密には，F は大気と液体による浮力の大きさとなる（ただし，大気の圧力を一様と扱うことは空気の密度を無視することを意味し，物体が排除した空気の重さは無視されている）。したがって，$\rho S d g$ を液体による浮力として理解し，さらに大気による圧力の力（下向きに $p_0 S$）を読み取ってしまうと誤りになる。水平方向に受ける圧力の力は全体としてつり合う。

抵抗力

浮力は，原則として物体も流体も静止した状態の扱いである。高校物理では，流体が動く場合を扱うことはないが，物体が流体中で動く場合は扱うことがある（しかし，実は，この場合には物体の運動の反射的な効果としてまわりの流体も動いてしまう）。このような場合に，物体が流体から如何なる力の作用を受けるのかを一意的に定めることはできないが，物体の速さに比例する大きさの**抵抗力**（運動を妨げるようにはたらく力，物体の速度と逆向きに作用する）として扱うことが多い。いずれにしても，あらかじめ理論を覚えておく必要はなく（そもそも扱い方が一意的でない），問題文の指示に従って考察することになる。

3.6 運動方程式の書き方

以上で学んだことを踏まえて運動方程式の書き方を確認する。しかし，運動方程式は，原理となる法則なので，書き方に工夫の余地はない。$m\vec{a} = \vec{f}$ と書くしかない。しかし，一方で，これは呪文ではないので，$m\vec{a} = \vec{f}$ と書いても何も解決しない。

問題に即して，運動方程式を具体的に表示する必要がある。その手順を確認しておく。

まずは，手順と言うよりも心構えであるが，

⓪　**物体（= 質量）ごとに運動方程式を書く。**

力学においては，物体とはすなわち質量である。そして，運動方程式 $m\vec{a} = \vec{f}$ は質量 m が一様な加速度 $\vec{a}$ をもつ状態を想定している。したがって，逆に言えば，複数の物体も共通の加速度で一体となって運動する場合は，全体を 1 つの物

体と見て運動方程式を書くことも可能ではある。しかし，原則として独立な質量の塊ごとに運動方程式を書くべきである。設問者の立場からすれば，質量を分けて提示しているということは，その個別の質量ごとに運動方程式を書くようにというメッセージ（ヒント）である。

さて，次からが具体的な手順となる。

①　注目する物体を決めて，その物体と周辺を図示する。

登場するすべての物体について運動方程式を書く必要があるが，いっぺんには書けないので，1つずつ順番に書かなければならない。その際に，注目する物体を積極的に意識することが大切である。そうすることにより，物体に力を及ぼす外界も明確になる。前述の通り，重力以外の力は，注目している物体に直接的に接触する別の物体から作用を受けるので，周辺とは，物体に力を及ぼす相手のことである。

運動方程式の形は原理として $m\overrightarrow{a} = \overrightarrow{f}$ と定まっている。我々が行うべき作業は m, $\overrightarrow{a}$, $\overrightarrow{f}$ の正しい組み合わせを読み取ることである。注目する物体を決めることにより m が決定される。

②　その物体が受ける外力を読み取り，① の図に描き込む。

外力は大別して「重力」と「それ以外の力」に分類できる。重力はあらかじめ<u>向き</u>も<u>大きさ</u>も定まる。ここで「あらかじめ」とは，運動方程式を書く前の時点でという意味である。一方，重力以外の力は，基本的に向きや大きさがあらかじめは定まらずに未知なので，前節で確認したような約束に従って未知量として設定する。ただし，相手としては注目した物体に接触する外界のみを考慮すればよい。したがって，① の図を見ながら，注目した物体に接触する相手ごとに力を読み取っていく。そして，力はベクトルであるから，その状況を矢印で表現して図示しておく。力を読み取り終われば $\overrightarrow{f}$ が決定する。読み取った力ベクトルの和が $\overrightarrow{f}$ である。

③　物体の加速度を設定する。

加速度も基本的には未知量であるが，問題設定から向きが定まることが多い。その場合は向きを定めて大きさを未知量として設定する。これで，$\overrightarrow{a}$ も決定される。

この段階で実質的には運動方程式が完成している。読み取った外力のベクトルと加速度のベクトルを $m\overrightarrow{a} = \overrightarrow{f}$ の順番に並べるだけである。しかし，具体的な計算を実行するためには，

④　適当な座標系を設定して成分ごとに方程式を書く。

ことが必要がある。そして，

⑤　①～④ の作業を，登場するすべての物体（＝質量）について実行する。

すべての物体（質量）の運動方程式が書けたら，いよいよ解くのであるが，もう１つ作業が残っている。

⑥　未知数をチェックし，方程式が揃っていることを確認して方程式を解く。

この作業には２つの意味がある。

物理では，文字がすべて未知数というわけではないので，どの文字が未知数なのかを意識して計算を進める必要がある。そのために，力を読み取り，加速度を設定する段階で，どの文字が未知なのかを意識しておくとよい。

物理現象は確定的に実現するので，物理の方程式は解が一意的に存在する。「解なし」や「解が不定」となることはない。したがって，未知量の個数と方程式の個数が揃っているはずである。しかし，ときどき，方程式が不足する場合がある。その場合は，問題設定から読み取るべき条件を読み取り損なっているので，検討し直せばよい。そして，方程式の個数がピッタリ揃ったら，あとは粛々と計算を実行するのみである。物理の学習では計算力も重要な要素である。

今後，学習が進むと，明示的には $m\vec{a} = \vec{f}$ の形式の運動方程式を書かずに，異なる視点から議論する場合もある。しかし，その場合も，物体の受ける外力を読み取っておくことは必要である。そのために，図を完成するまで（③ まで）は力学において必須の作業である。そして，前述の通り，図が完成していれば，本質的には運動方程式が出来上がっている。その意味では，力学の議論においては，必ず運動方程式から議論をスタートしなければいけない。

【例 3–1】

水平な床の上に平らな板状の物体 A を置き，さらに，その上に物体 B を載せる。物体 A, B の質量はそれぞれ M, m である。物体 A を水平方向に一定の大きさ F_0 で引くと，A と B は一体となって床に沿って滑った。

重力加速度の大きさを g，床と物体 A の間の静止摩擦係数，動摩擦係数を μ_0，μ，物体 A と物体 B の間の静止摩擦係数，動摩擦係数を ν_0，ν として，この現象について調べてみる。

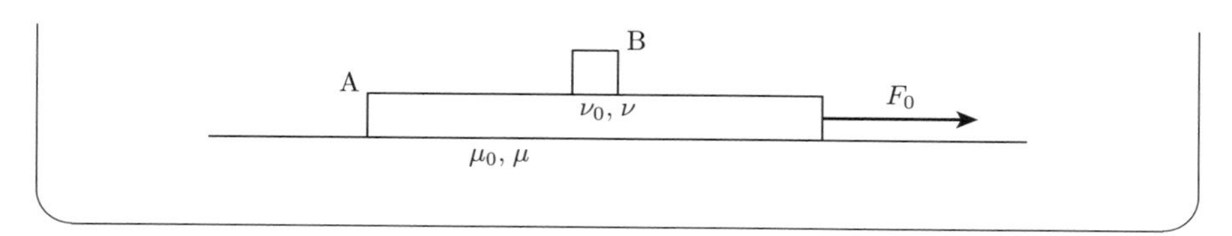

AとBは一体となって滑ったが，それぞれ独立な物体（質量）なので，AとBに分けてそれぞれの運動方程式を書く（⓪）。まずは，Aに注目する。Aが接触する外界は，水平方向に引く外力以外に，床とBがある。そこで，下のような図を描く（①）。その際，注目する物体の質量を確認しておく。

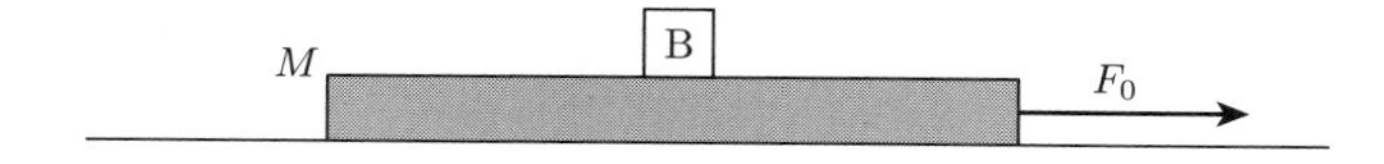

物体の受ける外力を読み取って，図に描き入れると次のようになる（②）。

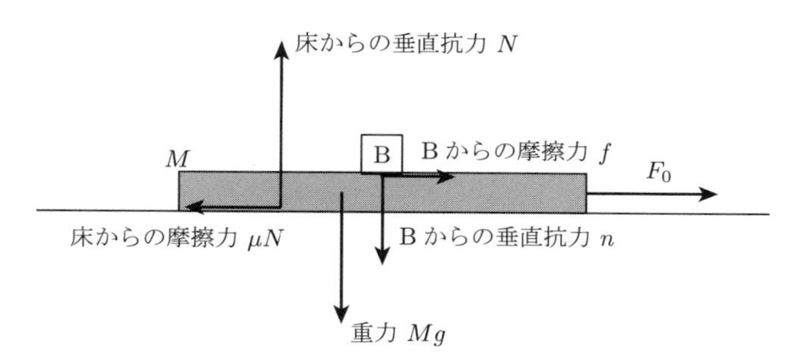

重力は，鉛直下向きに大きさ Mg であることがあらかじめ決まる。水平方向に引く外力は，問題に設定されているので，向きも大きさも分かっている。その他にAに接触する外界は床とBがある。それぞれ垂直抗力と摩擦力に分解して読み取った。床からの摩擦力は動摩擦力なので，向きは床に対して滑っている向きと逆向きであり，大きさも垂直抗力の大きさを用いて表すことができる。一方，Bとの間には滑りが生じていないので，Bからの摩擦力は静止摩擦力である。静止摩擦係数が与えられているが，これは静止摩擦力の大きさを教えてくれない。静止摩擦係数が決めるのは最大摩擦力である。また，静止摩擦力は，他の外力との関係から（滑り出さないように）定まるので，向きも判断しにくい場合がある。そのような場合は，静止摩擦力を大きさではなく符号をもつ量として設定すれば

よい。運動方程式を解いた結果の符号から向きが判断できる。ここでは，仮に右向きに設定した。

床に沿って滑ったという問題設定から，加速度は水平方向右向きであることが分かるが，大きさは不明なので，それを a とおいた（③）。座標系は水平方向と鉛直方向に設定すればよいだろう。

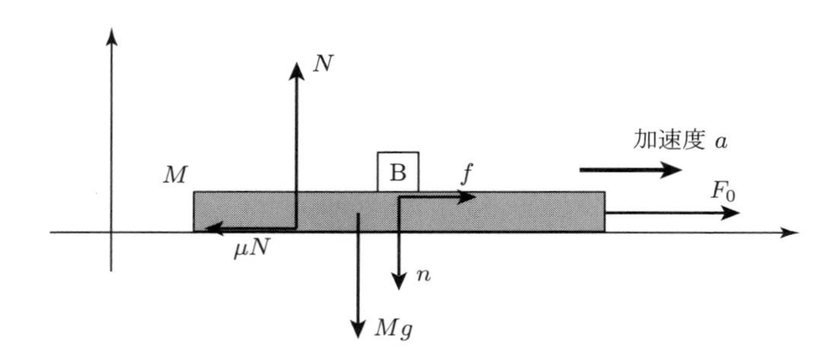

各方向について方程式を書く（④）。「$m\vec{a} = \vec{f}$」を順番に座標軸に正射影して並べていけばよい。左辺の m は，ベクトル $\vec{a}$ に対してスカラー倍として作用しているので，両方向に係数として現れる。外力 $\vec{f}$ は，4 つの力の合力なので，順番に成分を読み取り和をとる。

$$\text{水平方向}： \quad Ma = F_0 + f + (-\mu N)$$
$$\text{鉛直方向}： \quad M \cdot 0 = (-Mg) + (-n) + N$$

次に，B についても同様の作業を行う（⑤）。ただし，今度は作用・反作用の法則も考慮して力を読み取っておこう。そうしないと，未知数の個数が無駄に増えてしまう。A から受ける力は，上で読み取った A が B から受ける力の反作用なので，逆向きで同じ大きさとしておく。

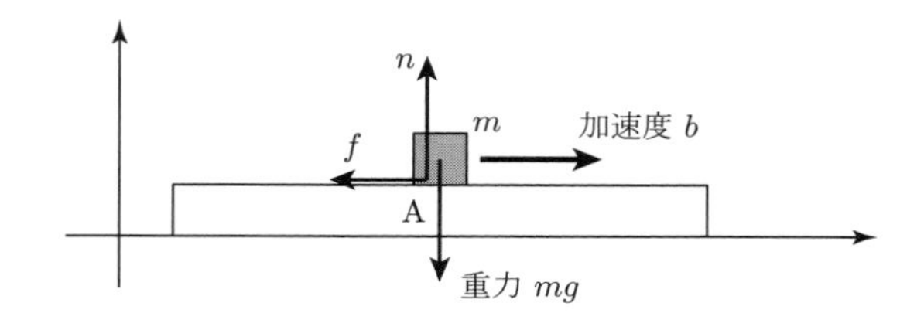

一般的には，同じ問題の中でも物体ごとに座標系を設定すればよいが，この問

題ではAとBは共通の座標系を使えばよいだろう。成分ごとにBの運動方程式を書くと次のようになる。

$$\text{水平方向：}\quad mb = -f$$
$$\text{鉛直方向：}\quad m \cdot 0 = (-mg) + n$$

運動方程式を書くために導入された未知数は N, n, f, a, b の5つである。これに対して方程式の個数は4であり，1つ足りない。このような場合は，問題設定から読み取るべき条件を読み取り忘れている可能性が高い。

AとBの間には滑りが生じず一体となって運動する設定であったので，AとBの加速度は等しいことになる。したがって，

$$b = a$$

が成り立つことが分かる。これで方程式の個数が揃う。ここでは，わざとBの加速度をAと独立に設定したが，加速度を設定する段階で考慮できていれば，わざわざ，未知数の個数を増やす必要はない。あとは，揃った方程式を連立して解けばよい（⑥）。解いた結果は，

$$a = b = \frac{F_0}{M+m} - \mu g \ \ (>0)$$
$$n = mg,\ \ N = (M+m)g,\ \ f = -m\left(\frac{F_0}{M+m} - \mu g\right)$$

となる。ここで，仮定より $a > 0$ なので $f < 0$ であるが，これはA, B間にはたらく摩擦力の向きが，上での設定とは逆向きであったことを示している。ここではあえて上のように設定したが，力を読み取る段階で少し運動方程式を先取りすれば，初めから現実の摩擦力の向きに設定することも可能である。

Bが水平方向に受ける力はAからの摩擦力しかないので，その向きは加速度の向きと一致して右向きであることが分かる。あるいは，次のように判断することもできる。もし，A, B間に摩擦がなければ（無視できれば），Bが取り残されてAのみが右向きに滑ることになる。AがBから受ける静止摩擦力は，この滑り（Bに対するAの右向きの滑り）を止めるようにはたらくので，左向きと分かる。

さて，A, B間に滑りが生じなかったということは，$|f|$ はA, B間の最大摩擦力を超えてはいけないので，

$$|f| \leqq \nu_0 n \qquad \text{i.e.}\quad \frac{mF_0}{M+m} - \mu mg \leqq \nu_0 mg$$

これより，

$$F_0 \leqq (\mu + \nu_0)(M + m)g$$

であることが導かれる。

一方，AとBが一体となって滑り出すためには，F_0 はAと床の間の最大摩擦力を超えている必要があるので，

$$F_0 > \mu_0(M + m)g$$

が要求される。したがって，題意の運動が実現するためには，

$$\mu_0 < \mu + \nu_0$$

の関係が成り立っていることが条件となる。■

【例 3–2】

水平面上に傾斜角 θ の斜面をもつ質量 M の三角台を置き，その斜面上に質量 m の小物体を載せて静かに放す。小物体が三角台の斜面を滑り降りるのと同時に，三角台は水平面上を滑りはじめた。摩擦はすべて無視できるとし，重力加速度の大きさを g として，この運動を調べてみる。

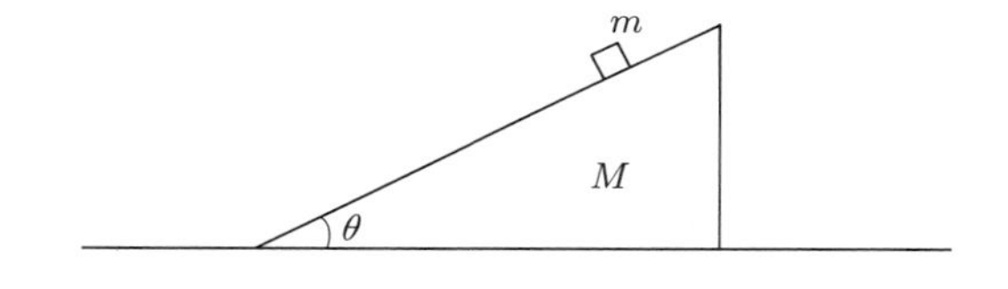

各物体について外力を読み取り図示すれば，下図のようになる。

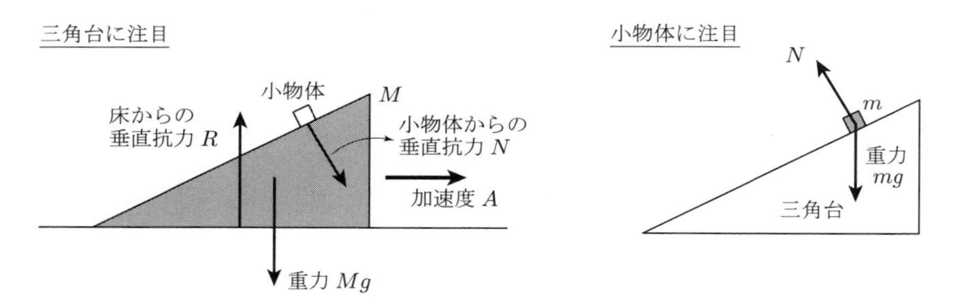

三角台は水平面に沿って滑るので，加速度を水平方向に設定することができる。さらに，三角台が受ける外力の水平方向成分の向きを考慮すれば，上図のように

設定できる。小物体は三角台の斜面に沿って滑り降りるので，加速度は斜面と平行と考えてよいだろうか。三角台が固定されていれば正しいが，この場合は台が動くので，小物体が斜面と平行に移動すると斜面から離れてしまう。

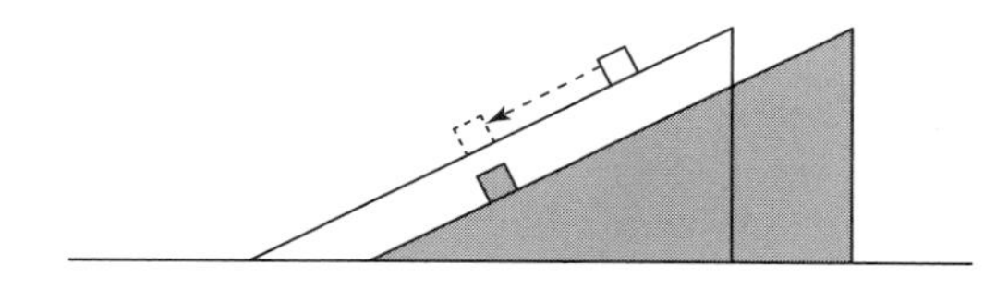

したがって，小物体の加速度については，大きさだけでなく，向きも即座には判断できない。そこで，下図のように座標系を設定して，加速度の成分をいずれも未知量として設定しておくことにする。

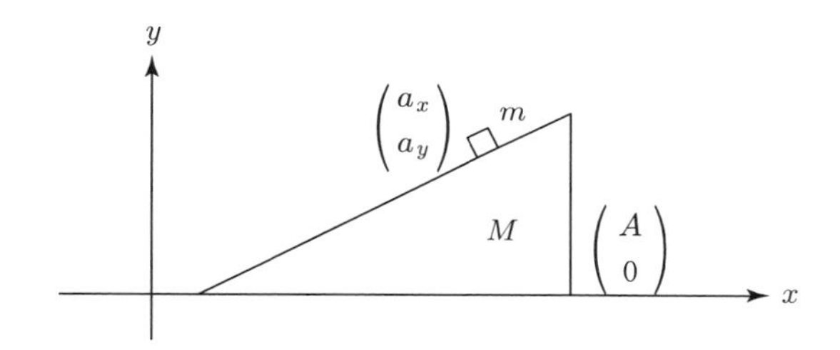

ここまで設定すれば，運動方程式を書くのは容易で，次のようになる。

$$\text{三角台}:\begin{cases} x\text{ 方向}: MA = N\sin\theta \\ y\text{ 方向}: M\cdot 0 = (-N\cos\theta) + (-Mg) + R \end{cases}$$

$$\text{小物体}:\begin{cases} x\text{ 方向}: ma_x = -N\sin\theta \\ y\text{ 方向}: ma_y = N\cos\theta + (-mg) \end{cases}$$

未知数は N, R, A, a_x, a_y の5つであるの対して，方程式は4つと1つ足りない。これは，小物体が三角台の斜面に沿って滑るという条件を留保して運動方程式を書いたためである。

問題設定から運動の形が制限されることが多い。そのような条件を**束縛条件**，あるいは，**拘束条件**という。束縛条件がある場合は，束縛条件を反映させて運動方程式を書くか，束縛条件の方程式と運動方程式を連立しなければ解決できない。この問題では，三角台が水平面に沿って運動するという設定も束縛条件であり，すでにその条件を反映させて（y 方向の加速度 0 として）運動方程式を書いた。束縛条件には，このような特定の物体の運動の軌道をあらかじめ決定する場合と，複数の物体間の運動が整合的であることが要求される場合とがある。この問題では，三角台と小物体の運動の整合性の（小物体が三角台の斜面に沿って運動するという）束縛条件も課せられている。運動方程式を解くためには，その条件を示す方程式を用意する必要がある。

小物体が三角台の斜面に沿って滑る条件は，三角台から見た小物体の運動が斜面と平行に実現することなので，小物体の加速度ではなく，三角台に対する小物体の相対加速度が斜面と平行になることである。すなわち，

$$\begin{pmatrix} a_x \\ a_y \end{pmatrix} - \begin{pmatrix} A \\ 0 \end{pmatrix} /\!\!/ \begin{pmatrix} \cos\theta \\ \sin\theta \end{pmatrix}$$

つまり，

$$a_y = \tan\theta \cdot (a_x - A)$$

この束縛条件の方程式と運動方程式の 5 式を連立すれば，すべての未知量を求めることができる。ただ，計算の作戦を定めてから解いていかないと混乱してしまうかも知れない。計算の工夫は各自に任せて，結論のみを示すと，

$$N = \frac{Mmg\cos\theta}{M + m\sin^2\theta}, \quad R = \frac{M(M+m)g}{M + m\sin^2\theta}$$

$$a_x = -\frac{M\sin\theta\cos\theta}{M + m\sin^2\theta}g, \quad a_y = -\frac{(M+m)\sin^2\theta}{M + m\sin^2\theta}g, \quad A = \frac{m\sin\theta\cos\theta}{M + m\sin^2\theta}g$$

となる。

この例では相対運動に束縛条件があるので，三角台に対する小物体の運動に注目すれば，束縛条件を反映しやすい。ただし，三角台は加速度をもつので，三角台から観測するという立場は非慣性系になる。したがって，対応する慣性力を導入して小物体の運動方程式を書く必要がある。

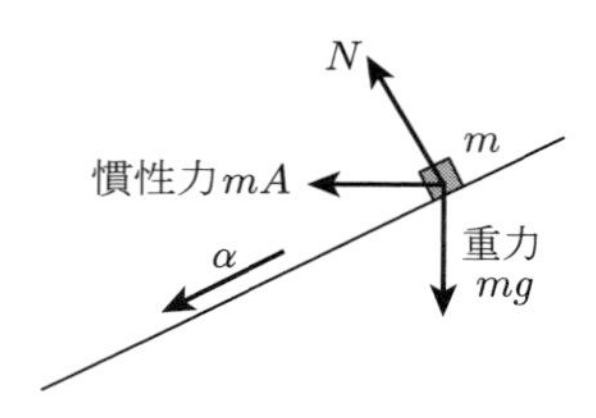

三角台の加速度は水平方向右向きに A と設定してあるので，小物体にはたらい

て見える慣性力は上図に示したように左向きに mA となる。三角台に対する小物体の加速度の大きさを α とすれば，小物体の運動方程式は，

$$\begin{cases} \text{斜面方向} & : \quad m\alpha = mg\sin\theta + mA\cos\theta \\ \text{斜面法線方向} & : \quad m\cdot 0 = N + (-mg\cos\theta) + mA\sin\theta \end{cases}$$

となる。斜面法線方向の加速度0とすることで束縛条件が反映できている。三角台の運動方程式と連立して解けば，上の解答と同じ結論を得ることができる（各自で確認してみよう）。なお，

$$\alpha = \frac{(M+m)\sin\theta}{M+m\sin^2\theta}g$$

となる。a_x，a_y が必要であれば，

$$a_x = A - \alpha\cos\theta, \quad a_y = -\alpha\sin\theta$$

である。■

【例 3–3】

放物運動の考察では，通常は空気の影響を無視するが，空気の抵抗を考慮して物体の落下運動を考察してみる。

物体 m は，重力の他に落下速度 v に比例する大きさ kv（k は正の一定値）の抵抗力を受けるものとする。

重力加速度の大きさを g とすれば，運動方程式は

$$ma = mg + (-kv) \quad (a\text{ は物体の落下加速度})$$

となる。a も v も未知量（未知関数）であるが，束縛条件などの問題設定から導かれる条件はない。しかし，加速度の定義より，

$$a = \frac{\mathrm{d}v}{\mathrm{d}t}$$

である。これを用いれば，運動方程式は，

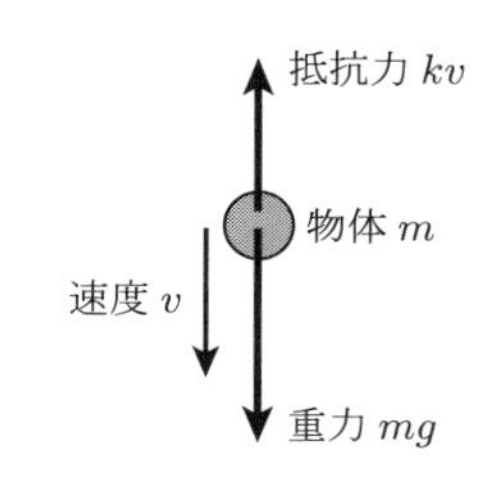

$$m\frac{\mathrm{d}v}{\mathrm{d}t} = mg - kv$$

となり，$v = v(t)$ のみについての方程式になる。

このように，物理の方程式は，現象を代表する関数に対する微分方程式（導関

数を含む方程式）になることが多い。運動方程式も究極的には運動を代表する位置の関数についての 2 階微分方程式である。微分方程式を解くのには工夫が必要であり，それは次章以降で学ぶ。

上の微分方程式を機械的に解くには，数学の知識があれば難しくはない。例えば，初期条件 $v(0) = 0$ の下では，

$$v = \frac{mg}{k}\left(1 - e^{-\frac{k}{m}t}\right) \tag{3–6–1}$$

となる。しかし，大学入試では，この関数をあからさまに求めることは要求されないが，$v(t)$ の振る舞いをグラフで捉えることは要求される場合がある。これは，次のような定性的な議論により実行できる。

運動方程式を変形すると，

$$\frac{\mathrm{d}v}{\mathrm{d}t} = g - \frac{k}{m}v$$

となる。$v = 0$ で運動が始まると加速度 g で加速するが，加速するにつれて加速度は小さくなる。加速度が v–t 図の傾きを表すことに注意すれば，下図のような上に凸な増加関数になることが分かる。

加速は

$$\frac{\mathrm{d}v}{\mathrm{d}t} = 0 \qquad \text{i.e.} \quad g - \frac{k}{m}v = 0 \quad \therefore\ v = \frac{mg}{k}$$

となるまで続く。十分に時間が経過して

$$v = \frac{mg}{k}$$

に達したとすれば，加速が止まり，それ以降は一定の速度で落下することになる。

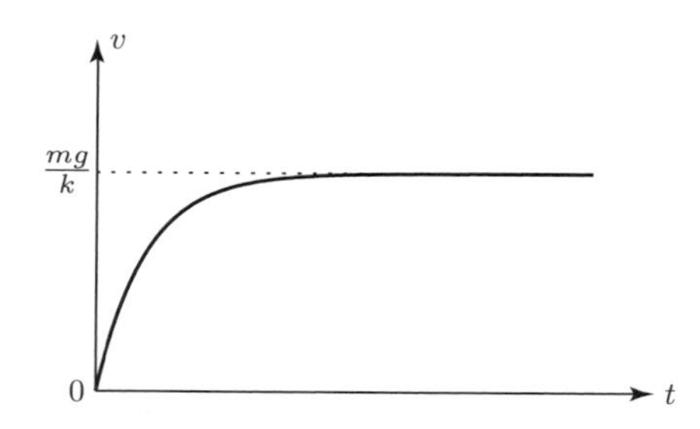

上に示したように，数学的に厳密な解は指数関数 (3–6–1) であり，終端値（終端速度）$\dfrac{mg}{k}$ は $t \to \infty$ における極限値である。しかし，指数関数は収束が速い

ので，現実の現象としては有限時間内でも十分に時間が経過した（例えば，kt/m が 10 とか 100 くらい）とすれば終端値に達したとして扱って構わない（$1-e^{-10}$ は，例えば有効数字 3 桁ならば 1 に等しい）。■

第4章　運動量

ニュートンによる運動の第2法則の元々の表現は，

物体の運動の変化は，外力の向きに，その駆動力の大きさに比例して生じる。

というようなものになっている。ここの駆動力を現代の用語に直すと**力積**である。また，比例定数が1となるように選んだ場合の，運動を代表する関数を**運動量**と呼ぶ。

4.1　運動量の保存

質点 m の運動方程式は，その速度を $\overrightarrow{v}$，質点の受ける外力を $\overrightarrow{f}$ として，

$$m\frac{\mathrm{d}\overrightarrow{v}}{\mathrm{d}t} = \overrightarrow{f} \tag{4–1–1}$$

であるが，質量 m は物体固有の一定値なので，

$$\frac{\mathrm{d}(m\overrightarrow{v})}{\mathrm{d}t} = \overrightarrow{f}$$

と書き直せる。ここに現れたベクトル量

$$\overrightarrow{p} \equiv m\overrightarrow{v}$$

を質点の**運動量**と呼ぶ。運動方程式は，運動量を用いると

$$\frac{\mathrm{d}\overrightarrow{p}}{\mathrm{d}t} = \overrightarrow{f} \tag{4–1–2}$$

となる。これは運動量の時間変化率を与える方程式であり，具体的な変化については，両辺の時間積分を比べればよい。

例えば，時刻 $t = t_1$ から $t = t_2$ までの変化については，

$$\Delta\overrightarrow{p} = \int_{t_1}^{t_2} \overrightarrow{f}\,\mathrm{d}t$$

が成り立つ。

$$\overrightarrow{I} \equiv \int_{t_1}^{t_2} \overrightarrow{f}\,\mathrm{d}t$$

なるベクトル量 $\overrightarrow{I}$ を，時刻 $t = t_1$ から $t = t_2$ の間の外力 $\overrightarrow{f}$ の**力積**と呼ぶ。$\overrightarrow{f} =$ 一定 の範囲では

$$\overrightarrow{I} = \overrightarrow{f}\Delta t$$

となる。

結局，運動方程式は

$$\Delta\overrightarrow{p} = \overrightarrow{I} \qquad (4\text{–}1\text{–}3)$$

となる。この関係式が，本来のニュートンの運動方程式である。しかし，通常は (4–1–1) の形の方程式を運動方程式と呼ぶので，混乱を防ぐために，(4–1–2) や (4–1–3) の形式の，運動量を導入して表示した方程式は**運動量の保存**と呼ぶことにする。**保存**とは，狭い意味では「一定」の意味でも用いるが，物理では「変化が因果的に説明できる」という意味でも用いる。運動量の保存は，運動量の変化が外力の力積により因果的に説明されることを表している。

$\overrightarrow{f} = \overrightarrow{f_1} + \overrightarrow{f_2}$ のとき，

$$\int_{t_1}^{t_2} \overrightarrow{f}\,\mathrm{d}t = \int_{t_1}^{t_2} (\overrightarrow{f_1} + \overrightarrow{f_2})\,\mathrm{d}t = \int_{t_1}^{t_2} \overrightarrow{f_1}\,\mathrm{d}t + \int_{t_1}^{t_2} \overrightarrow{f_2}\,\mathrm{d}t$$

なので，力の場合と同様に，力積にも重ね合わせの原理が成り立つ。

力積と力〈参考〉

上の議論を遡ることにより (4–1–3) から質点の運動方程式 (4–1–1) が導かれる。力積 $\overrightarrow{I}$ が直接に観測できる運動量の変化を説明する実体的な量であるのに対して，力 $\overrightarrow{f}$ は運動量の変化率に注目したときに現れる形式的な量である。つまり，力 $\overrightarrow{f}$ は，十分に短い時間 Δt に対して，

$$\overrightarrow{f} \equiv \frac{\overrightarrow{I}}{\Delta t}$$

により定義される係数であると理解することができる。

実体的には力よりも力積の方が本質的な量であり，力の関数が把握できないよ

うな場合についても（あるいは，力を求めるまでもなく）力積は明確に定義される。それは，観測された運動量の変化 $\Delta\vec{p}$ に対して

$$\Delta\vec{p} = \vec{I}$$

を満たすベクトル量である。そのような外力による作用が存在すると言うのが，運動の第 2 法則の要請である。そして，

$$\vec{f_{\mathrm{A}}} \equiv \frac{\vec{I}}{\Delta t}$$

は，その変化における外界からの平均力（時間平均）を表す。

【例 4–1】

水平面上をなめらかな壁に沿って小物体 m が運動している。

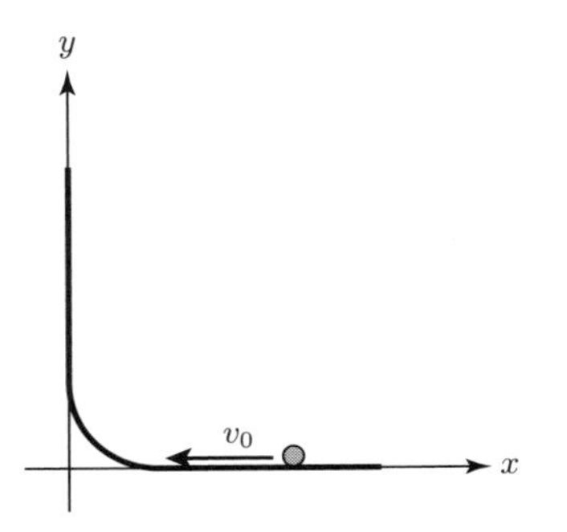

摩擦が無視できるとき，物体の速さは一定に保たれる（この理由は次章で学ぶ）。物体が速さ v_0 で運動し，その向きを 90° だけ変化させたときに，物体が壁から受けた力積を求めてみる。

壁の形状が具体的に与えられれば，物体が向きを変化させる間に壁から受ける垂直抗力の大きさを求めることも理論的には可能である。しかし，運動の変化の結果が分かっているので，それを利用して力積を求めることもできる。

上図のように xy 座標を設定すると，物体の速度は

$$\vec{v_1} = \begin{pmatrix} -v_0 \\ 0 \end{pmatrix} \rightarrow \vec{v_2} = \begin{pmatrix} 0 \\ v_0 \end{pmatrix}$$

と変化する。物体の運動量変化は物体が受けた力積と等しいので，求める力積 $\overrightarrow{I}$ は，

$$\overrightarrow{I} = \Delta(m\overrightarrow{v}) = m\overrightarrow{v_2} - m\overrightarrow{v_1} = \begin{pmatrix} mv_0 \\ mv_0 \end{pmatrix}$$

であることが分かる。x 軸から $45°$ の方向に大きさ $\sqrt{2}mv_0$ である。■

上の例は，学習が進んだ段階で，力を求めてから直接的に力積を計算することも可能である。しかし，衝突や打撃などの瞬間的な現象では，力を想定することが難しい。そのような場合も，運動変化の結果が分かっていれば，その変化を惹起した力積を求めることができる。

【例 4–2】

野球のバッターがボールを打った際に，バットがボールに与えた力積を求めてみる。

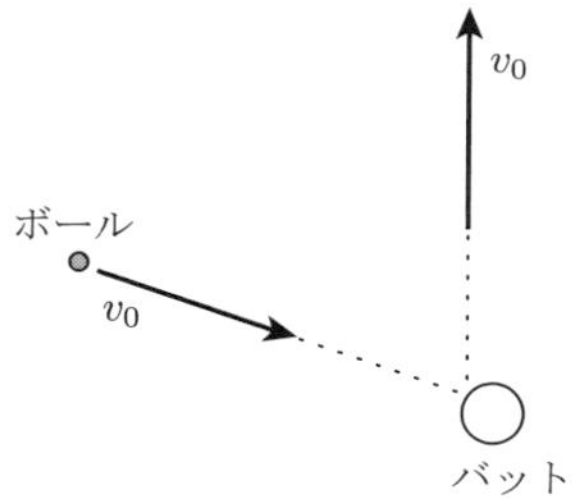

バッターが打つ直前のボールの速度は水平方向から下向きに $30°$ の方向に速さ v_0 であり，打撃後のボールの速度は真上（鉛直上向き）に速さ v_0 であったとする。

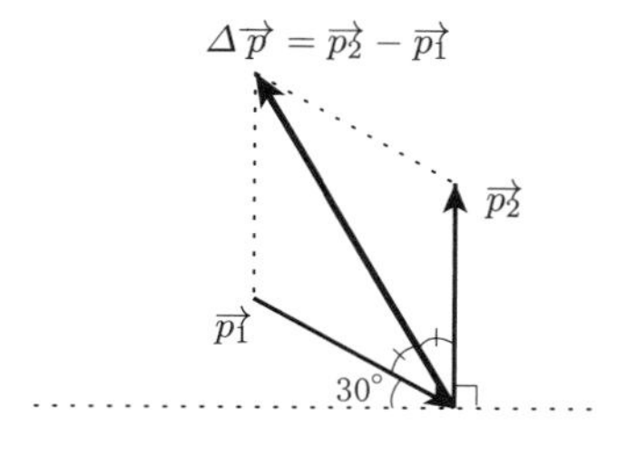

$\overrightarrow{p_1}$，$\overrightarrow{p_2}$ は，それぞれ打撃前後のボールの運動量であり，大きさはいずれも mv_0

ボールの質量を m とすれば，打撃によるボールの運動量変化 $\Delta\overrightarrow{p}$ は，前図が示すように，バッターから見て前向きに水平方向から仰角 60° の方向に大きさ $2\,mv_0\cos 30^\circ$ となる。ボールは打撃の瞬間も重力を受けているが，打撃の時間を瞬間と扱えるとすれば，打撃の間の重力による力積は無視できる。したがって，ボールの運動量変化はもっぱらバットからの力積に起因する。よって，求める力積はボールの運動量変化に等しく，水平方向から仰角 60° の方向に大きさ $2\,mv_0\cos 30^\circ = \sqrt{3}\,mv_0$ である。■

4.2 多体系の運動

2 体系（2 つの質点から成る系：**系**とは注目する対象である）の運動を考える。

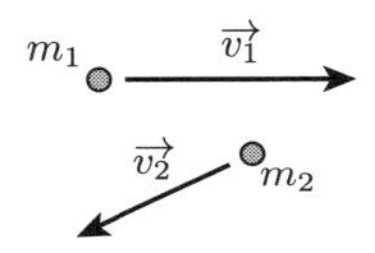

各質点ごとの運動方程式を書く場合には，他方の質点から受ける力も外力として扱う必要がある。しかし，これは，注目している系の内部で完結している（力を受ける物体も及ぼす物体も系の内部にある）ので，系の外部の物体から受ける外力とは区別して扱う必要がある。この系の内部の物体間に現れる相互作用を**内力**と呼ぶ。

上図の系において，質点 m_1 が質点 m_2 から受ける力を $\overrightarrow{F}$ とすれば，質点 m_2 が質点 m_1 から受ける力は，その反作用なので，$-\overrightarrow{F}$ で与えられる。

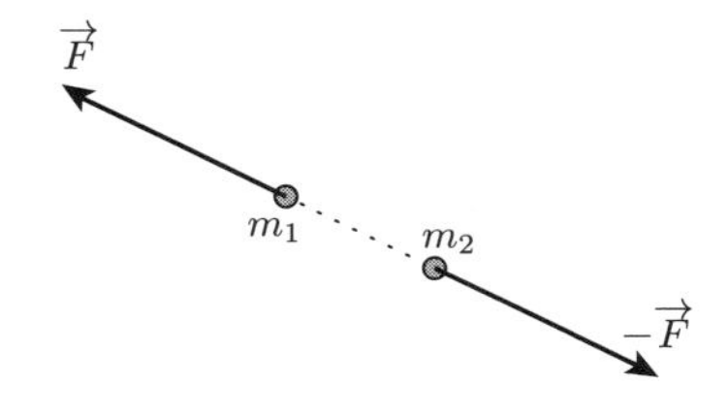

各質点は，この内力の他に外力も受けるので，それをそれぞれ $\overrightarrow{f_1}$, $\overrightarrow{f_2}$ とする。このとき，各質点の運動方程式は，

$$\frac{\mathrm{d}}{\mathrm{d}t}(m_1\overrightarrow{v_1}) = \overrightarrow{F} + \overrightarrow{f_1}, \qquad \frac{\mathrm{d}}{\mathrm{d}t}(m_2\overrightarrow{v_2}) = -\overrightarrow{F} + \overrightarrow{f_2}$$

となる。

この2式を辺々加えれば，内力は相殺して

$$\frac{\mathrm{d}}{\mathrm{d}t}(m_1\overrightarrow{v_1} + m_2\overrightarrow{v_2}) = \overrightarrow{f_1} + \overrightarrow{f_2} \tag{4–2–1}$$

となる。ここで，

$$\overrightarrow{p} \equiv m_1\overrightarrow{v_1} + m_2\overrightarrow{v_2} \quad : \text{ 系の全運動量}$$
$$\overrightarrow{f} \equiv \overrightarrow{f_1} + \overrightarrow{f_2}$$

とすれば，(4–2–1) は，

$$\frac{\mathrm{d}\overrightarrow{p}}{\mathrm{d}t} = \overrightarrow{f}$$

となり，1つの質点の場合と同じ形式の方程式が成り立つことが分かる。

3個以上の質点からなる系についても同様に，各質点の運動方程式をすべて加えると，内力は作用と反作用の組で現れるので，すべて相殺し，一方，外力は，すべての和が残る。したがって，系の全運動量（質点ごとの運動量の和）を $\overrightarrow{p}$，外力の和を $\overrightarrow{f}$ として，1つの質点の場合と同じ形式の方程式

$$\frac{\mathrm{d}\overrightarrow{p}}{\mathrm{d}t} = \overrightarrow{f}$$

が成り立つ。N 個の質点 m_1，m_2，$\cdots$，m_N から成る系の場合には，

$$\overrightarrow{p} = m_1\overrightarrow{v_1} + m_2\overrightarrow{v_2} + \cdots + m_N\overrightarrow{v_N}$$

である。また，各質点が系の外界から受ける力を $\overrightarrow{f_1}$，$\overrightarrow{f_2}$，$\cdots$，$\overrightarrow{f_N}$ として，

$$\overrightarrow{f} = \overrightarrow{f_1} + \overrightarrow{f_2} + \cdots + \overrightarrow{f_N}$$

である。

運動の第一原理としての運動量保存〈参考〉

このように，運動量の保存の形式の運動方程式は，どんな物体（系）のどんな運動についても有効な普遍的な方程式である。さらに，作用・反作用の法則も包摂されているし，「$\overrightarrow{f} = \overrightarrow{0}$ ならば，$\overrightarrow{p} = $ 一定」という形で形式的には慣性の法則も再現できる。したがって，これを力学の最も根源的な原理の方程式と理解する

ことができる。

多体系の運動量の変化率に注目した場合に，内力が相殺して全運動量の変化率には影響しないことの根拠は，力について作用・反作用の法則が成り立つことにある。運動量の変化率に影響しないのだから，運動量の変化にも内力の力積は影響しない。これは，内力の力積も相殺することを意味し，つまり，力積も作用・反作用の法則に従う。これは，力 $\overrightarrow{f}$ の力積

$$\overrightarrow{I} = \int_{t_1}^{t_2} \overrightarrow{f}\, \mathrm{d}t$$

に対して，その反作用 $-\overrightarrow{f}$ の同じ時間内の力積が

$$\int_{t_1}^{t_2} (-\overrightarrow{f})\, \mathrm{d}t = -\int_{t_1}^{t_2} \overrightarrow{f}\, \mathrm{d}t = -\overrightarrow{I}$$

となる（向きが逆で同じ大きさ）ことからも直接に確認できる。しかし，ニュートンの立場からすれば，力積についての作用・反作用の法則が本質であり，そこから力についての作用・反作用の法則が確認される。

4.3 物体の運動

通常の物体は有限の大きさをもっている。その場合についても，物体を十分に小さな部分に分けて捉えれば質点 m の集まりと捉えることができる。その場合，物体の運動量は，

$$\overrightarrow{p} \equiv \sum_{\text{すべての部分}} m\overrightarrow{v}$$

により定義され，その物体が受ける外力の和を $\overrightarrow{f}$ とすれば，運動量の保存としての運動方程式

$$\frac{\mathrm{d}\overrightarrow{p}}{\mathrm{d}t} = \overrightarrow{f}$$

を満たす。

物体の質量全体が一様な速度 $\overrightarrow{v}$ をもつ場合，

$$\overrightarrow{p} = \left(\sum_{\text{すべての部分}} m \right) \overrightarrow{v} = M\overrightarrow{v}$$

となる。ここで，

$$M \equiv \sum_{\text{すべての部分}} m \text{ : 物体の全質量}$$

である。M は一定なので，運動方程式は，

$$\frac{\mathrm{d}(M\vec{v})}{\mathrm{d}t} = \vec{f} \qquad \text{i.e.} \quad M\frac{\mathrm{d}\vec{v}}{\mathrm{d}t} = \vec{f}$$

と表すことができる。これは，質点に対する運動方程式 $m\vec{a} = \vec{f}$ と同じ形の方程式である。

つまり，大きさのある物体であっても，回転や変形がなく空間に対して一様な並進運動をしている場合には，§3.6 の例でもそうしたように，質点の場合と同様の形式で運動方程式を書くことができる。

4.4 運動量保存則

一般に，物体（系）の運動は方程式

$$\frac{\mathrm{d}\vec{p}}{\mathrm{d}t} = \vec{f}$$

に従う。したがって，特に外力の作用がない系については，

$$\frac{\mathrm{d}\vec{p}}{\mathrm{d}t} = \vec{0} \qquad \text{i.e.} \quad \vec{p} = \text{一定}$$

となる。これを**運動量保存則**という。この形式の（狭義の）運動量保存則は，運動量の変化と力積のバランスを表す運動量の保存とは異なり普遍的には有効でなく条件付きで成立する法則である。つまり，

「外力の作用がなければ，運動量は一定に保たれる」

という命題全体を運動量保存則として理解することが必要である。

運動量保存則は，ベクトル量についての法則なので，方向ごと独立に評価できる。外力の作用はあっても，特定の方向の成分が常にゼロであれば，その方向の運動量成分は一定に保たれる。地球上での力学現象では重力があるので，外力がまったくないという状況は想定できない。しかし，なめらかな水平面上での運動については，水平方向の運動量は一定に保たれる。

【例 4–3】

なめらかな水平面上を速さ V_0 で運動していた質量 $3m$ の物体が，質量 $2m$

の物体Aと質量 m の物体Bに分裂した場合を考える。Bは分裂により，はじめに物体が運動した方向と垂直な方向に速さ $2V_0$ で飛び出したとする。また，分裂には外力の作用はなく，物体内部の機構により生じたものとする。

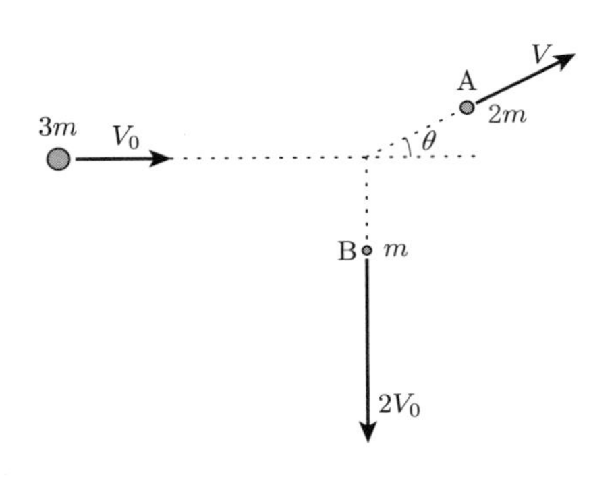

分裂後のAの運動方向を上図のように設定し，その速さを V とする。分裂に際して外力の作用がなければ，分裂の前後で系の全運動量は不変に保たれるので，

$$\begin{cases} 2mV\cos\theta + m\cdot 0 = 3mV_0 \\ 2mV\sin\theta + (-m\cdot 2V_0) = 3m\cdot 0 \end{cases}$$

が成り立つ。2式より，

$$V = \frac{\sqrt{13}}{2}V_0, \quad \tan\theta = \frac{2}{3}$$

と求めることができる。■

4.5 衝突

衝突とは，2物体が相対的に近づく向きの速度をもち接触し，一瞬のうちに有限の大きさの力積を及ぼし合い離れていく現象である。「一瞬のうち」とは，通常の感覚からすると無視できるくらいの短い時間を意味する。現実には，時間0ではないが（例えば1000分の1秒程度の時間は要しているかも知れない），理想化して無視する。重力などの大きさが有限の力の場合には，そのような短い時間の間の力積の大きさも，また無視できるくらい小さいので，観測できる運動量の変化を生じない。「有限の大きさの力積」とは，観測できるほどの運動量の変化を

惹き起こす程度の大きさという意味である。衝突の際には，2物体間にはたらく力の大きさが非常に大きく，一瞬の間に有限の大きさの力積を与え合うのである。このような力を**撃力**と呼ぶ。撃力の大きさは理想的には無限大と扱うこともあるが，重力の大きさの1000倍程度の力は十分に撃力として扱えるだろう。

衝突では，重力程度の大きさの力の力積は無視できるので，通常は（例えば，一方の物体が床に接着されているなどの特殊事情がなければ）衝突の前後での2つの物体の運動量の変化は，それぞれ他方の物体からの力積によって説明される。つまり，衝突の直前と直後では2物体に対する外力の力積が無視できるので，全運動量が不変に保たれる。このような状況も**運動量保存則**と表現する。

要するに，衝突の直前と直後を比べるとき，前述のような特殊事情がなければ，運動量保存則を適用することができる。例えば，物体 m_1，m_2 の2物体が衝突した場合，その直前の速度をそれぞれ $\overrightarrow{v_1}$，$\overrightarrow{v_2}$，衝突直後の速度をそれぞれ $\overrightarrow{v_1}'$，$\overrightarrow{v_2}'$ とすると，運動量保存則より，

$$m_1\overrightarrow{v_1}' + m_2\overrightarrow{v_2}' = m_1\overrightarrow{v_1} + m_2\overrightarrow{v_2}$$

が成り立つ。

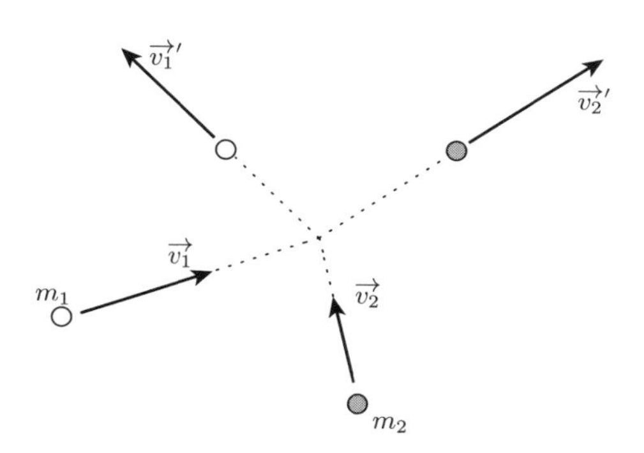

特に，一直線上での衝突について考える。一直線上での衝突とは，衝突前も衝突後も，各物体の速度が一定の直線に沿って運動する場合である。一直線上の運動では，速度の向きを，正の向きを定義した上で符号により表すことができる。運動量や速度はベクトル量なので，速さを論じている場合は，符号を付加して速度に書き換えて論じる必要がある。

さて，衝突の前後での各物体の速度を v_1，v_2 および v_1'，v_2' とすると，運動量

保存則より，

$$m_1 v_1{}' + m_2 v_2{}' = m_1 v_1 + m_2 v_2 \tag{4–5–1}$$

が成り立つ。

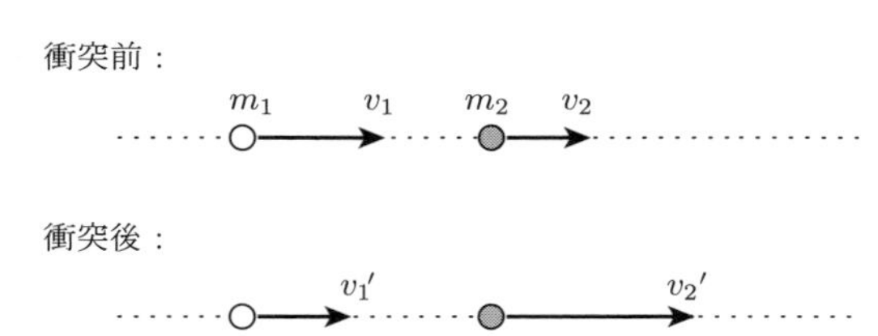

ところで，一直線上の衝突については，**反発係数（はね返り係数）**と呼ばれる現象論的な係数を，衝突の前後の相対速度の大きさの比の値

$$e \equiv \frac{|v_1{}' - v_2{}'|}{|v_1 - v_2|}$$

により定義する。平たく言えば，ぶつかる速さの何倍ではね返るかという倍率である。衝突の前後で，相対速度の向き（符号）が逆転することに注意すれば，絶対値の記号を使わずに

$$e = -\frac{v_1{}' - v_2{}'}{v_1 - v_2} \qquad \text{i.e.} \quad v_1{}' - v_2{}' = (v_1 - v_2) \times (-e) \tag{4–5–2}$$

と表すことができる。反発係数の条件は (4–5–2) 式の形で覚えるとよい。衝突により，相対速度は符号が逆転し，大きさが e 倍になる。

(4–5–1) と (4–5–2) を連立することにより，衝突前の速度 v_1，v_2 を用いて衝突後の速度 $v_1{}'$，$v_2{}'$ を表すことができる。

【例 4–4】

なめらかな水平面上に静止している質量 M の物体に，質量 m の物体が速さ v_0 で衝突し，物体 M が，はじめに物体 m が運動していたのと同じ方向（x 方向とする）に飛び出したとする。このとき，2 物体間には x 方向に力積のやりとりがある。その結果，物体 m の衝突後の速度の方向も x 方向となる。

m　v_0　M　x

衝突後の各物体の速度をそれぞれ v, V とすれば，運動量保存則より，

$$mv + MV = mv_0 + M \cdot 0$$

が成り立つ。また，2 物体の反発係数を e とすれば，

$$v - V = (v_0 - 0) \times (-e)$$

である。2 式より，v, V を v_0 を用いて表すと，

$$v = \frac{m - eM}{m + M} v_0 \,, \qquad V = \frac{(1 + e)m}{m + M} v_0$$

となる。

衝突後の物体 m の速度は

$$m \geqq eM \text{ のとき：} v \geqq 0 \,, \qquad m < eM \text{ のとき：} v < 0$$

となる。これは，$m < eM$ の場合には，衝突により物体 m が弾き返されることを示している。■

反発係数 e の値は定義より 0 以上であるが，現実の衝突では 1 未満となる。その意味に関しては，§9.3 で検討する。理想的な状況として $e = 1$ の場合を**弾性衝突**と呼ぶ。これに対して，通常の $e < 1$ の衝突は**非弾性衝突**と呼ぶ。$e = 0$ の特別な場合（衝突後に 2 物体が一体となる）を**完全非弾性衝突**という。完全非弾性衝突につられて，弾性衝突のことを完全弾性衝突という人があるが，用語としては正しくない。

一直線上に収まらない一般の衝突については，衝突の際の 2 物体の接点における共通の接平面と垂直な方向の速度成分に対して反発係数を定義する。

【例 4–5】

【例 4–4】において，物体 M が下図に示すような，角度 θ で表される方向に飛び出した場合を考える。2 物体は同じ大きさの球体で，表面の摩擦は無視できるものとする。回転運動を考える必要はない。

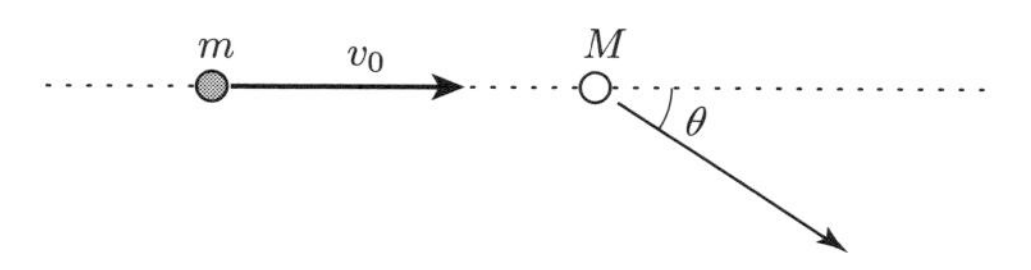

摩擦が無視できるとき，物体間の力積は垂直抗力によるので，その方向は衝突の瞬間の 2 物体の中心を結ぶ直線の方向と一致する。また，この方向は衝突の瞬間の 2 物体に共通な接平面の法線方向になる。この方向を x 軸方向として，図のように xy 座標を設定する。

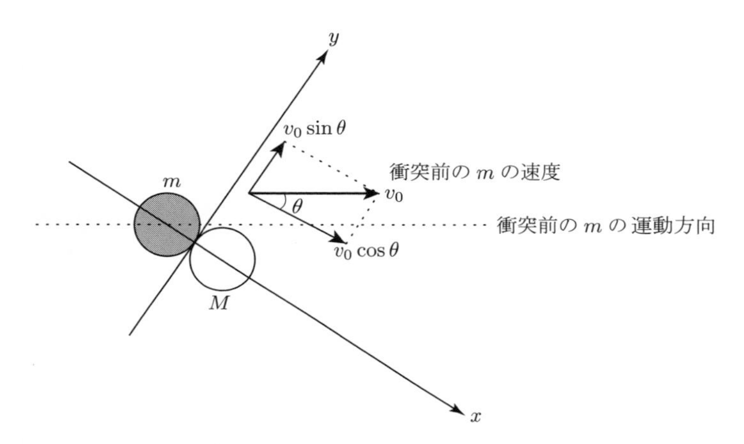

y 方向にはそれぞれ力積を受けないので，衝突の前後で各物体ごとに運動量の変化はない。したがって，衝突後の各物体の速度を

$$\text{物体 } m : \begin{pmatrix} v_1 \\ v_0 \sin\theta \end{pmatrix}, \qquad \text{物体 } M : \begin{pmatrix} v_2 \\ 0 \end{pmatrix}$$

と設定できる。あとは，x 方向について【例 4–4】と同様の衝突の計算を行う。このような斜めの衝突の場合には，反発係数は，衝突の瞬間の 2 物体に共通な接平面の法線方向，すなわち，x 方向の速度成分に対して定義する。つまり，反発係数を e とすれば，

$$v_1 - v_2 = (v_0 \cos\theta - 0) \times (-e)$$

となる。これを運動量保存則の式

$$mv_1 + Mv_2 = mv_0 \cos\theta$$

と連立すれば，

$$v_1 = \frac{m - eM}{m + M} v_0 \cos\theta, \qquad v_2 = \frac{(1+e)m}{m+M} v_0 \cos\theta$$

を得る。■

第5章　エネルギー

エネルギーは物理学における最も基本的な物理量の1つである。しかし，その本来の意義はさまざまな分野を学ぶことにより理解できる。本章では，力学の理論に基づき，力学において登場する運動エネルギー，位置エネルギー，力学的エネルギーの概念，および，その変化の法則について学習する。

なお，本章では，回転や変形がなく注目する質量 m 全体が一様な速度 $\overrightarrow{v}$ で運動する物体について考察する。物体の回転や変形の効果については高校物理では扱わないが，回転がある場合については第11章で概略を調べる。

5.1 仕事

一定のベクトル $\overrightarrow{f}$ で表される力を受ける物体が $\varDelta\overrightarrow{r}$ だけ変位したときに，

$$W \equiv \overrightarrow{f} \cdot \varDelta\overrightarrow{r} \tag{5–1–1}$$

を，この物体が力 $\overrightarrow{f}$ によりなされた**仕事**という。物体の運動に対する効果に主眼がある。以下では，注目する物体が明確な場合には単に「力の $\overrightarrow{f}$ 仕事」などとも表現する。

一般には，物体の移動経路の途中で力 $\overrightarrow{f}$ は変化することもあるので，経路を微小な区間に分割して，各区間における力 $\overrightarrow{f}$ と変位 $\mathrm{d}\overrightarrow{r}$ の内積を経路に沿って足

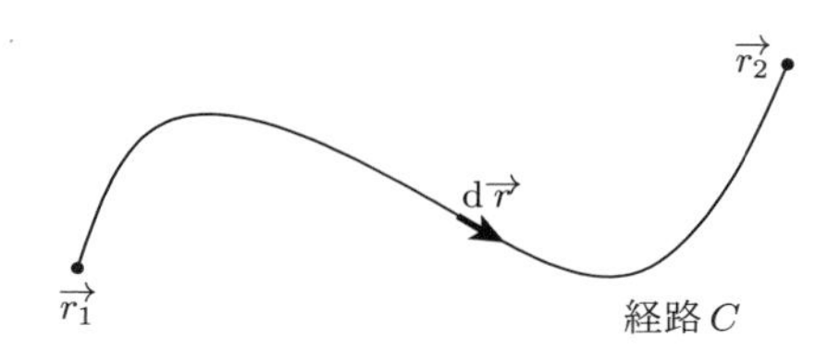

し合わせた値が，その経路において物体がなされた仕事となる。

この足し合わせは無限小量の積算，すなわち，積分であるから

$$W = \int_C \vec{f} \cdot \mathrm{d}\vec{r} \tag{5–1–2}$$

と表示する。C は物体の移動が実現した経路である。この積分は原始関数を見つけるような計算法が通用しないので，一般的には積分を実行するのは難しい。しかし，理論式としては理解しておく必要がある。

式 (5–1–2) が，一般的な仕事の定義である。移動経路に沿って足し合わせていくので，仕事は力の作用の空間的な履歴を表す。力積が力の作用の時間的な履歴であったのと対照的である。力積は運動量の変化を惹き起こす。仕事が物体の運動に対して如何なる効果を与えるのかは §5.3 で学ぶ。

式 (5–1–2) の値は，一般的には経路 C に沿った移動が実現した事後に値が定まるので，移動経路 C の始点 $\vec{r_1}$ と終点 $\vec{r_2}$ を指定して

$$W = \int_{\vec{r_1}}^{\vec{r_2}} \vec{f} \cdot \mathrm{d}\vec{r}$$

という形式では表示しない。始点 $\vec{r_1}$ と終点 $\vec{r_2}$ が共通でも可能な経路は無数に存在し，経路に応じて積分値が異なりうる。なお，時間については始点と終点の時刻を指定すれば変化経路は一意に決定される。

仕事の値を求めるのは一般的には困難であることを上で述べたが，移動中常に一定であった力の仕事は容易に求めることができる。$\vec{f}$ が一定ならば，積分の外に出すことができ

$$W = \vec{f} \cdot \left(\int_C \mathrm{d}\vec{r} \right)$$

となるので，全過程を通しての変位ベクトルを $\varDelta\vec{r} = \vec{r_2} - \vec{r_1}$ として，内積

$$W = \vec{f} \cdot \varDelta\vec{r}$$

により仕事の値を得ることができる。すなわち，式 (5–1–1) が導かれる。

5.2 運動エネルギー

質量 m の物体が一様な速さ v で（物体のどの部分も共通の速さ v をもつということ）運動するとき，

$$K \equiv \frac{1}{2}mv^2$$

をこの物体の**運動エネルギー**と呼ぶ。運動エネルギーは，運動量と同様に運動状態を代表する重要な関数である。ただし，運動量はベクトル量であるのに対して，運動エネルギーはスカラー量である。

エネルギーは物理学における最も基本的な概念の1つである。運動エネルギーはその一形態である。これから物理学を学ぶにつれてさまざまな形態のエネルギーを知ることになる。「エネルギーとか何か」ということは，さまざまな形態のエネルギーを学ぶことを通して体験的に理解することになるが，簡単に説明を加えると次のようにいうことができる。

すなわち，エネルギー E をもつ物体は，外界に対して E だけの仕事をする能力がある。したがって，速さ v で運動する質量 m の物体は，停止するまでの間に外界に対して $\frac{1}{2}mv^2$ の仕事をすることができる。停止すると運動エネルギーが0となり，それ以上は外部に仕事をすることができなくなる。

5.3 エネルギーの保存

まずは，力学でよく用いるベクトルと微分の計算について確認する。

2つのベクトル $\vec{a} = \begin{pmatrix} a_x \\ a_y \\ a_z \end{pmatrix}$，$\vec{b} = \begin{pmatrix} b_x \\ b_y \\ b_z \end{pmatrix}$ は，ともに時刻 t の関数とする。

このとき，$\vec{a}$ と $\vec{b}$ の内積の導関数を計算してみれば，

$$\frac{\mathrm{d}}{\mathrm{d}t}(\vec{a}\cdot\vec{b}) = \frac{\mathrm{d}}{\mathrm{d}t}(a_xb_x + a_yb_y + a_zb_z) = \cdots\cdots = \frac{\mathrm{d}\vec{a}}{\mathrm{d}t}\cdot\vec{b} + \vec{a}\cdot\frac{\mathrm{d}\vec{b}}{\mathrm{d}t}$$

となる。つまり，積の微分公式がベクトルの内積にも通用することが分かる。特に，$\vec{a} = \vec{b}$ の場合は，

$$\frac{\mathrm{d}}{\mathrm{d}t}(\vec{a}\cdot\vec{a}) = \frac{\mathrm{d}\vec{a}}{\mathrm{d}t}\cdot\vec{a} + \vec{a}\cdot\frac{\mathrm{d}\vec{a}}{\mathrm{d}t} = 2\frac{\mathrm{d}\vec{a}}{\mathrm{d}t}\cdot\vec{a}$$

となる。ここで，$\vec{a}\cdot\vec{a} = a^2$ なので，結局，

$$\frac{\mathrm{d}}{\mathrm{d}t}(a^2) = 2\frac{\mathrm{d}\vec{a}}{\mathrm{d}t}\cdot\vec{a} \qquad \text{あるいは，} \quad \frac{\mathrm{d}\vec{a}}{\mathrm{d}t}\cdot\vec{a} = \frac{\mathrm{d}}{\mathrm{d}t}\left(\frac{1}{2}a^2\right)$$

となる。以下，断らずに，この計算結果を利用する。

運動方程式

$$m\frac{\mathrm{d}\overrightarrow{v}}{\mathrm{d}t}=\overrightarrow{f} \tag{5–3–1}$$

で表現される運動（速度が一様な 1 つの質量の運動）を考える。この方程式の両辺と速度 $\overrightarrow{v}$ の内積を比べれば，

$$m\frac{\mathrm{d}\overrightarrow{v}}{\mathrm{d}t}\cdot\overrightarrow{v}=\overrightarrow{f}\cdot\overrightarrow{v}$$

が成立する。上の計算結果を利用すれば，

$$左辺=m\frac{\mathrm{d}}{\mathrm{d}t}\left(\frac{1}{2}v^2\right)$$

であるが，質量 m は物体に固有の一定値なので，さらに，

$$左辺=\frac{\mathrm{d}}{\mathrm{d}t}\left(\frac{1}{2}mv^2\right)$$

と変形できる。したがって，運動方程式 (5–3–1) と対応して，一般に

$$\frac{\mathrm{d}}{\mathrm{d}t}\left(\frac{1}{2}mv^2\right)=\overrightarrow{f}\cdot\overrightarrow{v} \tag{5–3–2}$$

が成り立つ。

(5–3–2) 式は，運動方程式 (5–3–1) と並行して成り立つ普遍的に有効な方程式である。運動の法則の表現の 1 つである。物体の運動エネルギー $\frac{1}{2}mv^2$ の変化が $\overrightarrow{f}\cdot\overrightarrow{v}$ で表される外力の作用により因果的に説明できることを表している。方程式 (5–3–2) の表す法則を運動についての**エネルギーの保存**と呼ぶことにする。運動エネルギーの時間変化率を説明する原因となる外力の作用 $\overrightarrow{f}\cdot\overrightarrow{v}$ を**仕事率**と呼ぶ。後に見るように $\overrightarrow{f}\cdot\overrightarrow{v}$ は仕事の時間的な割合（単位時間あたりの仕事）を表すので，日本語ではこのような名称で呼ばれるが，英語では 1 単語 power で表される。つまり，仕事率は 1 次的な概念を表す量である。

(5–3–2) は一般的に成立するが，具体的な変化については両辺を積分して比べることになる。時刻 $t=t_1$ から $t=t_2$ までの変化については，

$$\varDelta\left(\frac{1}{2}mv^2\right)=\int_{t=t_1}^{t=t_2}(\overrightarrow{f}\cdot\overrightarrow{v})\,\mathrm{d}t$$

により運動エネルギーの変化が説明できる。右辺の積分

$$W\equiv\int_{t=t_1}^{t=t_2}(\overrightarrow{f}\cdot\overrightarrow{v})\,\mathrm{d}t$$

において

$$\vec{v} = \frac{\mathrm{d}\vec{r}}{\mathrm{d}t} \qquad \therefore \quad \vec{v}\,\mathrm{d}t = \mathrm{d}\vec{r}：変位$$

であるから，W は $t = t_1$ から $t = t_2$ までの間に実現した物体の移動経路 C に沿った積分

$$W = \int_C \vec{f} \cdot \mathrm{d}\vec{r} \tag{5–3–3}$$

に書き換えることができる。つまり，W は経路 C に沿った移動において物体がなされた仕事である。上の計算過程より，仕事率の時間積分が仕事になること，つまり，仕事率が単位時間あたりの仕事を表すことが確認できる。

物理では基本的には時間変化に注目する。つまり，時刻 t をパラメータとしてさまざまな現象を追跡する。運動方程式も，速度や運動量についての時間変化率を説明する方程式になっている。ところが，エネルギーの保存に注目すると，物体の運動を，物体の位置をパラメータとして追跡できる。力学現象に対する視野が大きく広がることになる。

ところで，仕事と（運動）エネルギーは同じ次元をもち，その単位は $\mathrm{kg}\cdot(\mathrm{m/s})^2 = \mathrm{N}\cdot\mathrm{m}$ であるが，これを J で表し「ジュール」と読む。仕事率の単位は J/s となるが，これは W で表し「ワット」と読む。ジュールもワットも人名である。

$\vec{f} = \vec{f_1} + \vec{f_2}$ のとき，

$$\vec{f} \cdot \vec{v} = \left(\vec{f_1} + \vec{f_2}\right) \cdot \vec{v} = \vec{f_1} \cdot \vec{v} + \vec{f_2} \cdot \vec{v}$$
$$\vec{f} \cdot \Delta\vec{r} = \left(\vec{f_1} + \vec{f_2}\right) \cdot \Delta\vec{r} = \vec{f_1} \cdot \Delta\vec{r} + \vec{f_2} \cdot \Delta\vec{r}$$

となるので，仕事率や仕事も重ね合わせの原理に従う。すなわち，物体が複数の相手から力を受けるとき，それぞれの力の仕事を求めれば，それらの和によって，その物体の運動エネルギーの変化が説明できる。

【例 5–1】

摩擦のある斜面（傾斜角 θ）を滑り降りる物体 m の運動を考える。

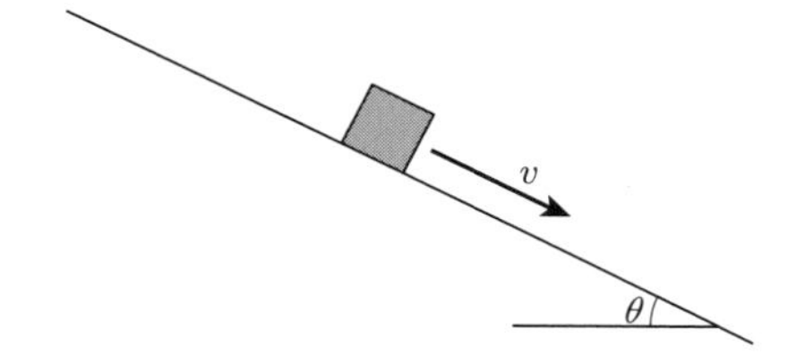

重力加速度の大きさを g，物体と斜面の間の動摩擦係数を μ とする。物体が初速 0 で滑り始めたときに，斜面に沿って滑り降りた距離 l と物体の速さ v の関係を調べる。

エネルギーの保存も運動方程式に基づいて論じなければいけない。まずは，物体の受ける外力を読み取り図示してみよう。

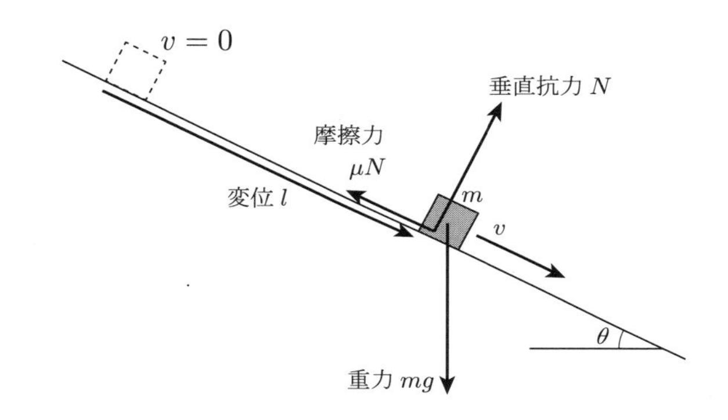

運動方程式は (5–3–1) の形式に表示するまでもなく，この図が本質的には運動方程式そのものである。具体的に加速度の値などを求める場合には，適当な座標系を設定して成分ごとに方程式を書くことになる。一方，エネルギーの保存を論じる場合には，図を頼りに外力と物体の変位の関係を調べて，各力ごとの仕事を求めることになる。

物体に作用する外力は細かく分類すれば，重力，垂直抗力，摩擦力の 3 つである。それぞれの仕事 W_g，W_N，W_μ は，次のように求めることができる。

重力と変位のなす角は $90° - \theta$ なので，内積の定義に従えば，

$$W_g = mg \cdot l \cdot \cos(90° - \theta) = mgl \sin\theta$$

あるいは，内積は一方のベクトルの大きさと，他方のベクトルの正射影の積として求めることもできるので，

$$W_g = l \cdot mg \sin\theta$$

と求めてもよい。あるいは，座標系を設定して力のベクトルと変位ベクトルを成分表示して，成分による内積の計算法を用いてもよい。

垂直抗力は常に物体の速度と直交するので，仕事率が常に 0 であり，仕事も一般に 0 となる。

$$W_N = 0$$

摩擦力の仕事を求めるには，垂直抗力の大きさを決定する必要がある。斜面と垂直な方向の運動方程式より $N = mg\cos\theta$ と求めることができるので，物体が滑っている間，摩擦力は一定の力として作用する。向きは滑る向きと逆向きで，大きさは $\mu N = \mu mg\cos\theta$ である。よって，

$$W_\mu = (-\mu mg\cos\theta)\cdot l$$

となる。

仕事は重ね合わせの原理に従うので，エネルギーの保存は，

$$\frac{1}{2}mv^2 - \frac{1}{2}m\cdot 0^2 = mgl\sin\theta + 0 + (-\mu mgl\cos\theta)$$

となる。これより，物体の速さ v を滑った距離 l の関数として

$$v = \sqrt{2gl(\sin\theta - \mu\cos\theta)}$$

と求めることができる。■

運動中常に一定のベクトルとしてはたらく力の仕事は【例 5–1】のように容易に求めることができる。一定ではない力の仕事を求めるには経路に沿った積分を実行する必要があり，一般的には難しい。しかし，運動が一直線上で実現し，力が物体の位置の関数として与えられていれば，高校数学で学ぶ積分の知識で解決できる。

運動が x 軸上で実現するとき，物体にはたらく力の x 成分を f_x とすれば，その仕事は

$$W = \int_C f_x\,\mathrm{d}x$$

で与えられる。さらに，f_x が位置 x のみの関数 $f_x = f_x(x)$ であれば，

$$W = \int_{x_1}^{x_2} f_x(x)\,\mathrm{d}x$$

と表示することができる。ここで，x_1, x_2 は，それぞれ移動の始点と終点の位置である。

【例 5–2】

ばねの弾性力は，フックの法則に従って扱える場合，ばねの伸び・縮みで決まる。一端を固定したばねに接続された物体の運動を考える場合，ばねの弾性力は物体の位置の関数となる。

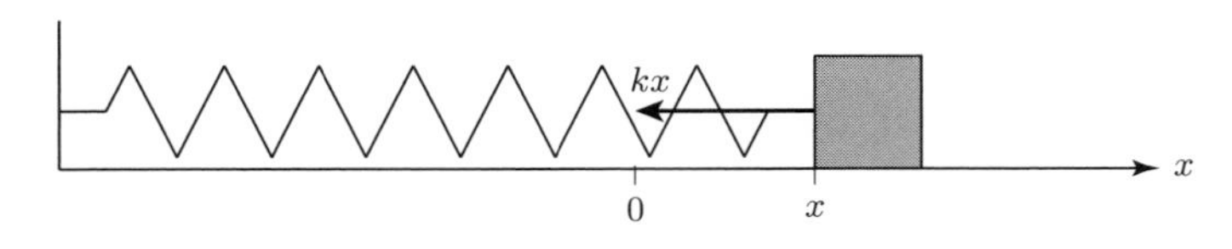

ばねが自然長のときの物体の位置を原点として，上図のように x 軸を設定する。このとき，物体の位置 x は，ばねの伸びも表すので，ばねの弾性力は x 成分として

$$f = -kx$$

と表せる。k はばね定数である。

したがって，例えば，物体が $x = s$ から $x = 0$ まで移動する（ばねが s だけ伸びた状態から自然長に戻るまで）間に弾性力から物体がなされる仕事は，

$$W = \int_s^0 (-kx)\,\mathrm{d}x = \frac{1}{2}ks^2$$

となる。■

【例 5–3】

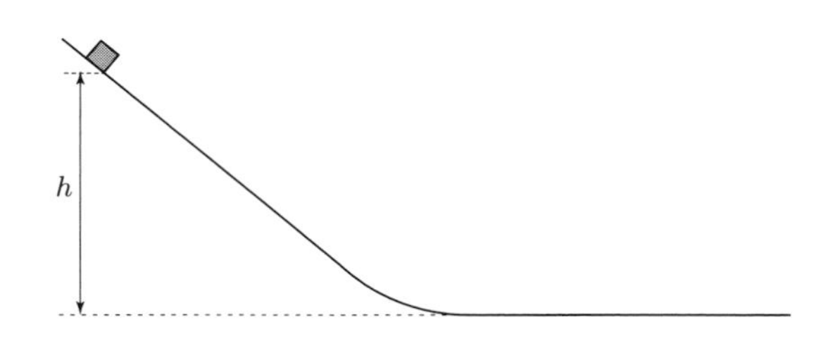

上図のように，水平面となめらかに繋がる摩擦の無視できる曲面に沿って小物体 m が滑り降りるときの，水平面に達した小物体の速さを求める。水平面から高さ h の地点から初速 0 で滑り始めたとする。重力加速度の大きさを g とする。

滑り降りる途中に小物体の受ける力は，重力と曲面からの垂直抗力である。

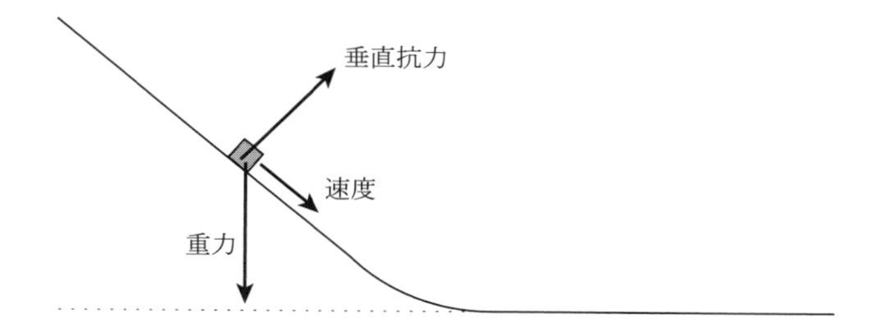

垂直抗力は曲面に対して垂直で，曲面に沿って滑る物体の速度は曲面と平行なので，垂直抗力と速度は直交する。したがって，垂直抗力の仕事率は0となる。よって，重力加速度のベクトルを $\overrightarrow{g}$ とすれば，エネルギーの保存は，

$$\frac{\mathrm{d}}{\mathrm{d}t}\left(\frac{1}{2}mv^2\right) = m\overrightarrow{g} \cdot \overrightarrow{v}$$

となる。重力 $m\overrightarrow{g}$ は一定なので，

$$\varDelta\left(\frac{1}{2}mv^2\right) = m\overrightarrow{g} \cdot \varDelta\overrightarrow{r}$$

である。つまり，力としては重力と垂直抗力を受けているが，エネルギーの保存に注目すると重力の作用のみを考慮すればよい。後に学ぶ衝突などの現象を除けば，固定された壁や床からの垂直抗力は仕事をしない。【例 4–1】において，物体の速さが一定に保たれたことも，この観点から説明することができる。

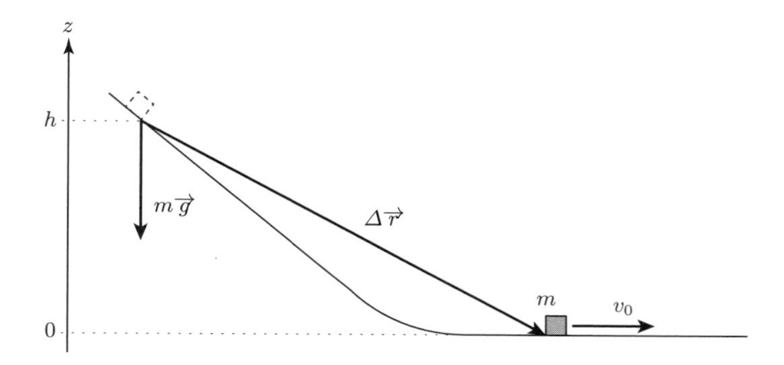

$m\overrightarrow{g}$ は鉛直下向きのベクトルなので，その仕事は物体の高さの変化 $\varDelta z$ のみで決まり

$$m\vec{g}\cdot\Delta\vec{r}=(-mg)\cdot\Delta z$$

となる。いま，最終的には $\Delta z=-h$ なので，水平面における速さを v_0 とすれば，

$$\frac{1}{2}m{v_0}^2-\frac{1}{2}m\cdot 0^2=(-mg)\cdot(-h)$$

$$\therefore\ \ v_0=\sqrt{2gh}$$

と求めることができる。■

平らな斜面を滑り降りるならば等加速度運動になるので加速度を求めた議論も可能であるが，曲面に沿った運動では加速度を求めることは困難である。また，加速度が求められたとしても，そこから速さを求めるのは易しくない。しかし，エネルギーの保存に注目すると，上のように容易に結論を得ることができる。

5.4 保存力と位置エネルギー

前節の例でも見たように，重力は，移動の始点と終点が指定されると，実現する運動の過程によらず仕事の値があらかじめ決定する。このような性質をもつ力を**保存力**と呼ぶ。重力が保存力となる理由は，それが定ベクトルで表されることに起因するが，結果的に一定の力として作用した力がすべて保存力になるわけではない。例えば，摩擦のある水平面上を物体を滑らせるとき，物体にはたらく動摩擦力は結果的に一定である。しかし，動摩擦力は保存力ではない。動摩擦力は物体が滑る向きによって異なる。また，他の外力の作用の仕方により大きさも変わりうるし，移動の始点と終点が同じでも実現する経路にはさまざまな可能性があり，それに応じて仕事の値も異なる。運動の実現をまたずに，移動の始点と終点を仮定するだけで仕事の値が定まるような力が保存力である。なお，これは，力の関数があらかじめ定まっているということとも異なるが，この点は難しくなるのでここでは説明は省略する。当面は，今後学ぶ具体例を理解すれば足りる。

さて，物体に仕事をする外力が保存力 $\vec{f_{\mathrm{C}}}$ のみの場合，物体の位置 $\vec{r}$ の関数として

$$U(\vec{r})\equiv\int_{基準点}^{\vec{r}}(-\vec{f_{\mathrm{C}}})\cdot\mathrm{d}\vec{r}$$

を導入することができ（保存力の定義より，その仕事は途中経路に依存しないの

で，始点と終点を指定する形式で積分を表示でき，その値は $\vec{r}$ の関数として定義されている)，エネルギーの保存を

$$\frac{1}{2}mv^2 + U(\vec{r}) = 一定$$

と表現することができる。これを**力学的エネルギー保存則**という。ここで導入された位置 $\vec{r}$ の関数 $U(\vec{r})$ を**位置エネルギー**と呼び，運動エネルギーと位置エネルギーを総称して**力学的エネルギー**と呼ぶ。基準点は位置エネルギーの値が 0 となる位置である。

力学的エネルギー保存則は，

> **「物体に仕事をする外力が保存力のみの場合，その力に対応する位置エネルギーを導入すると，力学的エネルギーは一定に保たれる」**

という法則である。この法則を利用するためには，どの力が保存力であるか，また，それに対応する位置エネルギーはどのような関数になるのかを学んでおく必要がある。

重力による運動

まずは，具体例として【例 5–3】のように重力のみが仕事をする場合について確認してみる。

物体 m が位置 $\vec{r_1}$ を速さ v_1 で，位置 $\vec{r_2}$ を速さ v_2 で通過したとき，エネルギーの保存は，重力加速度ベクトルを $\vec{g}$ として

$$\frac{1}{2}m{v_2}^2 - \frac{1}{2}m{v_1}^2 = m\vec{g}\cdot(\vec{r_2} - \vec{r_1}) \tag{5–4–1}$$

となる。

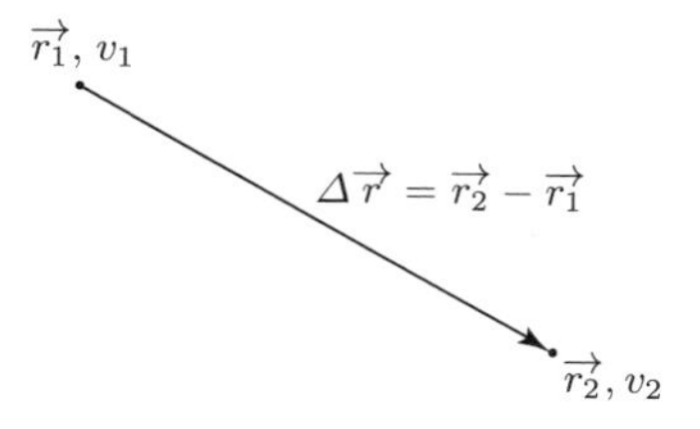

(5–4–1) 式は，

$$\frac{1}{2}m{v_2}^2 + (-m\vec{g})\cdot\vec{r_2} = \frac{1}{2}m{v_1}^2 + (-m\vec{g})\cdot\vec{r_1}$$

と変形できる。これは任意の2つの場面で成り立つので，この運動については

$$\frac{1}{2}mv^2 + (-m\vec{g}) \cdot \vec{r} = 一定$$

が成立する。これが，重力による運動の力学的エネルギー保存則である。

$$U(\vec{r}) \equiv (-m\vec{g}) \cdot \vec{r} = \int_{原点}^{\vec{r}} (-m\vec{g}) \cdot \mathrm{d}\vec{r}$$

が**重力による位置エネルギー**であり，原点が基準点として選ばれている。

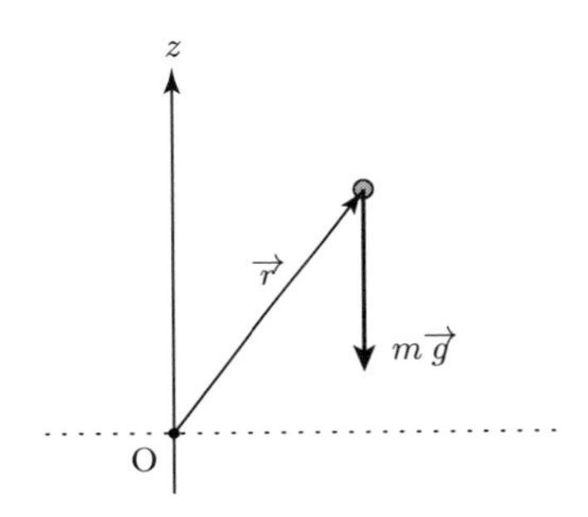

$(-m\vec{g})$ は鉛直上向きに大きさ mg のベクトルなので，鉛直上向きに z 軸を設定すると，

$$U(\vec{r}) = mgz$$

となる。これは，$mg \cdot$(高さ) と覚えるとよい。高さとは，鉛直上向きに測った位置である。重力の場合は，基準“点”ではなく高さの基準“面”を決めれば位置エネルギーが定義できる。

一般に，保存力による運動では，上の例と同様にエネルギーの保存を

$$\frac{1}{2}m{v_2}^2 - \frac{1}{2}m{v_1}^2 = \int_{\vec{r_1}}^{\vec{r_2}} \vec{f_{\mathrm{C}}} \cdot \mathrm{d}\vec{r} \qquad (5\text{–}4\text{–}2)$$

と表せる。ここで，

$$U(\vec{r}) \equiv \int_{基準点}^{\vec{r}} (-\vec{f_{\mathrm{C}}}) \cdot \mathrm{d}\vec{r}$$

とすれば，

$$\int_{\vec{r_1}}^{\vec{r_2}} \vec{f_{\mathrm{C}}} \cdot \mathrm{d}\vec{r} = \int_{\vec{r_1}}^{基準点} \vec{f_{\mathrm{C}}} \cdot \mathrm{d}\vec{r} + \int_{基準点}^{\vec{r_2}} \vec{f_{\mathrm{C}}} \cdot \mathrm{d}\vec{r}$$

$$= \int_{基準点}^{\vec{r_1}} (-\vec{f_C}) \cdot d\vec{r} - \int_{基準点}^{\vec{r_2}} (-\vec{f_C}) \cdot d\vec{r} = U(\vec{r_1}) - U(\vec{r_2})$$

なので，(5–4–2) 式は

$$\frac{1}{2}m{v_2}^2 + U(\vec{r_2}) = \frac{1}{2}m{v_1}^2 + U(\vec{r_1})$$

と変形できる。これは，力学的エネルギー保存則

$$\frac{1}{2}mv^2 + U(\vec{r}) = 一定$$

を意味する。

位置エネルギーや力学的エネルギー保存則の意味について考察する。

前述のとおり，物体がエネルギー E をもつとは「物体が外界に対して E だけの仕事をする能力がある」ということを示す。運動エネルギーは，それが顕在化しているのに対して，位置エネルギーは潜在的なエネルギーである（そのため，位置エネルギーを**ポテンシャルエネルギー**とか単に**ポテンシャル**と呼ぶこともあるが，ポテンシャルは位置エネルギーよりも広い意味で用いられる）。力学的エネルギー保存則

$$\frac{1}{2}mv^2 + U(\vec{r}) = 一定$$

が成り立つとき，位置エネルギー $U(\vec{r})$ が減少した分だけ運動エネルギーが増加して顕在化する。しかし，$U(\vec{r})$ が潜在的なエネルギーと解釈できるためには，例えば初速 0 からスタートしても $U(\vec{r})$ が減少する向きに動き出す必要がある。初め，運動エネルギーが 0 なので，力学的エネルギーが一定に保たれるとき，位置エネルギーが減少して運動エネルギーが増加しないと動けない。実際，**保存力がはたらく向きは位置エネルギーが減少する向きと一致する**。これは，保存力の重要な性質である。重力も，重力による位置エネルギーが減少する向き，つまり，鉛直下向きにはたらく。

物体が重力による位置エネルギーをもつためには，つまり，高い位置にあるためには，あらかじめ，重力に対抗して持ち上げておく必要がある。

$$U(\vec{r}) = \int_{基準点}^{\vec{r}} (-\vec{f_C}) \cdot d\vec{r}$$

は，物体に対して保存力に対抗する $(-\vec{f_C})$ に等しい外力を加えて，基準点から位置 $\vec{r}$ まで移動させる外力の仕事を表す。その仕事（重力の場合は，物体を持ち上

げるのに要した仕事）が潜在的なエネルギーとして蓄えられたものが位置エネルギーであると解釈できる。

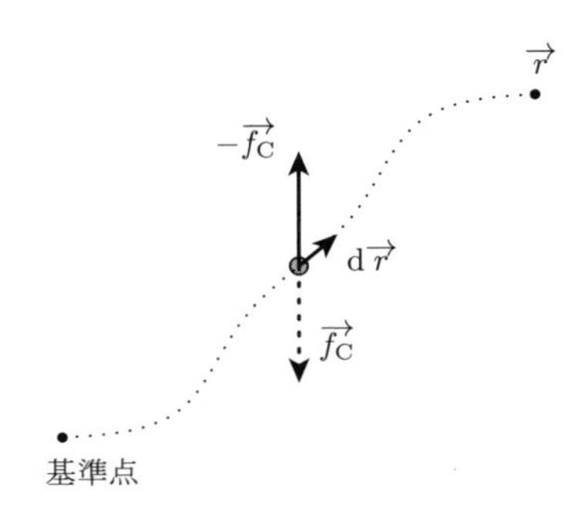

あるいは，次のような解釈も可能である。

$$U(\overrightarrow{r}) = \int_{基準点}^{\overrightarrow{r}} (-\overrightarrow{f_\mathrm{C}}) \cdot \mathrm{d}\overrightarrow{r} = \int_{\overrightarrow{r}}^{基準点} \overrightarrow{f_\mathrm{C}} \cdot \mathrm{d}\overrightarrow{r}$$

なので，$U(\overrightarrow{r})$ は，物体が位置 $\overrightarrow{r}$ から基準点まで戻る間に保存力 $\overrightarrow{f_\mathrm{C}}$ が物体にする仕事に等しい。つまり，物体が位置 $\overrightarrow{r}$ にいることにより，保存力から $U(\overrightarrow{r})$ だけの仕事をされることが予約されている。その可能性が潜在的なエネルギーと解釈できるのである。重力の場合も，高さ z の位置にあれば，高さの基準 $z = 0$ の位置まで移動する間に重力から mgz の仕事をなされることが予約されている（そして，その分だけ運動エネルギーを増加させられる）ので，潜在的に mgz のエネルギーをもっていると解釈できる。

5.5 ポテンシャル

仕事をする外力が保存力のみの場合，位置エネルギーを導入することにより，エネルギーの保存を力学的エネルギー保存則に読み換えて使えることが分かった。そうすれば，いちいち仕事を計算する必要がなくなる。

しかし，ある力が保存力であるか否かをあらかじめ知ることは一般に難しい。ところで，重力のみが仕事をする場合のエネルギーの保存を，変化率の方程式で表すと，

$$\frac{\mathrm{d}}{\mathrm{d}t}\left(\frac{1}{2}mv^2\right) = m\overrightarrow{g} \cdot \overrightarrow{v} \tag{5–5–1}$$

となる。z 軸を鉛直上向きに設定した場合（つまり，z は物体の高さを表す），重力の仕事率 $m\vec{g}\cdot\vec{v}$ は，mg が一定値なので，

$$m\vec{g}\cdot\vec{v} = -mgv_z = -mg\frac{\mathrm{d}z}{\mathrm{d}t} = -\frac{\mathrm{d}}{\mathrm{d}t}(mgz)$$

と変形できる。v_z は $\vec{v}$ の成分であり，$v_z = \dfrac{\mathrm{d}z}{\mathrm{d}t}$ である。よって，(5–5–1) 式は

$$\frac{\mathrm{d}}{\mathrm{d}t}\left(\frac{1}{2}mv^2\right) = -\frac{\mathrm{d}}{\mathrm{d}t}(mgz) \qquad \text{i.e.} \quad \frac{\mathrm{d}}{\mathrm{d}t}\left(\frac{1}{2}mv^2 + mgz\right) = 0$$

と変形できる。これは，力学的エネルギー保存則

$$\frac{1}{2}mv^2 + mgz = 一定$$

を表している。

この例のように，力 $\vec{f}$ の仕事率が，

$$\vec{f}\cdot\vec{v} = -\frac{\mathrm{d}}{\mathrm{d}t}\left(U(\vec{r})\right)$$

と変形できるような物体の位置 $\vec{r}$ のみの関数 $U(\vec{r})$ が存在するとき，力 $\vec{f}$ は $U(\vec{r})$ をポテンシャルとする保存力であると判断できる。そして，物体の運動は，力学的エネルギー保存則

$$\frac{1}{2}mv^2 + U(\vec{r}) = 一定$$

を満たす。位置エネルギーというときには物体の運動に主眼があるのに対して，力の属性あるいは起源として捉えるときにポテンシャルと呼ぶことが多い。

ばねの弾性力による運動

なめらかな水平面上での物体 m の運動を考える。物体は一端を壁に固定したばね定数 k の軽いばねに接続されていて，ばねが延びる直線上でのみ運動するものとする。物体の位置を，ばねが自然長のときの位置を原点として x とする。x は，ばねの伸びも表すので，物体が受ける力は下図のようになる。

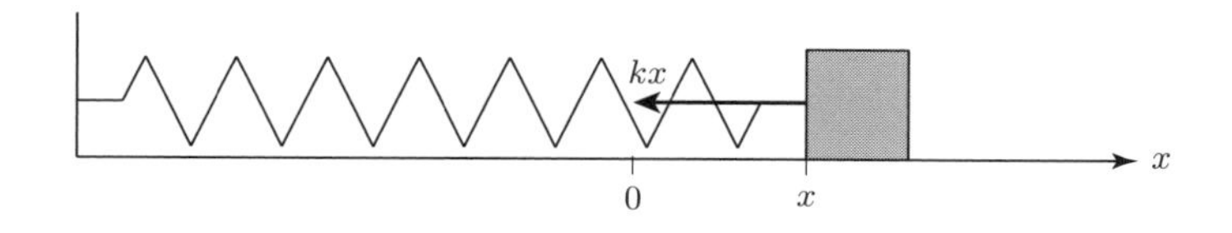

物体の運動は水平方向に制限されているので，物体に仕事をする力は，ばねの

弾性力のみである。物体の速度を v として，運動方程式を書くと，

$$m\frac{\mathrm{d}v}{\mathrm{d}t} = -kx$$

となる。$x < 0$ の場合には $(-x)$ がばねの縮みであり，そのときも運動方程式は有効である。エネルギーの保存を論じるには，両辺に v をかけて（1 次元の運動では，この操作が速度ベクトルとの内積を意味する）エネルギーの保存の方程式に変形する。

$$m\frac{\mathrm{d}v}{\mathrm{d}t}v = -kxv \tag{5–5–2}$$

左辺は，予定通り

$$m\frac{\mathrm{d}v}{\mathrm{d}t}v = \frac{\mathrm{d}}{\mathrm{d}t}\left(\frac{1}{2}mv^2\right)$$

と読み換えることができる。一方，$v = \dfrac{\mathrm{d}x}{\mathrm{d}t}$ なので，右辺も

$$-kxv = -kx\frac{\mathrm{d}x}{\mathrm{d}t} = -\frac{\mathrm{d}}{\mathrm{d}t}\left(\frac{1}{2}kx^2\right)$$

と読み換えられる。これは，ばねの弾性力が

$$U = \frac{1}{2}kx^2 \tag{5–5–3}$$

をポテンシャルとする保存力であることを示す。そして，エネルギーの保存の方程式 (5–5–2) は，

$$\frac{\mathrm{d}}{\mathrm{d}t}\left(\frac{1}{2}mv^2 + \frac{1}{2}kx^2\right) = 0 \qquad \text{i.e.} \quad \frac{1}{2}mv^2 + \frac{1}{2}kx^2 = \text{一定}$$

と読み換えることができる。これは，ばねの弾性力による運動の力学的エネルギー保存則を表す。

(5–5–3) は，x を物体の位置と見れば物体の運動についての位置エネルギーを表す。一方，x をばねの伸びと見る場合は，ばねの蓄えるエネルギー（弾性力のポテンシャル）と解釈することもできる。この場合の (5–5–3) は，**ばねの弾性エネルギー**と呼ぶ。重力の場合は，重力に対応する実体が存在しない（可視化できない）のに対して，弾性力の場合は，その根源となる実体（ばね）が可視化できているので，それをエネルギーの帰属主体と解釈することができる。

【例 5–4】

天井からばね定数 k の軽いばねで質量 m の物体を吊り下げる。ばねが自

然長の位置から物体を静かに放したときに，物体の速さの最大値と，ばねの伸びの最大値を求めてみよう。重力加速度の大きさを g とする。

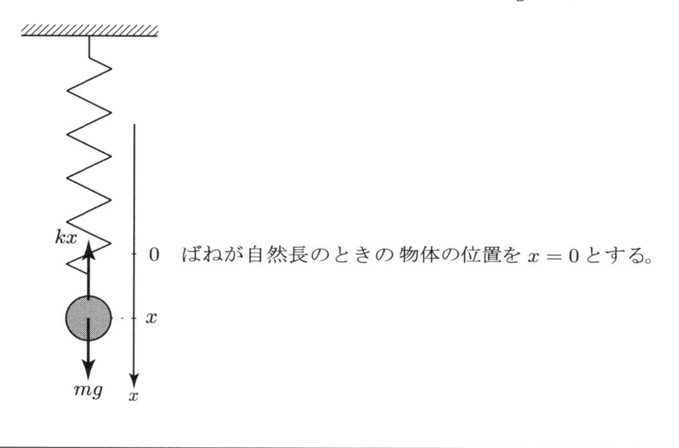

物体が x だけ下がったとき，ばねの伸びも x なので，物体が受ける力は上図に示したように，下向きの重力 mg と上向きの弾性力 kx である。いずれも保存力なので，力学的エネルギー保存則

$$\frac{1}{2}mv^2 + mg\cdot(-x) + \frac{1}{2}kx^2 = \text{一定}$$

が成り立つ。x はばねが自然長となる位置を原点として下向きを正の向きにとった物体の位置なので，原点を基準とする高さは $(-x)$ で表される。仕事が重ね合わせの原理に従うことの効果として、位置エネルギーも重ね合わせができる。はじめ，$x=0, v=0$（「静かに放す」とは初速0を意味する）だったので，一定値は0となる。つまり，物体は

$$\frac{1}{2}mv^2 + mg\cdot(-x) + \frac{1}{2}kx^2 = 0 \qquad \cdots\cdots \text{ⓐ}$$

を満たしながら運動する。これより，

$$\frac{1}{2}mv^2 = mgx - \frac{1}{2}kx^2 = -\frac{1}{2}k\left(x - \frac{mg}{k}\right)^2 + \frac{(mg)^2}{2k}$$

と，運動エネルギーを x の関数として与えることができる。したがって，物体の速さは $x = \dfrac{mg}{k}$ のときに最大となり，その値は

$$\frac{1}{2}mv^2 = \frac{(mg)^2}{2k} \qquad \therefore \quad v = g\sqrt{\frac{m}{k}}$$

となる。また，$\frac{1}{2}mv^2 \geqq 0$ であるから，物体の運動は

$$mgx - \frac{1}{2}kx^2 \geqq 0 \qquad \therefore \quad 0 \leqq x \leqq \frac{2mg}{k}$$

の区間で実現するので，ばねの伸びの最大値は $\frac{2mg}{k}$ である。■

v–x 図による追跡〈参考〉

【例 5–4】の ⓐ 式を

$$\frac{1}{2}mv^2 + \frac{1}{2}k\left(x - \frac{mg}{k}\right)^2 = \frac{(mg)^2}{2k}$$

と変形してみると面白い。上で求めた速さの最大値を v_0，また，$x_0 = \frac{mg}{k}$ とおくと，さらに

$$\left(\frac{v}{v_0}\right)^2 + \left(\frac{x - x_0}{x_0}\right)^2 = 1$$

と変形できる。これを (x, v) の軌跡として図示すると下図のようになる。

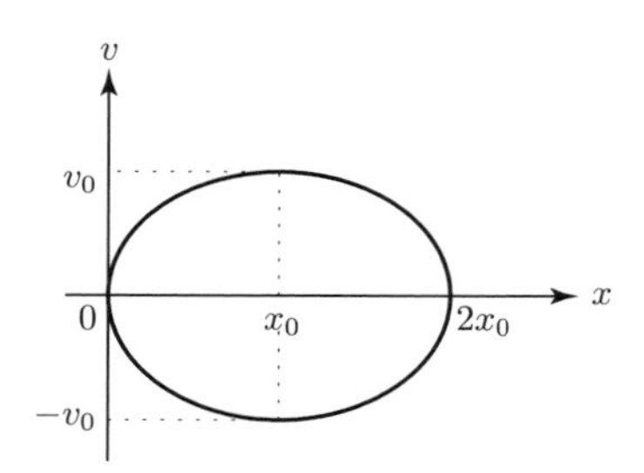

$v > 0$ の間は x が増加し，$v < 0$ の間は x が減少するので，物体の運動に伴って点 (x, v) はこの曲線に沿って時計まわりに移動する。これは，物体の運動は周期的に同じ状態を繰り返すことを示唆している。また，実際に x, v のとりうる値の範囲はそれぞれ

$$0 \leqq x \leqq 2x_0\,, \quad -v_0 \leqq v \leqq v_0$$

であることが分かる。この運動については，第 8 章においてより具体的に調べる。

ところで，

$$X = x - x_0$$

とおけば，物体の運動方程式は，

$$m\frac{\mathrm{d}v}{\mathrm{d}t} = -kX$$

となる。これに基づいてエネルギーの保存を導けば，$v = \dfrac{\mathrm{d}X}{\mathrm{d}t}$ の関係が成り立つので，

$$\frac{\mathrm{d}}{\mathrm{d}t}\left(\frac{1}{2}mv^2 + \frac{1}{2}kX^2\right) = 0$$

となる。$-kX$ は，ばねの弾性力ではなく，弾性力と重力の合力を表すので，$\dfrac{1}{2}kX^2$ はばねの弾性エネルギーではなく，弾性力と重力のポテンシャルである。

初期条件は $v = 0$，$X = -x_0$ なので，力学的エネルギー保存則として

$$\frac{1}{2}mv^2 + \frac{1}{2}kX^2 = \frac{1}{2}k{x_0}^2 \ \ (\text{一定})$$

が使える。これを用いれば，物体の速さの最大値などを，上の計算よりも簡便に求めることができる。

ばねの弾性力に限らず，物体の運動が一直線（x 軸を設定する）上で実現し，物体の位置 x のみの関数となる力 $f = f(x)$ は，その仕事を

$$W = \int_{x_1}^{x_2} f(x)\,\mathrm{d}x$$

により求めることができ，その値が途中経路に依存しない。したがって，このような力は保存力である。その場合，ポテンシャルは $x = x_0$ を基準点として

$$U(x) = \int_{x_0}^{x} \{-f(x)\}\,\mathrm{d}x \tag{5–5–4}$$

により定義できる。

逆に，x 軸上での運動が，力学的エネルギー保存則

$$\frac{1}{2}mv^2 + U(x) = \text{一定}$$

に従う場合，ポテンシャル $U(x)$ と物体の受ける力は (5–5–4) 式の関係を満たす。したがって，力 $f(x)$ は，

$$\frac{\mathrm{d}U}{\mathrm{d}x} = -f(x) \qquad \therefore \quad f(x) = -\frac{\mathrm{d}U}{\mathrm{d}x}$$

により与えられる。この式が，ポテンシャル U が保存力 f の起源であることを如実に表している。負号は，ポテンシャルが減少する向きに保存力が作用することを示す。前にも述べたように，これは保存力の重要な特徴である。物体が保存力のみを受けて運動を始めるときに（例えば，自由落下），ポテンシャルが減少する向きに動き出すことにより運動エネルギーを得ることができる。

5.6 非保存力の仕事

保存力 $\overrightarrow{f_\mathrm{C}}$ と非保存力 $\overrightarrow{f_\mathrm{N}}$ を同時に受けて，どちらも仕事をする場合は，どのように考えればよいか。2 通りの方法がある。

<u>考え方 1</u>

非保存力が仕事をする場合は，力学的エネルギー保存則が使えるための条件をクリアしないので，力学的エネルギー保存則は成立しない。そこで，基本に戻り，

$$\varDelta\left(\frac{1}{2}mv^2\right) = W$$

の形式のエネルギーの保存を用いればよい。仕事は重ね合わせの原理に従うので，保存力の仕事を W_C，非保存力の仕事を W_N とすれば，

$$\varDelta\left(\frac{1}{2}mv^2\right) = W_\mathrm{C} + W_\mathrm{N}$$

となる。

<u>考え方 2</u>

しかし，保存力のメリットは，そのポテンシャルを確認しておけば，問題ごとにいちいち仕事を求める必要がないところにある。そこで，保存力についてはポテンシャル U を導入して

$$\varDelta\left(\frac{1}{2}mv^2 + U\right) = W_\mathrm{N} \qquad (5\text{–}6\text{–}1)$$

の形式で論じることもできる。非保存力が仕事をしなければ力学的エネルギー $\frac{1}{2}mv^2 + U$ は変化しないが，非保存力が仕事をする場合は，その分だけ力学的エネルギーが変化することになる。

エネルギーの保存を (5–6–1) 式のように表現できることは，微分方程式の形式のエネルギー保存

$$\frac{\mathrm{d}}{\mathrm{d}t}\left(\frac{1}{2}mv^2\right) = \overrightarrow{f_\mathrm{C}} \cdot \overrightarrow{v} + \overrightarrow{f_\mathrm{N}} \cdot \overrightarrow{v}$$

において，

$$\overrightarrow{f_\mathrm{C}} \cdot \overrightarrow{v} = -\frac{\mathrm{d}U}{\mathrm{d}t}$$

と変形できることから理解できる。つまり，

$$\frac{\mathrm{d}}{\mathrm{d}t}\left(\frac{1}{2}mv^2\right) = -\frac{\mathrm{d}U}{\mathrm{d}t} + \overrightarrow{f_\mathrm{N}} \cdot \overrightarrow{v} \qquad \therefore \quad \frac{\mathrm{d}}{\mathrm{d}t}\left(\frac{1}{2}mv^2 + U\right) = \overrightarrow{f_\mathrm{N}} \cdot \overrightarrow{v}$$

となる。

なお，仕事をする非保存力の代表例は動摩擦力である。

特定の運動を事後的に振り返ると，通常は物体が滑っている間の動摩擦力は一定の向きに一定の大きさで作用するので，重力と同様に扱えるようにも思える。しかし，動摩擦力は実際に運動が実現しないと向きも大きさも定まらない。したがって，あらかじめ動摩擦力の仕事を求めることはできないし，静止状態から動摩擦力により物体が動き出すこともない（ポテンシャルが導入できない）。したがって，動摩擦力は決して保存力としては扱えない。

【例 5–5】

摩擦のある斜面上に物体 m を置き，斜面の上端に固定したばね定数 k の軽いばねに接続する。斜面の傾斜角を θ，斜面と物体の間の動摩擦係数を μ とする。

ばねが自然長となる位置から物体を静かに放すと，物体は斜面に沿って滑り降り，ある位置で停止した。

物体が斜面を滑り降りる途中に受ける力を図示すれば，下図のようになる。

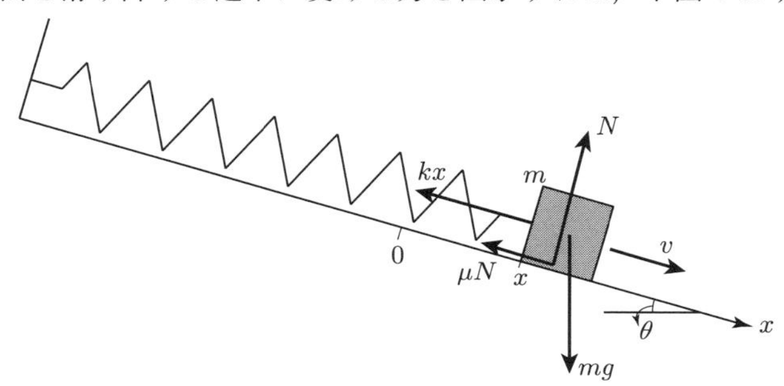

g は重力加速度の大きさである。物体がはじめの位置から滑り降りた距離を x とすれば，ばねの伸びも x で表されるので，ばねの弾性力は斜面と平行で上向きに $F = kx$ となる。

斜面からの垂直抗力は物体の変位と直交するので仕事をしない。物体に仕事をする力は，重力，弾性力，摩擦力の3つである。重力と弾性力は保存力であるが，非保存力である摩擦力も仕事をするので，力学的エネルギー保存則は成立しない。力学的エネルギーの変化が摩擦力の仕事 W で説明されることになる。斜面と垂直な方向の力のつり合いより $N = mg\cos\theta$ なので，摩擦力の仕事は $W = (-\mu mg\cos\theta)\cdot x$ となる。つまり，エネルギーの保存は，

$$\Delta\left(\frac{1}{2}mv^2 + mg\cdot(-x\sin\theta) + \frac{1}{2}kx^2\right) = (-\mu mg\cos\theta)\cdot x$$

となる。はじめの位置を高さの基準とした。初期条件は $x = 0$，$v = 0$ なので，力学的エネルギーの初期値は0である。よって，結局，

$$\frac{1}{2}mv^2 + mg\cdot(-x\sin\theta) + \frac{1}{2}kx^2 = -\mu mgx\cos\theta$$

となる。例えば，物体が停止する位置は，$v = 0$ とおくことにより求めることができる。■

第6章　保存則と運動

物体の運動について調べる際，基本的には運動方程式を書くことになる。しかし，それが機械的に解けない場合には，運動量の保存やエネルギーの保存に注目することを学んだ。特に，運動量保存則や力学的エネルギー保存則（……＝一定 の形式の狭い意味での保存則）が使える場合には，それが威力を発揮することも学んだ。

しかし，運動量保存則も力学的エネルギー保存則も，運動方程式と独立な法則ではなく，運動方程式と等価な運動の法則の表現である。あるいは，運動方程式を解く過程で得られる結果となっている。

運動方程式は，物体の位置についての 2 階微分（加速度が登場する）の方程式である。したがって，運動方程式を解くという作業は，微分を消して（要するに積分を実行して）位置の関数を求めることを意味する。運動量保存則や力学的エネルギー保存則では，加速度が消えていて，位置の 1 階微分の方程式になっている。つまり，形式的には，運動方程式を 1 回積分した結果に対応する。そこで，運動量保存則が使える場合の全運動量や，力学的エネルギー保存則が使える場合の力学的エネルギーを運動方程式の**第 1 積分**と呼ぶ。

6.1 復習

運動量保存則や力学的エネルギー保存則は，運動方程式のような普遍的な法則ではなく，条件付きで使える法則であった。その条件も含めて，この 2 種類の保存則について復習しておく。

運動量保存則

ある系が（特定の方向に）**外力の作用を受けていないとき**,（その方向の）**全運動量は一定に保たれる**。外力の作用があっても，衝突などの力積が無視できる場面では運動量保存則が有効である。

これは，内力の作用が，作用・反作用の法則に従って，系全体としてベクトルとして相殺することの現れである。

力学的エネルギー保存則

物体の受ける外力のうち，**仕事率が 0 でない力がすべて保存力であるとき**，そのポテンシャルを導入することにより**力学的エネルギーが一定に保たれる**。

保存力とは，具体的には，重力やばねの弾性力である。一般的には，仕事の値が移動経路の始点と終点を指定するだけであらかじめ（運動の実現をまたずに）決まるような力である。あるいは，仕事率が

$$\vec{f} \cdot \vec{v} = -\frac{\mathrm{d}}{\mathrm{d}t}\left(U(\vec{r})\right)$$

と変形できるような，位置のみの関数 $U(\vec{r})$ が存在する力 $\vec{f}$ である。

力 $\vec{f}$ が保存力である条件は，次のように言い換えることもできる。すなわち，任意の閉経路（ある点を始点として，再びその点を終点として戻って来る循環経路）C に対して，

$$\int_C \vec{f} \cdot \mathrm{d}\vec{r} = 0$$

であるような力 $\vec{f}$ が保存力である。

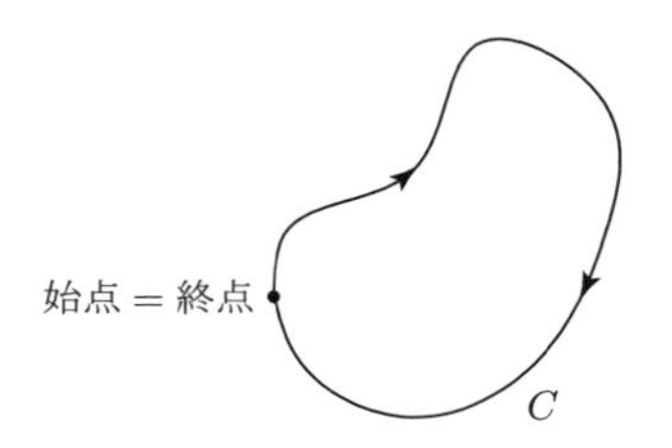

この条件が満たされれば，他に仕事をする外力がはたらかないとき，位置ごとに物体の速さ（運動エネルギー）が定まり，位置エネルギーが定義できる。

6.2 中心力による運動

運動量保存則も，力学的エネルギー保存則も，物体（系）にはたらく外力に特定の性質があり，その特徴の現れとして一定に保たれる物理量が導入された。

質点 m が受ける外力の作用線が常に定点を通る場合を考える。このような性質をもつ力を**中心力**と呼ぶ。作用線の通る定点 O が力の中心であり，外力は常にその中心に向かう向き（または逆向き）に作用することになる。

まず，中心力による運動は，力の中心 O を含む一定の平面内に実現することを確認する。

時刻 t における質点の位置（始点は点 O）を $\vec{r}(t)$，速度を $\vec{v}(t)$ とする。中心力はスカラー K を用いて

$$\vec{f} = K\vec{r}$$

と表される。よって，加速度 $\vec{a}$ は運動方程式より，

$$m\vec{a} = K\vec{r} \qquad \therefore \quad \vec{a} = \frac{K}{m}\vec{r}$$

となる。したがって，時刻 $t + \mathrm{d}t$ における位置と速度は，それぞれ，

$$\begin{aligned}\vec{r}(t + \mathrm{d}t) &= \vec{r}(t) + \vec{v}(t)\mathrm{d}t \\ \vec{v}(t + \mathrm{d}t) &= \vec{v}(t) + \vec{a}(t)\mathrm{d}t = \vec{v}(t) + \frac{K}{m}\vec{r}(t)\mathrm{d}t\end{aligned}$$

である。

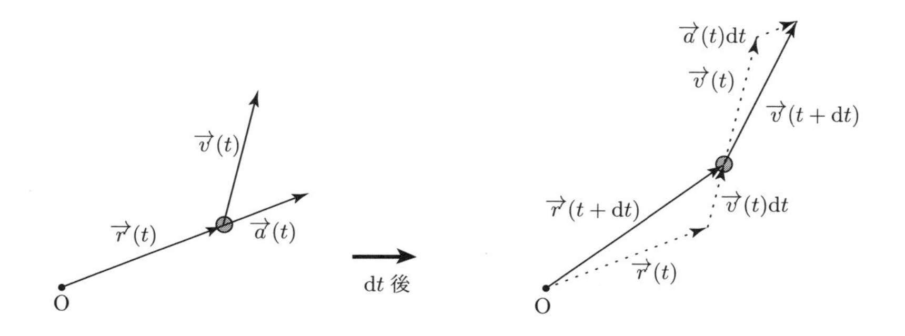

これは，時刻 $t + \mathrm{d}t$ における位置と速度が，力の中心を含み時刻 t における位置と速度が定める平面（平面 H とする）上のベクトルであることを示す。つまり，位

置 $\vec{r}$ は常にこの平面 H 上のベクトルであり，質点の運動は平面 H 上で実現する。

角運動量保存則〈やや発展〉

そこで，平面 H 上に力の中心を原点 O として xy 座標を設定する。

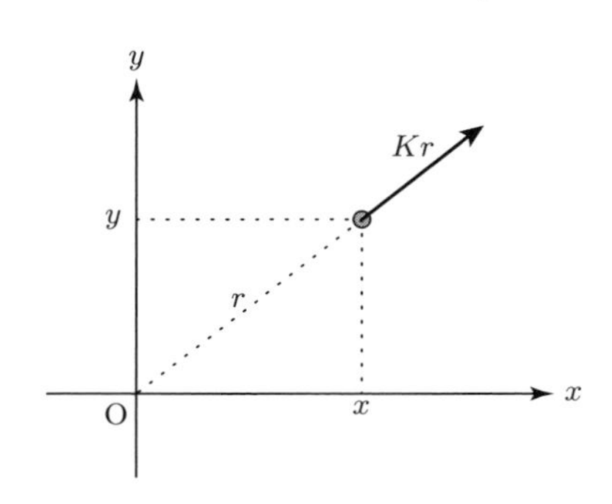

このとき，運動方程式を成分ごとに書けば，

$$\begin{cases} m\ddot{x} = Kx \\ m\ddot{y} = Ky \end{cases}$$

となる。第 2 式に x を乗じ，第 1 式に y を乗じて差をとれば，

$$m(x\ddot{y} - y\ddot{x}) = 0$$

を得る。ここで，

$$x\ddot{y} - y\ddot{x} = (x\ddot{y} + \dot{x}\dot{y}) - (\dot{y}\dot{x} + y\ddot{x}) = \frac{\mathrm{d}}{\mathrm{d}t}(x\dot{y} - y\dot{x})$$

であり，質量 m は時間変化しないので，

$$\frac{\mathrm{d}}{\mathrm{d}t}\left(m(x\dot{y} - y\dot{x})\right) = 0 \qquad \text{i.e.} \quad m(x\dot{y} - y\dot{x}) = 一定$$

となる。ここに現れた第 3 の保存量

$$l \equiv m(x\dot{y} - y\dot{x}) \tag{6–2–1}$$

を，点 O のまわりの**角運動量**と呼ぶ。つまり，中心力による運動では角運動量が一定に保たれる。これを**角運動量保存則**という。角運動量は物理学において重要な量であるが，残念ながら高校の教科書では扱われていない。

ところで，(6–2–1) 式を見ても，角運動量がどのような意味をもつのか不明である。これは直交座標を用いていることに起因する。中心力による運動では，力の中心 O に関してあらゆる方向が対等であるので，直交座標を設定してしまうと，その対称性を崩してしまう。そこで，極座標を用いて角運動量を書き換えてみよう。

点 O を極とする極座標 $(r,\,\theta)$ を導入すると，

$$\begin{cases} x = r\cos\theta \\ y = r\sin\theta \end{cases}$$

である。

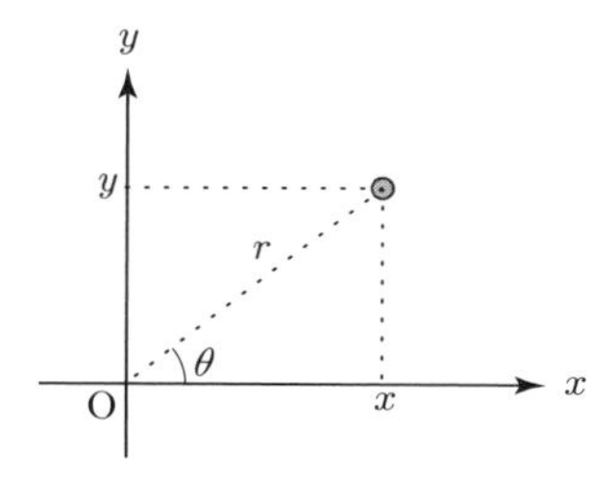

これに基づいて計算すると（r も θ も時刻 t の関数であることに注意する），

$$\begin{cases} \dot{x} = \dot{r}\cos\theta + r\dot{\theta}\cdot(-\sin\theta) \\ \dot{y} = \dot{r}\sin\theta + r\dot{\theta}\cdot\cos\theta \end{cases} \tag{6–2–2}$$

$$\therefore \quad x\dot{y} - y\dot{x} = r^2\dot{\theta}$$

となるので，角運動量は極座標を用いて

$$l = mr^2\dot{\theta} \tag{6–2–3}$$

と表すことができる。

(6–2–2) 式は，xy 平面上のベクトルの成分表示として

$$\begin{pmatrix} \dot{x} \\ \dot{y} \end{pmatrix} = \dot{r}\begin{pmatrix} \cos\theta \\ \sin\theta \end{pmatrix} + r\dot{\theta}\begin{pmatrix} -\sin\theta \\ \cos\theta \end{pmatrix}$$

と整理することができる。これは，速度を動径方向成分 $v_{\parallel}$ と動径と垂直な成分 $v_{\perp}$ とに直交成分分解したときに，

$$\begin{cases} v_{\parallel} = \dot{r} \\ v_{\perp} = r\dot{\theta} \end{cases}$$

となることを示している。そして，角運動量は，

$$l = mrv_{\perp} \tag{6–2–4}$$

とも表示できる。

(6–2–3) や (6–2–4) の表式を見ると，角運動量は点 O のまわりの回転運動（点 O から見える方向の変化の運動）の“勢い”を表していることが分かる。角度 θ の運動に対応する運動量という意味で角運動量という名称が与えられている。

さて，

$$s \equiv \frac{l}{2m} = \frac{1}{2}r^2\dot{\theta} = \frac{1}{2}rv_{\perp}$$

なる量に注目すると，角運動量保存則が成り立つときには（つまり，中心力による運動では），この s も一定に保たれる。s は単位時間に動径が通過する部分の面積を表し，**面積速度**と呼ぶ。すなわち，

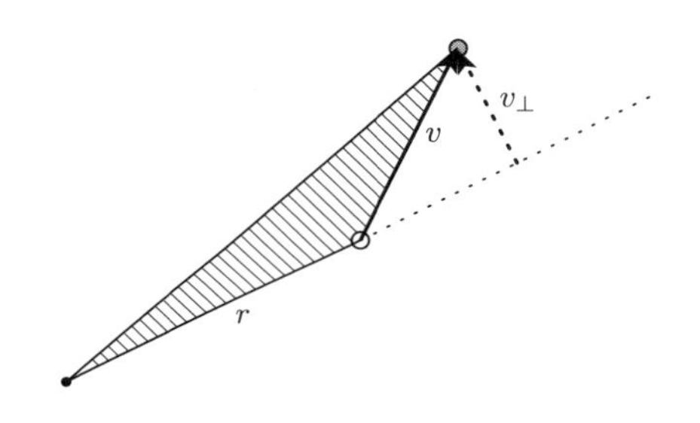

「**中心力による運動では，その力の中心に関して面積速度が一定に保たれる。**」

これを**面積速度一定の法則**という。面積速度一定の法則は高校物理でも扱う。これは§10.3 で再検討する。

【例 6–1】

水平でなめらかな板の上で，軽い糸に接続された小物体 m が運動している。糸のもう一方の端は，板に開いた穴を通して板の下側に通されている。穴と糸の間の摩擦も無視できるものとする。

糸の下端を固定して，穴から板の上側の長さ l の糸が繰り出されている。小物体は穴を中心として半径 l の円周に沿って一定の速さ v_0 で運動している。

糸をゆっくりと引き下げて，板の上に繰り出された糸の長さを $\dfrac{l}{2}$ に変化させる。変化後の小物体の運動は半径 $\dfrac{l}{2}$ の円周に沿った等速円運動になった。このときの小物体の速さ v_1 を求めてみよう。

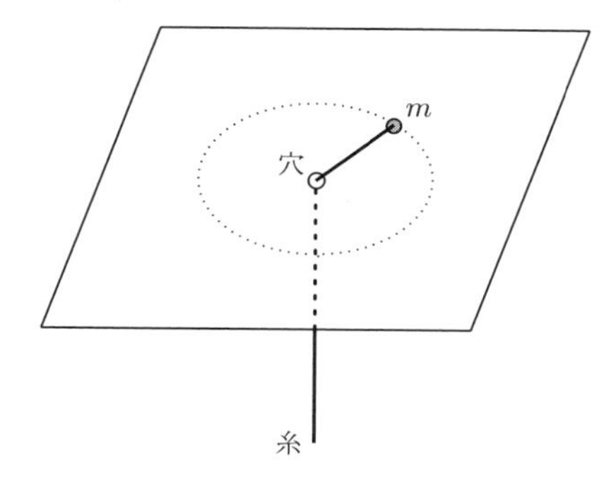

鉛直方向には重力と板からの垂直抗力でつり合っていて，小物体が実効的に受ける外力は糸の張力のみである。小物体の運動が円運動のとき，小物体の速度は円の接線方向に現れ糸（円の半径）と直交するので，張力は仕事をしない。したがって，小物体の速さは一定に保たれる。一方，半径が変化する間は糸の張力と小物体の速度は直交しないので，張力が仕事をして，その分だけ運動エネルギーが変化し，速さも変化する。しかし，その変化過程を追跡して仕事を計算するのは簡単ではない。

ところで，糸の長さの変化中も張力は常に穴の向きに働く。つまり，小物体の受ける外力は，穴を中心とする中心力である。したがって，穴を中心とする面積速度が一定に保たれる。つまり，

$$\frac{1}{2}\cdot\frac{l}{2}\cdot v_1=\frac{1}{2}\cdot l\cdot v_0$$

が成り立ち，

$$v_1=2v_0$$

と求めることができる。また，この結果から，エネルギーの保存に基づいて糸の張力の仕事 W を

$$W=\frac{1}{2}m{v_1}^2-\frac{1}{2}m{v_0}^2=\frac{3}{2}m{v_0}^2$$

と逆算することができる。■

6.3 運動の自由度

物体（系）の運動状態を指定するのに必要な座標変数の個数を系の**運動の自由度**という。これは，高校の教科書では扱われていない概念であるが，運動の考察には有用である。

例えば，平面上での質点の運動については，その位置を (x, y) あるいは (r, θ) などの 2 つの変数で指定できるので，自由度 2 の運動である。運動が平面上に広がっていても，円軌道に束縛される場合には，物体の位置を指定するのに必要な変数は角度 θ だけで十分なので（§7.2 参照），自由度 1 の運動となる。

運動の方程式（いわゆる「運動方程式」,「運動量の保存の方程式」,「エネルギー保存の方程式」など運動の法則に基づいた方程式）は，系の運動の自由度と同じ個数だけ書く必要がある。運動方程式を解くのが難しい場合でも，系の運動の自由度の個数だけ「保存則」が発見できれば，十分に有効な議論ができる。発見と言っても，本当にその場で保存則を発見するのは至難の業である。力学で注目すべき保存則は，運動量保存則，力学的エネルギー保存則，角運動量保存則（面積速度一定の法則）の 3 つである。したがって，この中から使える保存則がいずれであるかを判断するとよい。

【例 6–2】

なめらかな水平面上での，ばね定数 k の軽いばねでつながれた 2 物体 m_1，m_2 の運動を考える。2 物体とばねは常に一定の一直線上にあるものとする。

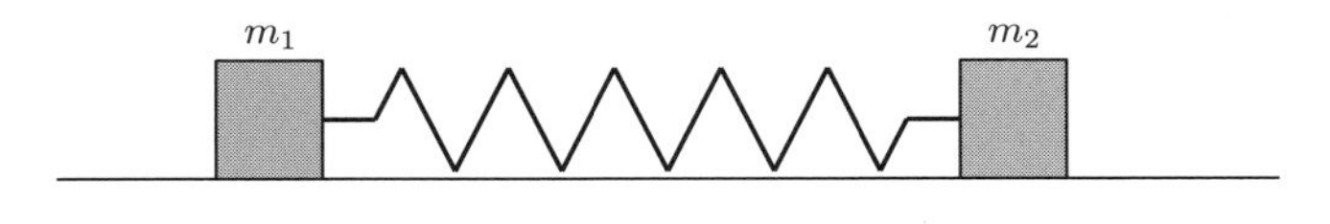

この系の運動状態は，運動が実現する直線上での 2 物体の位置により完全に指定できるので，系の運動の自由度は 2 である。したがって，2 個の保存則を発見できれば，系の運動について十分に議論ができる。ばねの伸びを s として各物体の運動方程式を書くと

$$m_1 \frac{\mathrm{d}v_1}{\mathrm{d}t} = ks$$
$$m_2 \frac{\mathrm{d}v_2}{\mathrm{d}t} = -ks$$

となる。運動方程式が2つ書けることも，運動の自由度が2であることと対応している。保存則の活用を目論んでいる場合は，加速度を速度を用いて表示するとよい。

前ページの図に各物体の受ける外力を図示するだけでも明白であるが（ばねも含めた系全体では外力の作用がない），運動方程式を書くとより明確に（辺々加えてみればよい），運動方向についての運動量保存則

$$m_1v_1 + m_2v_2 = \text{一定}$$

が使えることが分かる。系の運動の自由度は2なので，もう1つ別の保存則が見つかれば有効な議論ができる。この場合，面積速度に注目しても有効な議論ができそうにはない（面積速度の議論は1物体の運動について論じる）。そうすると，可能性がある候補は力学的エネルギー保存則である。いま各物体に作用する外力はばねの弾性力のみであり，弾性力は保存力であった。したがって，力学的エネルギー保存則はかなり有力な候補である。しかし，ばねの両端に接続された物体が両方とも運動している（以前に調べた例では，ばねの一端は壁や天井に固定されていた）。これが，力学的エネルギーの内訳にどのように影響するのかを調べる必要がある。

各物体の運動方程式をエネルギーの保存の方程式に書き換える（両辺にそれぞれの速度を乗じる）と，

$$\frac{\mathrm{d}}{\mathrm{d}t}\left(\frac{1}{2}m_1{v_1}^2\right) = ksv_1$$
$$\frac{\mathrm{d}}{\mathrm{d}t}\left(\frac{1}{2}m_2{v_2}^2\right) = -ksv_2$$

となる。ここで，v_1 も v_2 も，単独には s と関係しないので，各物体ごとでは力学的エネルギー保存則の形式には読み換えられない。s はばねの伸びなので，

$$\frac{\mathrm{d}s}{\mathrm{d}t} = \text{（ばねの伸びる速度）} = v_2 - v_1$$

である。そこで，上の2つの方程式を辺々加えると，

$$\frac{\mathrm{d}}{\mathrm{d}t}\left(\frac{1}{2}m_1{v_1}^2 + \frac{1}{2}m_2{v_2}^2\right) = -ks(v_2 - v_1)$$

となり，

$$右辺 = -ks\frac{\mathrm{d}s}{\mathrm{d}t} = -\frac{\mathrm{d}}{\mathrm{d}t}\left(\frac{1}{2}ks^2\right)$$

であるから，結局，

$$\frac{\mathrm{d}}{\mathrm{d}t}\left(\frac{1}{2}m_1{v_1}^2 + \frac{1}{2}m_2{v_2}^2 + \frac{1}{2}ks^2\right) = 0$$

$$\therefore \quad \frac{1}{2}m_1{v_1}^2 + \frac{1}{2}m_2{v_2}^2 + \frac{1}{2}ks^2 = 一定$$

となる。つまり，系全体として力学的エネルギー保存則が使えて，力学的エネルギーの内訳は2物体の運動エネルギーとばねの弾性エネルギーであった。この場合には $\frac{1}{2}ks^2$ をいずれかの物体の位置エネルギーと見ることはできない。そこで弾性力のポテンシャルと見るか，ばねが蓄えるエネルギーと見るとよい。ばねの弾性エネルギー $-\frac{1}{2}ks^2$ をばねの帰属主体とする実体的なエネルギーと解釈することが一般的に有効である。■

第7章　円運動

物体の運動の軌跡が予定されている場合，その条件を反映させて運動方程式を書く必要がある。例えば，水平面に沿って運動する物体の運動方程式を書くとき，あらかじめ鉛直方向の加速度を 0 と判断して運動方程式を書いた。

このような扱いが必要になるのは，水平面上の物体の運動のように，レールが敷かれていて，そこに強制的に縛られて運動する場合と（このような場合の予定された軌跡の条件を**束縛条件**という），レールは敷かれていないが，問題設定として軌跡が予定されている場合とがあるが，いずれも考え方は共通である。

予定されている運動の形の方程式を求め，それを速度や加速度条件に読み換えて運動の方程式に反映させればよい。

7.1 束縛条件と運動

束縛条件には，軌道への束縛と，物体間の束縛とがある。具体例を通して調べてみよう。

【例 7–1】

まずは，簡単な例から調べる。

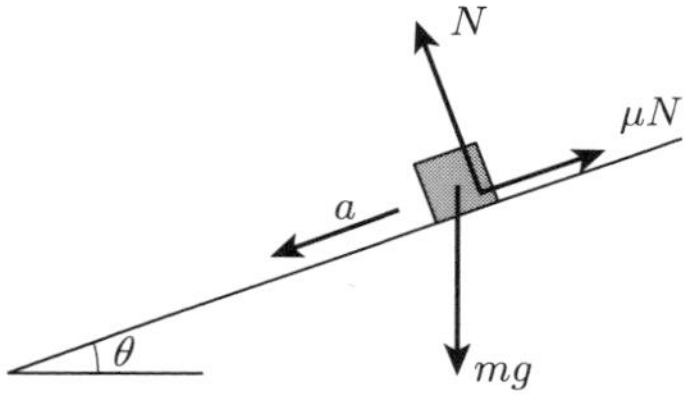

前図のように，摩擦のある傾斜角 θ の斜面に沿って滑り降りる物体 m の運動を考える。物体と斜面の間の動摩擦係数が μ のとき，物体の加速度の大きさを a，重力加速度の大きさを g，物体が斜面から受ける垂直抗力の大きさを N として，運動方程式は，迷うことなく

$$\begin{cases} \text{斜面方向：} ma = mg\sin\theta + (-\mu N) \\ \text{斜面法線方向：} m \cdot 0 = (-mg\cos\theta) + N \end{cases}$$

と書けるだろう。

ところで，なぜ，斜面法線方向の加速度を運動方程式を書く前から 0 と判断できるのか。これは，物体が「斜面に沿って滑る」という条件（束縛条件）から導かれる。その論理を確認してみよう。

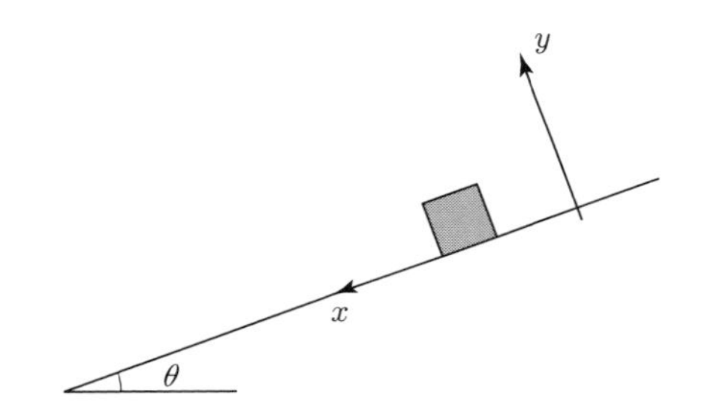

物体が「斜面に沿って滑る」という条件は，物体の運動の軌跡をあらかじめ決定する。図のように座標を設定すると，その予定された軌道の方程式は

$$y(t) = 0 \ \ (\text{一定})$$

と表すことができる（ここでは，値が 0 であるということではなく，一定であることが本質である）。したがって，微分を繰り返すことによって，

$$\dot{y}(t) = 0\ , \quad \ddot{y}(t) = 0$$

として，斜面法線方向の加速度が 0 であることが導かれる。■

この例のように，束縛条件は物体の軌道の条件（座標の関係式）として課せられる。ところが，運動の方程式は速度や加速度についての方程式である。そこで，束縛条件の式を微分することにより，座標が束縛条件を満たしながら時間変化す

るための（必要）条件として，速度や加速度に課せられる条件を読み取り，運動の方程式に反映させる。

【例 7–2】

図のように，定滑車と動滑車を介して接続された2物体A（質量 m），B（質量 M）の運動を考える。M は m と比べて十分に大きく，Aが上昇し，Bが下降するものとする。糸の質量と伸び縮み，滑車の質量と摩擦は無視する。

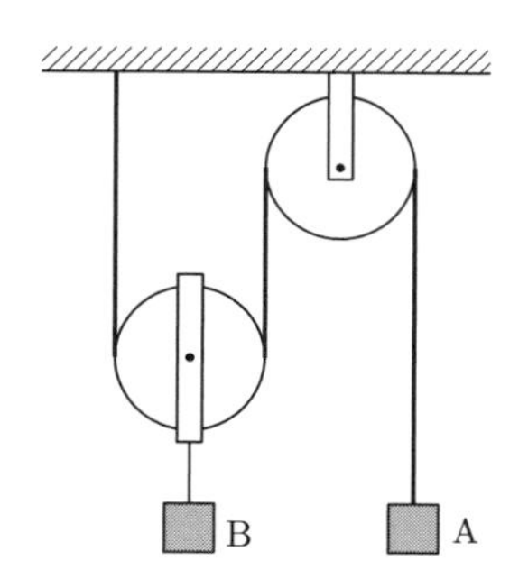

Bは動滑車と一体となって運動するので，Bと滑車全体をBと見ることにする。Aに接続した糸の張力の大きさを T とすれば，Aの上昇加速度を a，Bの下降加速度を b として，それぞれの運動方程式は，

$$\text{A: } ma = (-mg) + T$$

$$\text{B: } Mb = Mg + (-T) + (-T)$$

となる。3つの未知量 a, b, T に対して運動方程式は2つしか書けない。AとBは，糸で直結していないが，連動して動く必要がある。その条件（束縛条件）を反映させなければ方程式を解くことができない。

AとBは，直接的ではないが糸で束縛されている。Bと動滑車を一体と見ることにより，Bに接続した糸に関する束縛条件は吟味が終わっている。Aに接続した糸の長さが不変である条件を検討する。Aの上向きの変位を x_{A}，Bの下向きの変位を x_{B} とすれば，形式的には，糸の長さは $-x_{\mathrm{A}} + 2x_{\mathrm{B}}$ だけ長くなることになるので，束縛条件は

$$-x_{\mathrm{A}} + 2x_{\mathrm{B}} = 0$$

となる。これが常に成り立つので，加速度 a, b の間にも同じ形の関係式

$$-a + 2b = 0 \qquad \text{i.e.} \quad a = 2b$$

が成立する。これを運動方程式と連立すれば，

$$a = \frac{2(M-2m)}{M+4m}g, \quad b = \frac{M-2m}{M+4m}g, \quad T = \frac{3Mm}{M+4m}g$$

と求めることができる。■

束縛条件については【例 3–2】でも調べた。もう一度，見直してみよう。

7.2 円運動の方程式

質点 m が円周に沿って運動する条件を調べる。

円の半径を r_0 とする。円の中心 O を原点として，質点の位置を $\overrightarrow{r}$ とすれば，この円周に沿って質点が運動する条件は

$$|\overrightarrow{r}| = r_0 \qquad \text{i.e.} \quad \overrightarrow{r} \cdot \overrightarrow{r} = {r_0}^2 \tag{7–2–1}$$

である。これは，$\overrightarrow{r}$ についての代数的な方程式と見れば，要するに円の方程式である。

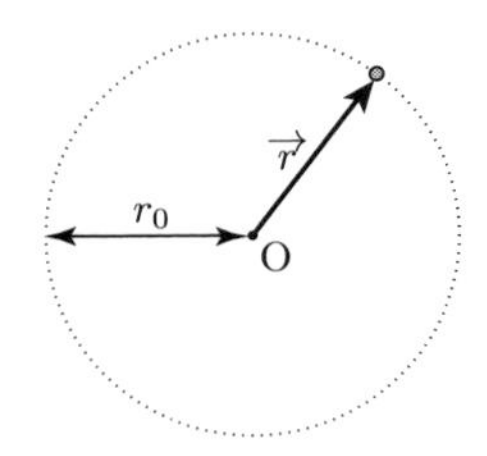

いま $\overrightarrow{r}$ は時刻 t の関数なので，式 (7–2–1) の両辺を t について微分すれば，

$$2(\overrightarrow{v} \cdot \overrightarrow{r}) = 0 \qquad \text{i.e.} \quad \overrightarrow{v} \cdot \overrightarrow{r} = 0 \tag{7–2–2}$$

を得る。以前に確認したベクトルの内積についての積の微分を用いた。右辺は一定値なので，微分すれば 0 となる。$\overrightarrow{v} = \dfrac{\mathrm{d}\overrightarrow{r}}{\mathrm{d}t}$ は速度である。

(7–2–2) 式は，速度と位置（半径）が直交することを表す。一般に，質点がある

曲線を描いて運動するとき，その速度は曲線の接線方向を向く。円の接線が半径と直交することを考えれば，当然の結論といえる。

このように，質点が円周に沿って運動する場合，速度の方向は自ずと定まる。したがって，平面内での運動であるが，向きを符号で区別すれば，速度を 1 つの関数 v で表すことができる。$|v| = |\overrightarrow{v}|$ は物体の速さであり，v の符号は，質点の運動が反時計回りの場合は正，時計回りの場合は負とする。

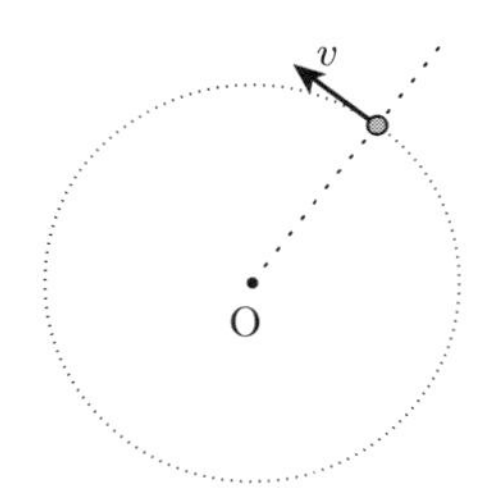

(7–2–2) 式の両辺をさらに t について微分すれば，加速度

$$\overrightarrow{a} = \frac{\mathrm{d}\overrightarrow{v}}{\mathrm{d}t}$$

について条件を得ることができる。すなわち，

$$\overrightarrow{a} \cdot \overrightarrow{r} + \overrightarrow{v} \cdot \overrightarrow{v} = 0$$

となる。ここでも，ベクトルの内積についての積の微分を用いた。物体の速度 v を用いれば，

$$\overrightarrow{a} \cdot \overrightarrow{r} + v^2 = 0 \qquad \therefore \quad \overrightarrow{a} \cdot \left(-\frac{\overrightarrow{r}}{|\overrightarrow{r}|}\right) = \frac{v^2}{r_0} \tag{7–2–3}$$

と変形できる。ここで，$-\dfrac{\overrightarrow{r}}{|\overrightarrow{r}|}$ は，質点の位置から円の中心を向く単位ベクトルなので，(7–2–3) 式は，質点の加速度の中心向き成分（これを**向心加速度**と呼ぶことにする）が，円の半径 r_0 と質点の速度 v により $\dfrac{v^2}{r_0}$ と定まることを示す。

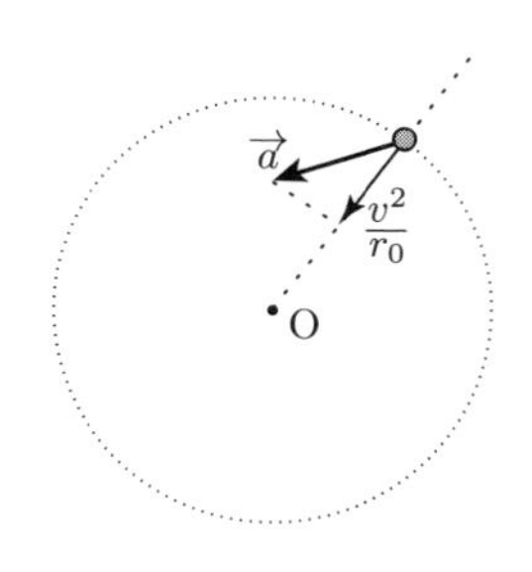

円周に沿った運動の位置は角度 θ で示すことができ，その速度，すなわち，**角速度**

$$\omega \equiv \frac{\mathrm{d}\theta}{\mathrm{d}t}$$

に注目することも多い。

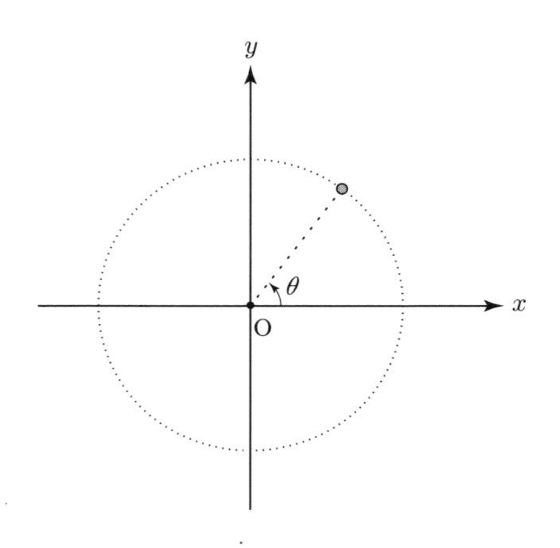

円弧に沿った質点の変位は

$$\varDelta s = r_0 \varDelta\theta$$

なので，速度 v と角速度 ω の間には

$$v = \frac{\mathrm{d}s}{\mathrm{d}t} = r_0 \frac{\mathrm{d}\theta}{\mathrm{d}t} = r_0\omega$$

の関係が成り立つ。よって，向心加速度は

$$a_{\text{向心}} = \frac{v^2}{r_0} = r_0\omega^2 \tag{7–2–4}$$

と表すこともできる。

さて，円の中心を原点として xy 座標系を設定すれば，角度 θ を用いて，質点の位置は

$$\overrightarrow{r} = \begin{pmatrix} r_0 \cos\theta \\ r_0 \sin\theta \end{pmatrix} = r_0 \begin{pmatrix} \cos\theta \\ \sin\theta \end{pmatrix}$$

と表すことができる。ここで，r_0 は一定値，θ は時刻 t の関数であることに注意して速度を求めれば，

$$\overrightarrow{v} = \begin{pmatrix} -r_0\omega \sin\theta \\ r_0\omega \cos\theta \end{pmatrix} = v \begin{pmatrix} -\sin\theta \\ \cos\theta \end{pmatrix}$$

となる。これを見ても，円周に沿った運動では速度と半径が直交することが確認できる。

速度 v も一般には時刻 t の関数であることに注意して加速度を計算すれば，

$$\vec{a} = r_0\omega^2 \begin{pmatrix} -\cos\theta \\ -\sin\theta \end{pmatrix} + \frac{\mathrm{d}v}{\mathrm{d}t} \begin{pmatrix} -\sin\theta \\ \cos\theta \end{pmatrix} \tag{7–2–5}$$

となる。第１項が向心加速度であり，第２項は速度 v が時間変化するときに現れる。上の計算結果は，速度 v の変化に対応する加速度は，円の接線方向（速度と同じ方向）に現れることを示している。

ベクトルとしての速度 $\vec{v}$ の変化には，大きさの変化と向きの変化がある。(7–2–5) 式の第２項が大きさの変化に対応し，第１項が向きの変化に対応する。円周に沿って運動するためには，時々刻々速度の向きを変化させる必要がある。そのための加速度が向心加速度である。

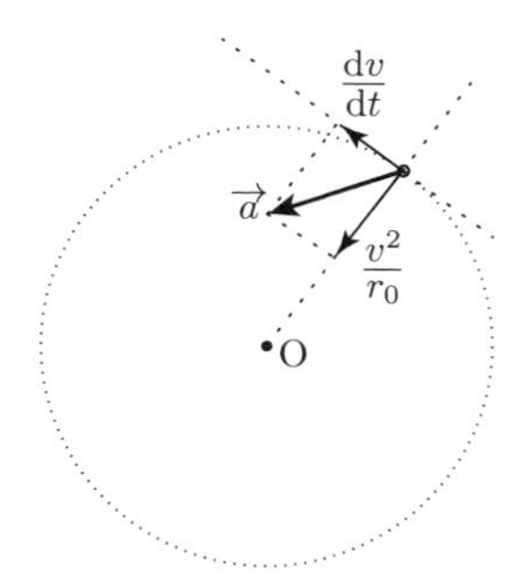

つまり，向心加速度が (7–2–4) 式のように与えられることが半径 r_0 の円周に沿って運動するための条件となる。したがって，質点が所与の円周に沿って運動するためには，質点の受ける外力の中心向き成分（**向心力**という）$f_{\text{向心}}$ に対して，方程式

$$ma_{\text{向心}} = f_{\text{向心}} \tag{7–2–6}$$

の成立が条件となる。これを**円運動の方程式**と呼ぶことにする。

円運動の方程式は，運動方程式

$$m\vec{a} = \vec{f}$$

の両辺を中心方向に正射影して（中心向き単位ベクトル $-\dfrac{\vec{r}}{|\vec{r}|}$ と内積をとって）

書いたものである。向心力という名称の具体的な力が存在するのではなく，通常通りに読み取った外力の中心向き成分の和である。また，成分が外向きの場合も負の成分として読み取る。

7.3 円運動の調べ方

円軌道に束縛された運動，あるいは，円周に沿った運動が予定されている運動を調べる場合には，円運動の方程式 (7–2–6) 式を書くことは必須である。では，それだけで議論が尽くされるであろうか。

運動方程式の両辺は 3 元ベクトルなので，原則的には，3 つの成分について方程式を書く必要がある。したがって，必要に応じて円運動の方程式の他に 2 つの方程式を書く必要がある。まず，円運動は平面運動であるが，質点の運動がその平面内で運動することが保証されていない場合には，力学的に保証する必要がある。つまり，予定されている円軌道を含む平面の法線方向について力のつり合いを議論する。

次に，円運動が実現する平面内の運動について，円運動の方程式（中心方向の運動方程式）とは独立な方程式を書く必要がある場合もある。素朴に考えれば，円の接線方向の方程式を書くことになる。前節で，その方向の加速度が速度 v の時間変化率であることを見た。したがって，外力の接線方向成分 $f_{\text{接線}}$ を読み取れば，

$$m\frac{\mathrm{d}v}{\mathrm{d}t} = f_{\text{接線}}$$

と書くことができる。しかし,【例 7–4】で見るように，通常，この方程式を書く必要がある場合に，この方程式を解くことは極めて困難である。

では，どうすればよいか。円周に沿った運動では，速度もこの方向に向いていたので，エネルギーの保存は

$$\frac{\mathrm{d}}{\mathrm{d}t}\left(\frac{1}{2}mv^2\right) = f_{\text{接線}} \cdot v$$

となる。つまり，エネルギーの保存を考察すれば，それは実質的に，接線方向の運動方程式を調べたことを意味する。

以上まとめると，円周に沿った運動の調べ方を次のように整理することができる。

①　通常通りに図を描いて物体の受ける外力を読み取る。

② 予定されている円軌道（中心，半径）を確認する。

③ 円運動の方程式を書く。

④ 必要に応じて

- 円軌道を含む平面の法線方向の力のつり合い
- エネルギーの保存

を調べる。

なお，入試問題では，エネルギーの保存の考察が必要な場合は，概(おおむ)ね力学的エネルギー保存則が成立する。しかし，もちろん，読み取った外力の素性から力学的エネルギー保存則の成立を確認した上で使う必要がある。

【例 7–3】

小物体 m を伸び縮みのない長さ l の軽い糸で吊り下げ，糸がたるまないように小物体を鉛直方向から角度 θ の位置で保持し，水平方向にある値の初速を与える。糸と鉛直方向のなす角は θ を保ち，小物体は一定の円周に沿って運動した。

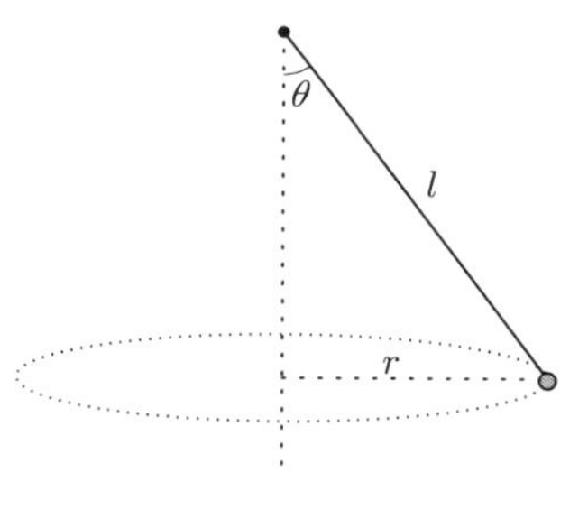

小物体の円運動は水平面内で実現する。円軌道の中心は，その水平面上で，糸の固定端の真下の点である。したがって，半径は

$$r = l\sin\theta$$

となる。小物体の受ける力は重力と糸の張力（大きさを F とする）である。

小物体の円運動は，小物体に与えた初速を v_0 とすれば，その速さの等速円運動となる。予定の運動が実現すれば，重力も張力も仕事をしない。円運動の方程式は，

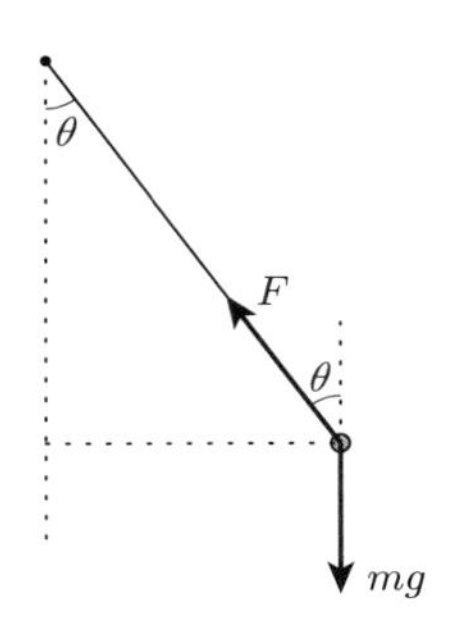

$$m\frac{{v_0}^2}{l\sin\theta} = F\sin\theta$$

となる。円軌道の接線方向には力が働かないので，等速円運動になることを確認すれば，エネルギーの保存については論じる必要はない。小物体の受ける力は，円運動が実現する平面からはみ出していて，その平面内で運動が実現することは自明ではないので，円運動が実現する平面の法線方向，すなわち，鉛直方向の力のつり合いを論じる必要がある。具体的には，

$$F\cos\theta = mg$$

である。2 式より，

$$F = \frac{mg}{\cos\theta}, \qquad v_0 = \sqrt{\frac{gl\sin^2\theta}{\cos\theta}}$$

と求めることができる。■

【例 7–4】

上と同じ実験装置を用いて，今度は，糸が鉛直に垂れた状態から小物体に水平方向の初速 v_0 を与える。

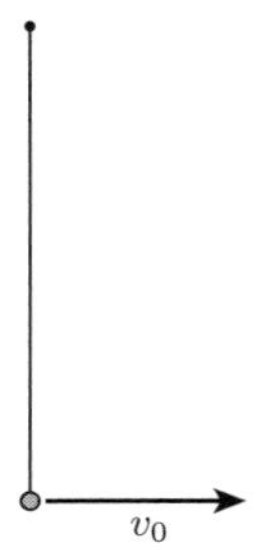

小物体の運動の形態は，v_0 の大きさに応じて次のように分類できる。定性的には容易に想像できるだろう。

i）　v_0 が十分に小さい場合は，振り子運動

ii）　v_0 が十分に大きい場合は，円を描いて回転運動

iii）　それ以外の場合は，途中で糸がたるみ，放物運動に移行する。

いずれの場合も，初速を与えてからしばらくの間は，一定の鉛直面内で（今回，これは明らかなので，法線方向の力のつり合いは論じる必要がない）糸の固定端を中心とする半径 l の円軌道に沿って運動する。このとき，小物体の受ける力は重力と糸の張力である。

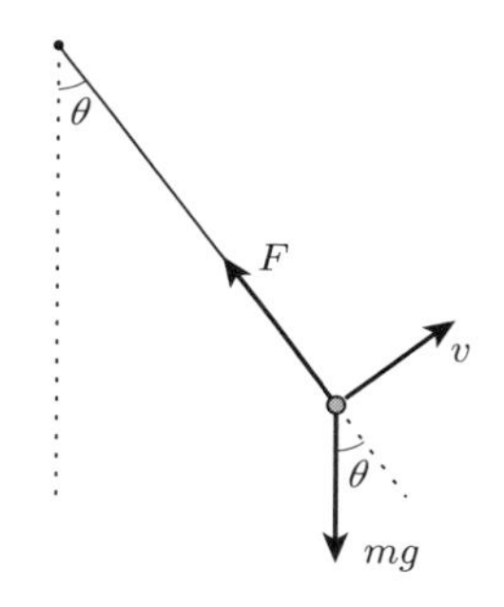

最下点からの角度 θ の位置において小物体の速さを v とすれば，円運動の方程式は

$$m\frac{v^2}{l} = F + (-mg\cos\theta)$$

となる。今回は，直感的にも明らかなように，小物体の速さの変化がある。それを記述する方程式（円の接線方向の運動方程式）は，

$$m\frac{\mathrm{d}v}{\mathrm{d}t} = -mg\sin\theta$$

と簡単に書くことができる。しかし，θ も時間変化するので，この方程式を解くことは困難である。そこで，代わりにエネルギーの保存を論じる。円軌道に沿って運動する間は，糸の張力と速度は直交するので，小物体に仕事をする力は重力のみである。したがって，重力による位置エネルギーを導入することにより力学的エネルギー保存則が使える。最下点を高さの基準とすれば，

$$\frac{1}{2}mv^2 + mgl(1-\cos\theta) = \frac{1}{2}m{v_0}^2$$

となる。

2式より，小物体の運動エネルギー K と糸の張力 F を θ の関数として求めることができて，

$$K=\frac{1}{2}m{v_0}^2-mgl(1-\cos\theta)$$

$$F=\frac{m{v_0}^2}{l}-mg(2-3\cos\theta)$$

となる。

最下点からの円運動が持続する（止まることなく，かつ，糸がたるまない）条件は，

$$K>0 \quad \text{かつ} \quad F\geqq 0 \qquad \cdots\cdots (*)$$

である。この条件の成立範囲を調べるために

$$\frac{2K}{mgl}=\frac{{v_0}^2}{gl}-2+2\cos\theta \quad \text{と} \quad \frac{F}{mg}=\frac{{v_0}^2}{gl}-2+3\cos\theta$$

のグラフを1つの図に示してみる。符号についての条件なので，1つのグラフで比較しやすいように中心を揃えて無次元化した。

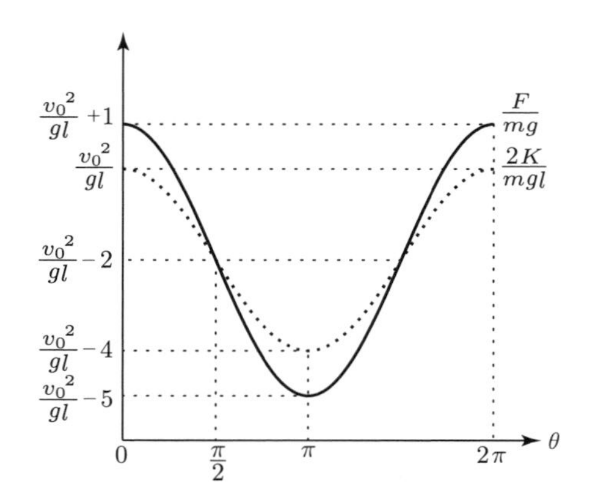

上のグラフから

$$\frac{{v_0}^2}{gl}-5\geqq 0 \qquad \text{i.e.} \quad v_0\geqq\sqrt{5gl}$$

の場合は，常に条件 $(*)$ が満たされるので，小物体は円軌道に沿って1回転する（その後も，回転を続ける）。

$v_0 < \sqrt{5gl}$ の場合は，運動の途中で K または F が負となる。しかし，現実には，いずれも負の値は許されないので，円軌道に沿った運動が破綻する。破綻する臨界において K または F が 0 となるが，いずれが先に 0 になるかにより，その後の運動の形態が異なる。

$v_0 \leqq \sqrt{2gl}$ の場合は，先に $K=0$ となるので，糸がたるむことはないが，小物体は $K=0$ となった位置（$\theta \leqq \dfrac{\pi}{2}$ の範囲である）で停止し，円周に沿って戻っていく。振り子運動が実現する。

$\sqrt{2gl} < v_0 < \sqrt{5gl}$ の場合は，$\dfrac{\pi}{2} < \theta < \pi$ のある位置で先に $F=0$ となる。その直後に糸はたるみ，小物体の運動は放物運動に移行する。この場合，いずれ，再び糸が張った状態となる。■

【例 7–5】

最高点を基準と取り直して，糸がたるみ始めた位置の角度を α として，糸が再び張る位置の角度 β を求めてみよう。

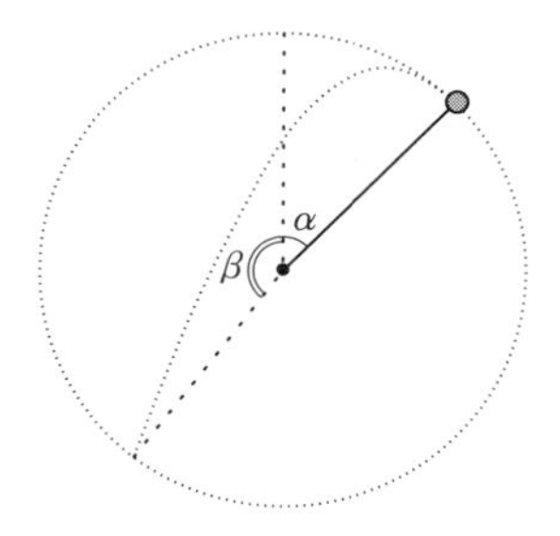

振り子の糸の固定点を原点として，水平方向右向きに x 軸，鉛直上向きに y 軸を設定する。

糸の長さを l とすれば，糸がたるむ位置は，

$$x = l\sin\alpha, \quad y = l\cos\alpha$$

である。糸がたるむ直前の小物体の速さ v は，

$$m\frac{v^2}{l} = mg\cos\alpha \quad \therefore \quad v^2 = gl\cos\alpha$$

で与えられる。糸がたるんだ瞬間の速度は

$$v_x = -v\cos\alpha\,,\quad v_y = v\sin\alpha$$

である。

糸がたるんだ時刻を $t=0$ とすれば，次に糸のたるみがなくなるまでは，

$$x = l\sin\alpha - v\cos\alpha\cdot t\,,\quad y = l\cos\alpha + v\sin\alpha\cdot t - \frac{1}{2}gt^2$$

となる。糸のたるみがなくなる時刻は，

$$(l\sin\alpha - v\cos\alpha\cdot t)^2 + \left(l\cos\alpha + v\sin\alpha\cdot t - \frac{1}{2}gt^2\right)^2 = l^2$$

$$\therefore\quad \frac{g^2}{4}t^4 - vg\sin\alpha\cdot t^3 + \left(v^2 - gl\cos\alpha\right)t^2 = 0$$

ここで，$v^2 - gl\cos\varphi = 0$ なので，結局，

$$\frac{g^2}{4}t^4 - vg\sin\alpha\cdot t^3 = 0 \qquad \therefore\quad t = \frac{4v\sin\alpha}{g}$$

を得る。

糸がたるんだ後の小物体の描く放物線と，たるむ前の軌道である円は，糸がたるんだ点において交差する形で接している。したがって，上の t についての 4 次方程式が $t=0$ を三重解にもつことは初めから予定されている。

さて，以上より，糸のたるみがなくなる位置に対して，

$$\cos\beta = \frac{y}{l} = \cos\alpha - 4\sin^2\alpha\cos\alpha = 4\cos^3\alpha - 3\cos\alpha = \cos 3\alpha$$

となることが導かれる。よって，

$$\beta = 3\alpha$$

である。この結論の根拠は，物理よりも円と放物線の幾何学的な関係にある。■

第8章　単振動

一直線上の振動運動で，位置の時間変化が正弦関数（あるいは，余弦関数）で表示される運動を**単振動**という。

力学は，運動方程式に基づいて物体の運動を説明するので，運動方程式が如何なる形の方程式であれば，運動が単振動であると判断でき，さらに，その方程式から実現する単振動の特徴をどのように読み取れるのかを学んでいく。

8.1　単振動の関数

物体 m が，x 軸上で運動しているときに，その位置が4つのパラメータ（一定値）x_0, ω, A, δ を用いて

$$x = x_0 + A\sin(\omega t + \delta) \tag{8-1-1}$$

という形の関数で表される運動を**単振動**という。特に，$\omega > 0$, $A > 0$ とする。

このとき，位置の時間変化をグラフに示すと次図のようになる。

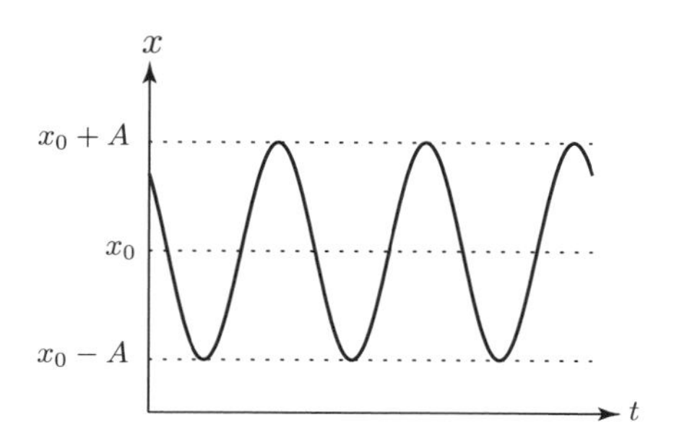

x_0 は振動が実現する区間の中点であり，振動の**中心**と呼ぶ。A は中心からの変

位の大きさの最大値であり**振幅**という。sin の変数として現れる

$$\theta(t) = \omega t + \delta$$

を**位相**と呼ぶ。ω は位相の変化速度を表し，**角振動数**と呼ばれる。

単振動は，正弦関数の周期性を反映して周期的な運動となる（物理では，時刻 t の関数としての基本周期を単に**周期**と呼ぶ）。式 (8–1–1) の表す単振動の周期 T は，

$$\omega T = 2\pi \qquad \therefore \quad T = \frac{2\pi}{\omega}$$

となる。

$$f \equiv \frac{1}{T} = \frac{\omega}{2\pi}$$

は，単位時間あたりの振動の回数を表し，**振動数**と呼ぶ。振動数の単位は

$$\mathrm{Hz}\ (\text{ヘルツ}) \equiv \mathrm{s}^{-1}$$

を用いる。振動数 f に対して

$$\omega = 2\pi f$$

である。これが，ω を角振動数と呼ぶ所以(ゆえん)である。

$\delta = \theta(0)$ なので，δ は**初期位相**（時刻 $t = 0$ における位相の値）と呼ぶ。

8.2 単振動の特性

単振動 (8–1–1)

$$x = x_0 + A\sin(\omega t + \delta)$$

の速度は，速度の定義より

$$v = \frac{\mathrm{d}x}{\mathrm{d}t} = \omega A\cos(\omega t + \delta)$$

となる。単振動では，速度も位置の振動と共通の角振動数で振動することが分かる。位置の振動の中心は必ずしも 0 でないが（座標の原点を適当にずらせば 0 にできるが），速度の振動の中心は 0 である。これは，平均速度が 0 であることを意味し，運動が一定の区間での振動になることを保証している。

速さ

$$|v| = \omega A|\cos(\omega t + \delta)|$$

が最大となるのは,

$$|\cos(\omega t + \delta)| = 1 \qquad \therefore \quad \sin(\omega t + \delta) = 0$$

のときであるから，振動の中心 $x = x_0$ において速さが最大となる。また，速さの最大値（= 速度の振幅）v_0 と振動の振幅 A の間には

$$v_0 = \omega A$$

の関係が成立することも知っておくと便利である。

一方，振動の端点 $x = x_0 \pm A$ において速さは $v = 0$ であるが，逆に速さが $v = 0$ となるのは振動の端点においてのみであることも確認しておこう。

8.3 単振動の方程式

力学の議論としては，どのような運動方程式に対応して単振動が実現するのかが重要である。そこで，単振動の速度，加速度を計算してみよう。

物体の運動が式 (8–1–1)：

$$x = x_0 + A\sin(\omega t + \delta)$$

で表されるとき，速度 v，加速度 a を定義に従って計算すれば,

$$v = \frac{\mathrm{d}x}{\mathrm{d}t} = \omega A\cos(\omega t + \delta)$$
$$a = \frac{\mathrm{d}v}{\mathrm{d}t} = -\omega^2 A\sin(\omega t + \delta)$$

となる。

加速度の関数を式 (8–1–1) と比べると，a と x の間に

$$a = -\omega^2(x - x_0)$$

の関係が成り立つことが分かる。これは，x についての微分方程式

$$\ddot{x} = -\omega^2(x - x_0) \qquad (8\text{–}3\text{–}1)$$

と捉えるべきである。上の計算では，関数 (8–1–1) が方程式 (8–3–1) の解であることが確認できた。

これは，逆も成り立つ（次節で確認する）。すなわち，関数 $x = x(t)$ が方程式

(8–3–1) を満たすとき，$x(t)$ は (8–1–1) の形に表すことができる。単振動の関数を具体的に決定する 4 つのパラメータ x_0, ω, A, δ のうち，中心 x_0 と角振動数 ω は，単振動の方程式 (8–3–1) に現れている。残りの 2 つのパラメータは初期条件から決定される。

ところで，位相の値は直接には観測されないので，初期位相 δ を初期条件から決定するのは面倒な場合がある。

$$c_1 \equiv A\cos\delta, \qquad c_2 \equiv A\sin\delta$$

とすれば,

$$A\sin(\omega t+\delta) = c_1\sin(\omega t) + c_2\cos(\omega t)$$

であるから，単振動の関数の一般形を

$$x = x_0 + c_1\sin(\omega t) + c_2\cos(\omega t) \tag{8–3–2}$$

としても構わない。この場合には，初期条件から決定すべきパラメータは，c_1 と c_2 になる。c_1, c_2 は観測される量と直接に関わるので，決定しやすい。実際，(8–3–2) のとき，

$$v = \dot{x} = \omega c_1\cos(\omega t) - \omega c_2\sin(\omega t)$$

であるから，$x(0)$, $\dot{x}(0)$ が与えられているとき，

$$\begin{cases} x_0 + c_2 = x(0) \\ \omega c_1 = \dot{x}(0) \end{cases}$$

により，c_1, c_2 を容易に決定できる。

【例 8–1】

単振動の典型例は，ばねの弾性力による運動である。質量の無視できるばね定数 k のばねで鉛直に吊り下げた物体 m の運動を考える（【例 5–4】参照）。

ばねが自然長のときの物体の位置を原点として，鉛直下向きに x 軸を設定する。物体の位置 x は，ばねの伸びも表すので，物体の運動方程式は

$$m\ddot{x} = mg + (-kx)$$

となる。外力が位置 x の関数になっている場合，運動方程式を x についての微分

方程式として捉える必要があるため，加速度を a などで表すよりも $\ddot{x}$ で表した方が方程式の意味が明確になる。

上の方程式を見ると，右辺（外力）が位置 x の1次関数となっていて，さらに，1次の係数が負である。この時点で運動が単振動になることが判断できる。そうすると，方程式から振動の中心と角振動数が決まるので，それが読み取れるように方程式を変形する。実際，

$$\ddot{x} = -\frac{k}{m}\left(x - \frac{mg}{k}\right)$$

と変形できるので，(8–3–1) と比較して，

$$\text{中心}：x = \frac{mg}{k}, \qquad \text{角振動数}：\omega = \sqrt{\frac{k}{m}}$$

であることがわかる。振動の中心は平衡点（つり合いの位置）と一致する。

ばねが自然長の位置から物体を静かに放した場合の位置の関数を求めてみよう。この場合の初期条件は

$$x(0) = 0, \qquad \dot{x}(0) = 0$$

となる。上で読み取った情報から，位置 x は適当な定数 c_1，c_2 を用いて，

$$x = \frac{mg}{k} + c_1 \sin\left(\sqrt{\frac{k}{m}}t\right) + c_2 \cos\left(\sqrt{\frac{k}{m}}t\right)$$

とおくことができる。このとき，速度は

$$\dot{x}(t) = c_1\sqrt{\frac{k}{m}} \cos\left(\sqrt{\frac{k}{m}}t\right) - c_2\sqrt{\frac{k}{m}} \sin\left(\sqrt{\frac{k}{m}}t\right)$$

となる。初期条件に照らせば，

$$\begin{cases} \dfrac{mg}{k} + c_2 = 0 \\ c_1\sqrt{\dfrac{k}{m}} = 0 \end{cases} \qquad \therefore \quad \begin{cases} c_1 = 0 \\ c_2 = -\dfrac{mg}{k} \end{cases}$$

と c_1，c_2 を決定することができる。したがって，

$$x = \frac{mg}{k} - \frac{mg}{k}\cos\left(\sqrt{\frac{k}{m}}t\right)$$

である。運動の様子をグラフに示すと次図のようになる。

ところで，初速0で運動を始める場合（大学入試では9割くらいが，この設定で出題される），そこが振動の端点なので，中心との距離から振幅が求まり，す

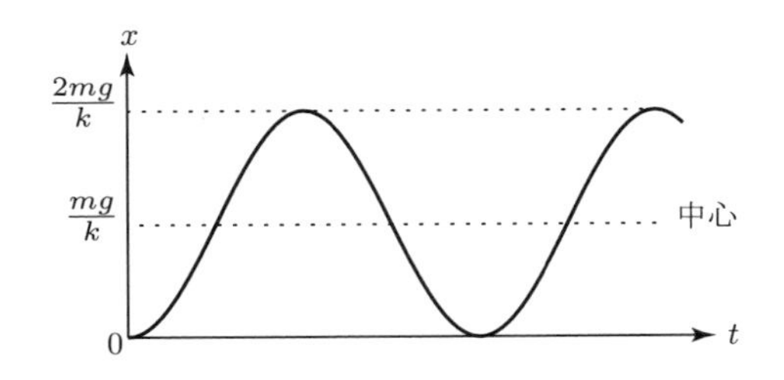

ぐに運動が再現できる（グラフが描ける）。この問題も同様の考察から上図が得られる。角振動数も求められているので，グラフから関数を表す式も導ける。つまり，わざわざ一般解を想定してから関数を定める必要はない。■

8.4 単振動のエネルギー保存

振動の中心（平衡点）を座標原点とすれば，単振動の運動方程式は

$$m\ddot{x} = -kx \tag{8–4–1}$$

となる。この運動方程式に対応するエネルギーの保存の方程式は

$$\frac{\mathrm{d}}{\mathrm{d}t}\left(\frac{1}{2}m\dot{x}^2 + \frac{1}{2}kx^2\right) = 0$$

である。したがって，単振動は力学的エネルギー保存則

$$\frac{1}{2}m\dot{x}^2 + \frac{1}{2}kx^2 = 一定$$

を満たす。この一定値は初期条件で定まる。いま，その値を E とすると

$$\frac{1}{2}m\dot{x}^2 + \frac{1}{2}kx^2 = E \tag{8–4–2}$$

となる。この方程式の意味は，例えば，次のようなグラフを描くと読み取ることができる。

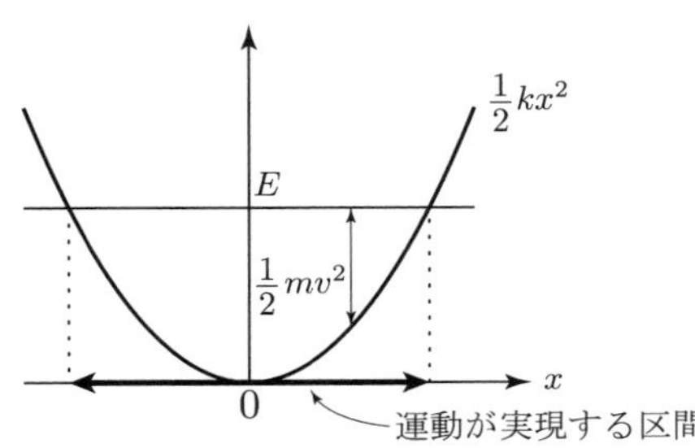

曲線はポテンシャル $\frac{1}{2}kx^2$ のグラフである。運動エネルギーは,

$$\frac{1}{2}m\dot{x}^2 = E - \frac{1}{2}kx^2$$

で与えられるので，運動は

$$E - \frac{1}{2}kx^2 \geqq 0$$

の区間，つまり，ポテンシャルのグラフが E レベル以下の部分を走る，図の太い両矢印で示した区間で実現することが分かる。これからも，運動が平衡点 $x = 0$ を中心とした振動運動になることが読み取れる。

単振動の関数の導出〈発展〉

さらに，(8–4–2) 式を

$$\left(\frac{\dot{x}}{\sqrt{\frac{2E}{m}}}\right)^2 + \left(\frac{x}{\sqrt{\frac{2E}{k}}}\right)^2 = 1$$

と変形すると議論を深めることができる。

上の式（$\dot{x}$ と x を独立変数と看做し，その2変数間の代数的な方程式と見れば，楕円の方程式である）より，関数 $\theta = \theta(t)$ を用いて,

$$\begin{cases} \dot{x} = \sqrt{\dfrac{2E}{m}}\cos\theta \\ x = \sqrt{\dfrac{2E}{k}}\sin\theta \end{cases}$$

と表すことができる。ところで,

$$\dot{x} = \frac{\mathrm{d}x}{\mathrm{d}t}$$

なので,

$$\sqrt{\frac{2E}{m}}\cos\theta = \frac{\mathrm{d}}{\mathrm{d}t}\left(\sqrt{\frac{2E}{k}}\sin\theta\right)$$

右辺の微分を実行すれば,

$$\sqrt{\frac{2E}{m}}\cos\theta = \sqrt{\frac{2E}{k}}\cos\theta\cdot\dot{\theta} \qquad \therefore\quad \dot{\theta} = \sqrt{\frac{k}{m}} \quad (\text{一定})$$

を得る。これより,

$$\theta = \omega t + \delta$$

であることが分かる。ここで，δ は初期条件で決まる定数であり，

$$\omega = \sqrt{\frac{k}{m}}$$

である。

したがって，

$$A = \sqrt{\frac{2E}{k}}$$

とおけば，

$$x = A\sin(\omega t + \delta) \tag{8–4–3}$$

となる。

関数 (8–4–3) が，方程式 (8–4–1) の解であることは，前節で確認した。ここでは，逆に，x が方程式 (8–4–1) を満たすときに，(8–4–3) のように表せることが確認できた。

(8–4–3) は，初期条件で決まるパラメータを変換して

$$x = c_1 \sin(\omega t) + c_2 \cos(\omega t) \tag{8–4–4}$$

の形に表すこともできた。c_1，c_2 は初期条件から決定される。一方，ω は方程式 (8–4–1) にビルトインされている。

任意の初期条件に対応する c_1，c_2 が存在することもすでに確認した。そして，特定の初期条件に対して，(8–4–4) の形の関数を定めると，それは，その初期条件の下での方程式 (8–4–1) の唯一の解であること（もし，2 つの関数が存在しても，それらは一致すること）を，次のように確認することができる。

同じ初期条件に対する方程式 (8–4–1) の解が x_1，x_2 の 2 つあったとする。このとき，

$$x \equiv x_1 - x_2$$

とすると，

$$\ddot{x} = \ddot{x_1} - \ddot{x_2} = (-\omega^2 x_1) - (-\omega^2 x_2) = -\omega^2(x_1 - x_2) = -\omega^2 x$$

となるので，x も方程式 (8–4–1) を満たす。したがって，

$$\frac{1}{2}m\dot{x}^2 + \frac{1}{2}kx^2 = 一定$$

が成立する。ところで，x_1 と x_2 の初期条件は共通なので，

$$x(0) = x_1(0) - x_2(0) = 0, \qquad \dot{x}(0) = \dot{x_1}(0) - \dot{x_2}(0) = 0$$

であり,

$$\frac{1}{2}m\dot{x}^2 + \frac{1}{2}kx^2 = 0$$

となる。x も $\dot{x}$ も実数値をとるので,

$$x = 0 \qquad \text{i.e.} \quad x_1 = x_2$$

となる。

つまり，x_1 と x_2 は一致し，同じ初期条件に対する方程式 (8–4–1) の解が一意的に定まることが分かった。

【例 8–2】

簡単な計算練習をしてみよう。【例 8–1】において，物体が振動の中心を通過する速さを求めてみる。

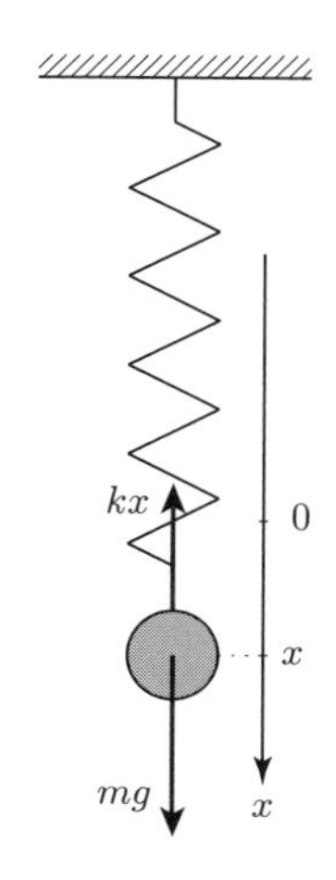

物体の受ける力は重力とばねの弾性力であり，いずれも保存力なので，それぞれの位置エネルギーを導入すれば力学的エネルギー保存則が使える。x 軸が下向きに設定されている（x が“低さ”を表す）ことに注意すれば,

$$\frac{1}{2}mv^2 + mg \cdot (-x) + \frac{1}{2}kx^2 = \text{一定} = 0$$

となる。一定値は初期条件 $x(0)=0,\ v(0)=0$ に基づいて決定した。したがって，平衡点 $x=\dfrac{mg}{k}$ を通過するとき，

$$\frac{1}{2}mv^2+mg\cdot\left(-\frac{mg}{k}\right)+\frac{1}{2}k\left(\frac{mg}{k}\right)^2=0 \qquad \therefore \quad v=g\sqrt{\frac{m}{k}}$$

であることが分かる。

平衡点を原点として座標を取り直すと（$X=x-\dfrac{mg}{k}$ とおく），運動方程式は，

$$m\ddot{X}=-kX$$

となる。これに対応する力学的エネルギー保存則の方程式は

$$\frac{1}{2}mv^2+\frac{1}{2}kX^2=\text{一定}$$

となる。ここで，$\dfrac{1}{2}kX^2$ は，ばねの弾性エネルギーではなく，重力とばねの弾性力の合力 $-kX$ のポテンシャルである。初期条件は

$$X(0)=0-\frac{mg}{k}=-\frac{mg}{k}, \qquad v(0)=0$$

となるので，一定値を決定すれば，

$$\frac{1}{2}mv^2+\frac{1}{2}kX^2=\frac{(mg)^2}{2k}$$

となる。よって，平衡点 $X=0$ を通過する瞬間には

$$\frac{1}{2}mv^2=\frac{(mg)^2}{2k} \qquad \therefore \quad v=g\sqrt{\frac{m}{k}}$$

となり，当然であるが，上の計算と同じ結論が得られる。

はじめの計算と2番目の計算ではポテンシャルの定義が異なるので,「一定」の値が異なる。扱っている数量の定義に基づいて慎重に初期条件をあてはめる必要がある。

なお，ここで求めた値は単振動の振動中心における速さ v_0 なので，運動方程式と初期条件から，角振動数 $\omega=\sqrt{\dfrac{k}{m}}$ と振幅 $A=\dfrac{mg}{k}$ を読み取ることにより，

$$v_0=\omega A=\sqrt{\frac{k}{m}}\times\frac{mg}{k}=g\sqrt{\frac{m}{k}}$$

と求めることもできる。■

8.5 まとめ

簡単のため，振動中心を原点として設定されている場合について考える。

角振動数が ω の単振動の関数は

$$\left.\begin{array}{l} x = A\sin(\omega t + \delta) \\ \text{または,} \\ x = c_1 \sin(\omega t) + c_2 \cos(\omega t) \end{array}\right\} \quad \cdots\cdots \text{(A)}$$

である。パラメータ A, δ あるいは，c_1，c_2 は初期条件から決定する。

これらの関数は，方程式

$$\ddot{x} = -\omega^2 x$$

の解であり，逆に，この方程式の解はすべて上の形の関数で表される。この方程式は，運動方程式としては

$$m\ddot{x} = -kx \qquad \cdots\cdots \text{(B)}$$

という形（**外力が平衡点からの変位に比例する復元力になっている**）に対応している。運動方程式を

$$\ddot{x} = -\frac{k}{m}x$$

と変形して，x の係数の大きさを

$$\frac{k}{m} = \omega^2 \qquad \cdots\cdots (*)$$

と読み換えればよい。

運動方程式 (B) に対応するエネルギーの保存は，

$$\frac{1}{2}m\dot{x}^2 + \frac{1}{2}kx^2 = \text{一定} \qquad \cdots\cdots \text{(C)}$$

である。前節の議論から分かるように，方程式 (C) から直接的に関数 (A) が導かれるので，エネルギーの保存が (C) の形で表されることをもって，運動が角振動数が $(*)$ で与えられる単振動であることを結論できる。前節で調べたように，方程式 (C) は，方程式 (B) を解いて解の関数 (A) を導出する過程で現れる方程式なので，当然である。

つまり，$(*)$ の関係式の下で，(A) と (B) と (C) は，物理的には等価な意味をもつ。

8.6 単振動への近似

自然界では単振動の他にもさまざまな振動運動が現れる。その中には，数学的な意味で厳密に運動の関数を求めることが困難なものも少なくない。しかし，振動の振幅が微小な場合には，近似的に関数を求めたり，周期を求めることが可能な場合もある。

物理では，対象とする具体的な現象がある。数学的に厳密な扱いが困難な場合でも，近似を用いて，その現象を具体的に分析することには意味がある。その場合に用いる近似は関数の分析に用いるので，数値の近似ではなく，関数としての近似である。物理でよく用いる近似には以下のようなものがある。

$|\theta| \ll 1$ のとき，$\sin\theta \approx \theta, \quad \cos\theta \approx 1$

$|\varepsilon| \ll 1$ のとき，定数 α に対して，$(1+\varepsilon)^{\alpha} \approx 1 + \alpha\varepsilon$

それぞれ，$\theta = 0$ または $\varepsilon = 0$ における接線の関数である。三角関数について，さらに近似の精度を高める必要がある場合には，

$|\theta| \ll 1$ のとき，$\cos\theta \approx 1 - \dfrac{1}{2}\theta^2$

を用いる場合もある。

振り子運動（単振り子）は，その振れ角が十分に小さい場合には，単振動に近似することができる。

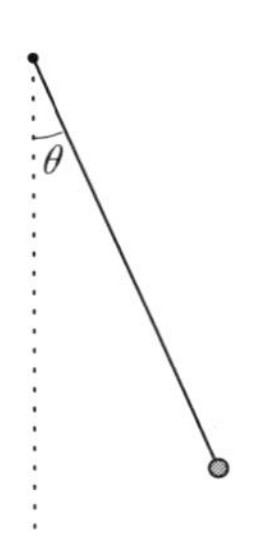

振り子の運動は一定の円周に沿った運動なので，§7.2 で求めたように，加速度の接線方向成分が

$$a_{\perp} = l\ddot{\theta} \tag{8–6–1}$$

となる。振り子が受ける外力の，この方向の成分は重力の成分

$$f_\perp = -mg\sin\theta$$

である。したがって，回転角 θ は

$$ml\ddot{\theta} = -mg\sin\theta \qquad \therefore \quad \ddot{\theta} = -\frac{g}{l}\sin\theta$$

に従って時間変化する。この方程式の厳密な解を求めるのは極めて難しい。

運動が $|\theta| \ll 1$ の範囲で実現する場合は，上記の近似が有効で

$$\sin\theta \approx \theta$$

と近似できるので，運動方程式は

$$\ddot{\theta} = -\frac{g}{l}\theta$$

となる。これは角振動数が

$$\omega = \sqrt{\frac{g}{l}}$$

の単振動の方程式である。したがって，振り子の周期を

$$\text{周期} = \frac{2\pi}{\omega} = 2\pi\sqrt{\frac{l}{g}}$$

と求めることができる。重力のみが駆動力となる運動の特性は質量には依存しない。

振り子の周期の導出〈やや発展〉

ただ，振り子の加速度の接線方向成分が (8–6–1) のように表されることを確認するのは，それほど易しくない。エネルギーの保存に注目すると，もう少し議論しやすい。糸の張力は仕事をしないので，力学的エネルギー保存則

$$\frac{1}{2}mv^2 + mgl(1-\cos\theta) = \text{一定}$$

が成り立つ。ここで，

$$v = l\dot{\theta}$$

であり，さらに，運動が $|\theta| \ll 1$ の範囲で実現する場合は，

$$\cos\theta \approx 1 - \frac{1}{2}\theta^2 \qquad \therefore \quad 1-\cos\theta \approx \frac{1}{2}\theta^2$$

と近似できるので，

$$\frac{1}{2}ml^2 \cdot \dot{\theta}^2 + \frac{1}{2}mgl \cdot \theta^2 = \text{一定}$$

となる。これは角振動数が

$$\omega = \sqrt{\frac{mgl}{ml^2}} = \sqrt{\frac{g}{l}} \tag{8–6–2}$$

の単振動のエネルギー保存の方程式である。

(8–6–2) が示すように，単振り子の周期

$$\text{周期} = 2\pi\sqrt{\frac{l}{g}}$$

は，もともとは，

$$\text{周期} = 2\pi\sqrt{\frac{ml}{mg}}$$

であるが，質量 m を約分した結果である。mg の m は重力質量であり，ml の m は慣性質量であるが，両者に区別はないので約分されて形跡が残らない。しかし，応用的な状況では，この区別を思い出すと便利なことがある。

運動方程式と比べて，エネルギーの保存で議論する場合に，近似の精度を 1 次高めないといけないのは，第 6 章で検討したように，力学的エネルギー保存則が運動方程式を 1 回積分した形式になっているためである。

第9章　2体系の運動

2物体を1つの系と見た場合に如何なる議論ができるのかを調べる。特に，2体間の相互作用以外の外力の作用がない場合（2体問題）には，実質的に1体の問題に帰着して運動方程式を解くことができる。

物体間の相互作用（内力）が系の全運動量には影響しないことはすでに調べたが（第4章），エネルギーの変化にはどのような効果が現れるのかという議論から始めよう。

9.1　2体系の運動方程式

2物体 m_1, m_2 の運動を考える。物体間の相互作用を $\overrightarrow{F}$, $-\overrightarrow{F}$，各物体が受ける外力（相手の物体以外の外部から受ける力）をそれぞれ $\overrightarrow{f_1}$, $\overrightarrow{f_2}$ とする。

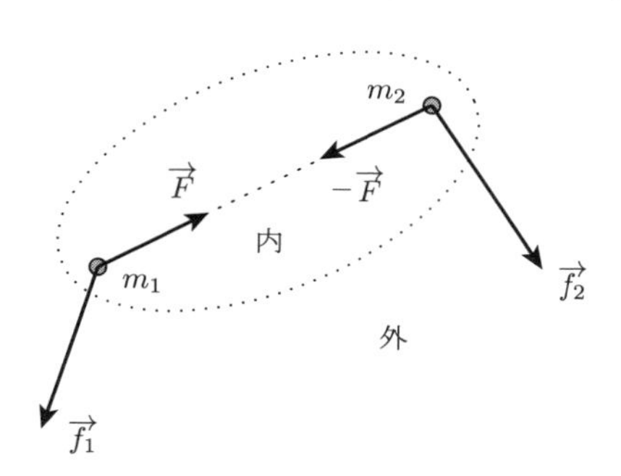

各物体ごとの運動方程式は，

$$m_1 \frac{\mathrm{d}\overrightarrow{v_1}}{\mathrm{d}t} = \overrightarrow{F} + \overrightarrow{f_1}$$

$$m_2 \frac{\mathrm{d}\overrightarrow{v_2}}{\mathrm{d}t} = \left(-\overrightarrow{F}\right) + \overrightarrow{f_2}$$

となる。辺々加えると，

$$\frac{\mathrm{d}}{\mathrm{d}t}\left(m_1\overrightarrow{v_1} + m_2\overrightarrow{v_2}\right) = \overrightarrow{f_1} + \overrightarrow{f_2}$$

となり，系（2 物体全体）の運動量が系の外部からの力の和（外力）によってのみ変化することが分かる。これは，すでに学んだ通りである。

各物体の運動方程式をエネルギーの保存の方程式に書き換えると次のようになる。

$$\frac{\mathrm{d}}{\mathrm{d}t}\left(\frac{1}{2}m_1{v_1}^2\right) = \overrightarrow{F}\cdot\overrightarrow{v_1} + \overrightarrow{f_1}\cdot\overrightarrow{v_1}$$
$$\frac{\mathrm{d}}{\mathrm{d}t}\left(\frac{1}{2}m_2{v_2}^2\right) = \left(-\overrightarrow{F}\right)\cdot\overrightarrow{v_2} + \overrightarrow{f_2}\cdot\overrightarrow{v_2}$$

辺々加えると，

$$\frac{\mathrm{d}}{\mathrm{d}t}\left(\frac{1}{2}m_1{v_1}^2 + \frac{1}{2}m_2{v_2}^2\right) = \overrightarrow{F}\cdot\left(\overrightarrow{v_1} - \overrightarrow{v_2}\right) + \overrightarrow{f_1}\cdot\overrightarrow{v_1} + \overrightarrow{f_2}\cdot\overrightarrow{v_2}$$

となる。運動量の保存の場合とは異なり，物体間の相互作用の効果が相殺しない。仕事や仕事率は作用・反作用には従わないのである。作用・反作用の法則は向きと大きさをもつベクトル量についての法則であり，スカラー量である仕事や仕事率はその埒外（らちがい）にある。

上の計算は，内力の仕事率が相殺しないことだけではなく，どのように評価すればよいのかも教えてくれる。上の方程式に現れているように，内力の 2 体系全体に対する仕事率は

$$P_{\text{内力}} = \overrightarrow{F}\cdot\left(\overrightarrow{v_1} - \overrightarrow{v_2}\right)$$

である。$\overrightarrow{F}$ は m_1 が受ける内力の関数であり，$\overrightarrow{v_1} - \overrightarrow{v_2}$ は m_2 に対する m_1 の相対速度である。したがって，2 体間の相対運動に注目して内力の仕事率や仕事を評価すれば，それが 2 体系全体に対する内力の仕事率や仕事と一致する。

$$\overrightarrow{F}\cdot\left(\overrightarrow{v_1} - \overrightarrow{v_2}\right) = \left(-\overrightarrow{F}\right)\cdot\left(\overrightarrow{v_2} - \overrightarrow{v_1}\right)$$

なので，いずれの立場の相対運動に注目しても同じ結果が得られる。

なお，外力の仕事は，通常通り，その力を受けている物体の運動に注目して評価すればよい。

【例 9–1】

摩擦のある水平な床の上で物体 m を滑らせると，いずれ停止する。物体の初速を v_0，動摩擦係数を μ とすれば，物体が停止するまでに床の上をすべる距離 l は，物体の運動についてのエネルギー保存より，

$$\frac{1}{2}m\cdot 0^2-\frac{1}{2}m{v_0}^2=(-\mu mg)\cdot l \qquad \therefore\ l=\frac{{v_0}^2}{2\mu g}$$

となる。

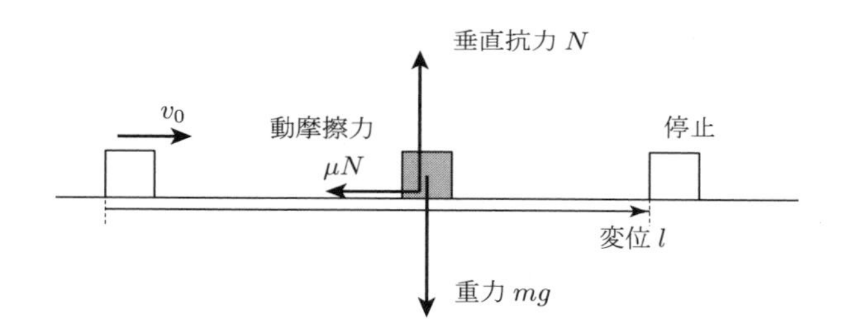

次に，なめらかで水平な床の上に質量 M の板を置き，その上を物体を初速 v_0 で滑らせることを考える。板は平で上面は水平となっていて，板の上面と物体の間の動摩擦係数を μ とする。

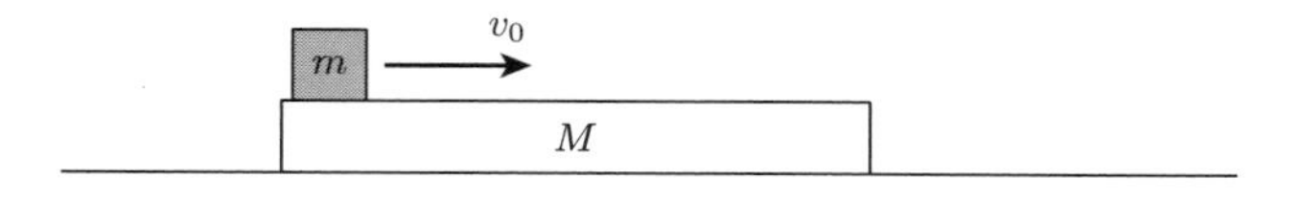

水平方向の運動のみに注目すれば，板と小物体は内力として摩擦力のみが働いて運動する。したがって，運動量保存則が成り立つ。よって，小物体が板に対して停止したときの，板と小物体の速さを V とすれば，

$$mV+MV=mv_0+M\cdot 0 \qquad \therefore\quad V=\frac{m}{m+M}v_0$$

である。力学的エネルギー（2 物体の運動エネルギーの和）の変化を計算してみると，

$$\Delta E=\left(\frac{1}{2}mV^2+\frac{1}{2}MV^2\right)-\left(\frac{1}{2}m{v_0}^2+\frac{1}{2}M\cdot 0^2\right)=-\frac{1}{2}\cdot\frac{mM}{m+M}{v_0}^2$$

となる。これは，内力（摩擦力）の仕事により説明される。摩擦力は小物体にも板にも仕事をし，それぞれ床に対する変位に対応する仕事により各物体の運動エ

ネルギーの変化が説明できるが，ΔE は相対運動に注目した内力の仕事 W により説明できる。例えば，板に対する小物体の相対運動を考えると，上の場合と同様に計算できる。つまり，板に対して小物体がすべった距離を L とすれば，

$$W = (-\mu mg) \cdot L$$

となる。したがって，2 体系全体としてのエネルギー保存は，

$$\Delta E = W \qquad \text{i.e.} \quad -\frac{1}{2} \cdot \frac{mM}{m+M} {v_0}^2 = (-\mu mg) \cdot L$$

となる。これより，

$$L = \frac{M}{m+M} \cdot \frac{{v_0}^2}{2\mu g}$$

と求めることができる。

この運動は，各物体ごとに等加速度運動になるので，加速度を求めて時間経過を追跡した計算を行っても同じ結果を得ることができる。各自で計算して確かめてみよう。■

【例 9–2】

【例 5–3】において，スロープ面に沿って物体が滑り降りる場合などでは，垂直抗力は仕事をしないことを学んだ。したがって，なめらかなスロープ面に沿って滑り降りる運動については，重力による位置エネルギーを導入することにより，力学的エネルギー保存則を使うことができる。

では，なめらかな水平面上になめらかなスロープ面をもつ台 M を置き，そのスロープ面上を小物体 m を滑らせた場合の各物体の運動はどのようになるだろう。はじめ台は静止していて，水平面からの高さが h のスロープ面上の位置から小物体を静かに放すとする。また，重力加速度の大きさは g とする。

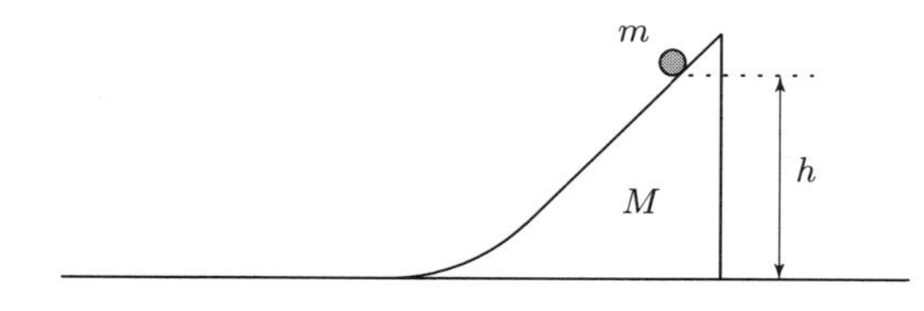

台のスロープ面は水平面となめらかに接続していて，滑り降りた小物体は水平

面と衝突することなく水平面上での運動に移行したとする。水平方向には台と小物体間の抗力以外の外力の作用はないので，水平方向の運動量保存則が成り立つ。

小物体が水平面に達したときの台の速さを V，小物体の速さを v とすれば，

$$m \cdot (-v) + MV = 0 \qquad \cdots\cdot \text{ⓐ}$$

となる。台も小物体も初速はゼロである。

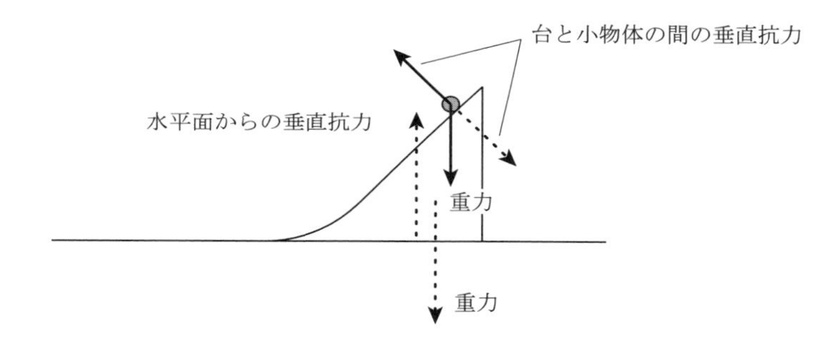

小物体が台のスロープ面を滑り降りる間に各物体が受ける力は上図の通りである（実線は小物体，点線は台)。

台の変位は常に水平方向なので，仕事をする力は，小物体の受ける重力と台と小物体間の抗力である。小物体が受ける重力については，位置エネルギーを導入できる。

摩擦は無視するので台と小物体間の抗力は垂直抗力のみであるが，それぞれの物体の速度とは直交しない。したがって，各物体には垂直抗力が仕事をする（台が固定されていれば，【例 5–3】の場合と同様に，垂直抗力は仕事をしない)。２体系全体についての抗力の仕事は相対運動に注目して評価する。台に対する小物体の速度（相対速度）はスロープ面に沿っているので，スロープ面から受ける垂直抗力と直交する。つまり，２体系全体のエネルギー保存を考える場合は，台と小物体の間の垂直抗力の仕事は現れない。したがって，力学的エネルギー保存則

$$\frac{1}{2}mv^2 + \frac{1}{2}MV^2 = mgh \qquad \cdots\cdots \text{ⓑ}$$

が成り立つ。

ⓐ とⓑ を連立すれば，

$$v = \sqrt{\frac{M}{m+M} \cdot 2gh}, \qquad V = \sqrt{\frac{m^2}{M(m+M)} \cdot 2gh}$$

との結論を得る。■

【例 9–3】

ばねで接続された 2 物体の，なめらかな水平面上での運動を考える（【例 6–2】参照）。

【例 6–2】においても系の運動について，ばねの伸び s に対して

$$\frac{1}{2}m_1{v_1}^2 + \frac{1}{2}m_2{v_2}^2 + \frac{1}{2}ks^2 = 一定 \qquad \cdots\cdots ⓐ$$

の形式の力学的エネルギー保存則が使えることを運動方程式に基づいて確認した。これは，本節の文脈ではどのように理解できるのだろうか。

各物体の受けるばねの弾性力は，ばねを介しての 2 体間の相互作用（内力）と解釈できる（ばねを一方の物体の一部と解してもいいだろう）。運動は水平方向のみで，ばねの弾性力以外の外力の作用はない。したがって，運動量保存則が使えることはすぐに分かる。問題はエネルギーの保存である。

例えば，m_1 が固定されていれば，

$$v_2 = \frac{\mathrm{d}s}{\mathrm{d}t}$$

の関係が成立するので，$\frac{1}{2}ks^2$ を m_2 の運動についての位置エネルギーとして導入でき，その運動に関して力学的エネルギー保存則

$$\frac{1}{2}m_2{v_2}^2 + \frac{1}{2}ks^2 = 一定$$

が使える。しかし，いずれの物体も自由な場合には，そのような解釈はできないし，数式上も上の保存則は成立しない。ところで，ばねの弾性力は 2 体間の内力と解釈できるので，2 体系全体に対するばねの弾性力の仕事は相対運動に注目して評価できる。【例 6–2】でも見たように，m_1 に対する m_2 の相対速度 $u \equiv v_2 - v_1$ は s との間に

$$\frac{\mathrm{d}s}{\mathrm{d}t} = u$$

の関係が成り立つ。つまり，2体系に対する内力の仕事率は，m_1 が固定されている場合の m_2 に対する弾性力の仕事率と同一の関数で表される。したがって，2体系の運動について，内力としてのばねの弾性力のポテンシャル $\dfrac{1}{2}ks^2$ を導入することができ，力学的エネルギー保存則 ⓐ が使えるのである。■

9.2 相互作用によるエネルギー交換〈参考〉

2体間の相互作用の仕事の扱いについては，前節で調べたパターンについて経験的に学んでおけば入試対策としては十分であるが，理論的な考察を加えておく。

【例9–1】において，物体が板に対して止まるまでの物体の変位を x，板の変位を X とすれば，各物体ごとのエネルギーの保存は

$$\frac{1}{2}mV^2 - \frac{1}{2}m{v_0}^2 = -\mu mgx$$
$$\frac{1}{2}MV^2 - \frac{1}{2}M\cdot 0^2 = \mu mgX$$

となる。$W_1 = -\mu mgx$ は摩擦力により物体がなされた仕事，$W_2 = \mu mgX$ は摩擦力により板がなされた仕事である。それぞれ，なされた仕事の分だけ力学的エネルギー（運動エネルギー）が変化する。「物体がなされた仕事」は，その物体が力の作用を受けることを通して力学的エネルギーとして吸収したエネルギーを意味する。「力の仕事（力がした仕事）」という表現も同じ内容を意味する。

$-W_1 = +\mu mgx$ は物体が摩擦力に抗してした仕事と解釈できる。これは物体が放出したエネルギーであり，その分だけ物体の力学的エネルギーが減少する。$x \neq X$ であるから，

$$W_1 + W_2 \neq 0 \quad \therefore \quad (-W_1) \neq W_2$$

である。$(-W_1)$ を摩擦力を介して物体が板にする仕事，W_2 を摩擦力を介して板が物体からなされた仕事とそれぞれ解釈することは可能であるが，力や力積については成立する，作用・反作用の法則に対応する関係式が成立しない。そのため，2体系のエネルギーの保存においては，2体間の相互作用の効果を考慮する必要がある。【例9–1】では，

$$W_1 + W_2 = -\mu mg(x - X) = -\mu mgL$$

が，摩擦力の2体系に対する仕事になる。

【例 9–2】では，相互作用としてはたらく垂直抗力の方向に小物体と台の変位が等しいので，小物体がする垂直抗力を介して台にする仕事 $(-W_1)$ と台が垂直抗力を介して小物体からなされる仕事 W_2 の間に

$$(-W_1) = W_2$$

の関係が成立する。したがって，2 体系のエネルギーの保存には相互作用の仕事は相殺して影響しない。しかし，この場合も「作用・反作用の法則が成立する」とは解釈すべきではないだろう。前述のとおり，作用・反作用の法則はベクトルで表現される作用に関する法則である。

【例 9–3】（【例 6–2】）では，各物体が仕事をする，あるいは，なされる相手はばねである。したがって，物体 1 がする仕事 $(-W_1)$ と物体 2 がなされる仕事 W_2 を比較することに意味がない。各物体がする仕事 $(-W_1)$ と $(-W_2)$ の和 $(-W_1)+(-W_2)$ が，ばねがなされた仕事を表し，それはすべて弾性エネルギーの変化となっている。立場を入れ換えて述べれば，ばねがした仕事 $W_1 + W_2$ が 2 物体の運動エネルギーの和の変化に使われることになる。物体 1 がなされた仕事 W_1，物体 2 がなされた仕事 W_2 は，それぞれ各物体の運動エネルギーの変化に使われる。

しかし，ばねを物体 2 の一部と見れば，$(-W_1)$ は物体 1 が（ばねを含む）物体 2 にした仕事を表す。そのうち $(-W_1) + (-W_2)$ は物体 2 の内部構造に起因する内部エネルギー（弾性エネルギー）の変化に使われ，残りの

$$(-W_1) - \{(-W_1) + (-W_2)\} = W_2$$

は物体 2 の運動エネルギーの変化に使われることになる。

仕事を力と物体の間の作用と見れば「する仕事」と「なされる仕事」は常に等しくなっている。一方，力を介した物体間の作用と見る場合には，必ずしも「する仕事」と「なされる仕事」は等しくない。その差は，力が保存力であればそのポテンシャル（見方によっては物体の内部エネルギー）の変化として蓄えられる。摩擦力の場合には非力学的な形態のエネルギーとしての消費があり（具体的には熱などの形態として），系の外部に放出される。そのため，物体間のエネルギーの交換については必ずしもバランスがとれていない。

9.3　2体問題

外力の作用がなく，内力のみで運動する2体系を考える。

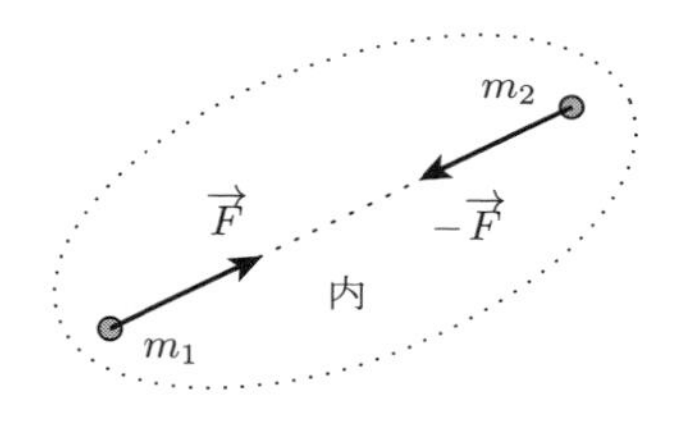

運動方程式は，

$$m_1 \frac{\mathrm{d}\overrightarrow{v_1}}{\mathrm{d}t} = \overrightarrow{F} \tag{9–3–1}$$

$$m_2 \frac{\mathrm{d}\overrightarrow{v_2}}{\mathrm{d}t} = -\overrightarrow{F} \tag{9–3–2}$$

となる。一般に，内力は2体間の相対的な位置 $\overrightarrow{r_1} - \overrightarrow{r_2}$ の関数

$$\overrightarrow{F} = \overrightarrow{F}(\overrightarrow{r_1} - \overrightarrow{r_2})$$

なので，上の2つの方程式 (9–3–1), (9–3–2) を連立して $\overrightarrow{r_1}$, $\overrightarrow{r_2}$ に関する微分方程式として解く必要がある。一見，複雑で難しそうだが，これは決まった方法で解決することができる。

重心運動

まず，(9–3–1) と (9–3–2) を辺々加えると，

$$m_1 \frac{\mathrm{d}\overrightarrow{v_1}}{\mathrm{d}t} + m_2 \frac{\mathrm{d}\overrightarrow{v_2}}{\mathrm{d}t} = \overrightarrow{0} \tag{9–3–3}$$

となる。これは即座に解けて（積分できて），

$$m_1\overrightarrow{v_1} + m_2\overrightarrow{v_2} = 一定$$

となる。運動量保存則を示していて，外力の作用がないという問題設定からの当然の帰結である。必要ならば，さらに積分を実行して，2体の位置 $\overrightarrow{r_1}$, $\overrightarrow{r_2}$ についての情報を得ることもできる。

別の観点から調べてみる。

$$\overrightarrow{r_{\mathrm{C}}} \equiv \frac{m_1\overrightarrow{r_1} + m_2\overrightarrow{r_2}}{m_1 + m_2}$$

を2体系の**質量中心**あるいは**重心**と呼ぶ。ここでの言葉の定義としては質量中心と呼ぶ方が相応しいが，以下では便宜上，重心と呼ぶことにする。重心は2物体を結ぶ線分を質量の逆比に内分する点であり，2体系の全体としての運動を代表する点ということができる。

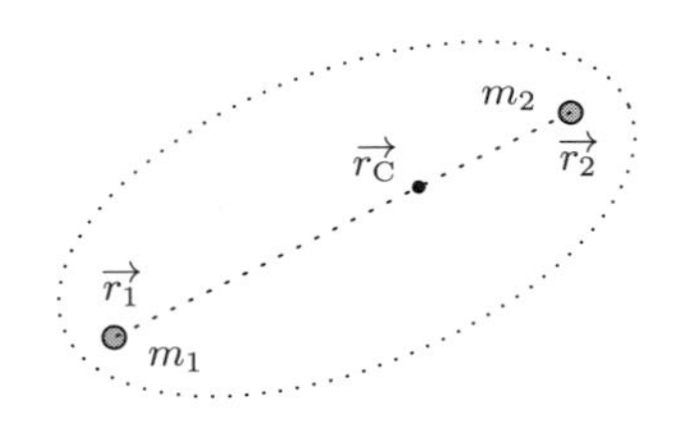

さて，重心の速度は

$$\overrightarrow{v_{\mathrm{C}}} = \frac{\mathrm{d}\overrightarrow{r_{\mathrm{C}}}}{\mathrm{d}t} = \frac{m_1\overrightarrow{v_1} + m_2\overrightarrow{v_2}}{m_1 + m_2}$$

なので，運動量保存則は重心の速度が一定であることを意味する。つまり，2体問題では，その2体系の重心の運動は等速直線運動になる。初期条件を参照すれば，

$$\overrightarrow{r_{\mathrm{C}}} = \frac{m_1\overrightarrow{r_1} + m_2\overrightarrow{r_2}}{m_1 + m_2}$$

を具体的に時刻の関数として与えることができる。

方程式 (9–3–3) は，注目さえすれば即座に解けることが分かった。しかし，本来解くべきは「(9–3–1) かつ (9–3–2)」の連立方程式である。「(9–3–1) かつ (9–3–2)」に対して (9–3–3) は必要条件に過ぎないので，もう1つこれとは独立な議論が必要である。

相対運動

内力は相対的な位置 $\overrightarrow{r_1} - \overrightarrow{r_2}$ の関数であるから，相対的な位置（相対運動）に注目した議論が必要になる。そこで，(9–3–1) $\times \dfrac{1}{m_1}$ − (9–3–2)$\times \dfrac{1}{m_2}$ を作ってみると，

$$\frac{\mathrm{d}}{\mathrm{d}t}\left(\overrightarrow{v_1} - \overrightarrow{v_2}\right) = \left(\frac{1}{m_1} + \frac{1}{m_2}\right)\overrightarrow{F}(\overrightarrow{r_1} - \overrightarrow{r_2}) \qquad (9\text{–}3\text{–}4)$$

となる。これは，一般に $\overrightarrow{r_1} - \overrightarrow{r_2}$ についての微分方程式として解くことができる。

【例 9–4】

再び,【例 6–2】の問題を考えてみる。以前には保存則の議論を行ったが,今度は運動方程式を解くことを考えてみる。

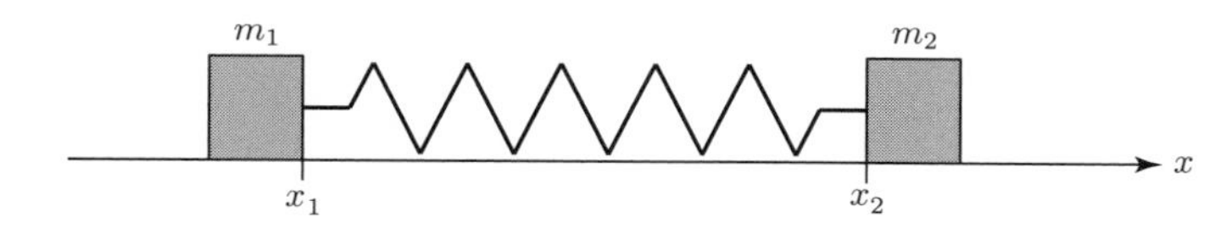

ばねの自然長 l に対して $s=(x_2-x_1)-l$ とおけば,各物体の運動方程式は,

$$m_1\ddot{x_1}=ks \qquad \cdots\cdots \text{ⓐ}$$

$$m_2\ddot{x_2}=-ks \qquad \cdots\cdots \text{ⓑ}$$

となる。重心運動に関する議論は一般論の通りなので,ここでは相対運動について調べる。

ⓑ $\times \dfrac{1}{m_2}-$ ⓐ $\times \dfrac{1}{m_1}$ を作れば,

$$(x_2-x_1)^{\cdot\cdot}=-\left(\frac{1}{m_1}+\frac{1}{m_2}\right)ks$$

となる。$(x_2-x_1)^{\cdot\cdot}$ は,x_2-x_1 を時刻 t の 1 つの関数と見たときの 2 次導関数を表す。l は一定であるから,s の定義より

$$\dot{s}=\dot{x_2}-\dot{x_1}, \qquad \ddot{s}=\ddot{x_2}-\ddot{x_1}$$

なので,上の方程式は,

$$\ddot{s}=-\frac{k(m_1+m_2)}{m_1m_2}s$$

となる。これは典型的な単振動の方程式であり,初期条件が設定されれば具体的に解を導くことができる。

$m_1x_1+m_2x_2$ と x_2-x_1 を表す関数を具体的に求めれば,x_1 と x_2 も容易に求めることができる。■

(9–3–4) は,2 物体の相対運動についての方程式であるが,

$$\frac{1}{\mu}\equiv\frac{1}{m_1}+\frac{1}{m_2} \qquad \text{i.e.} \quad \mu=\frac{m_1m_2}{m_1+m_2}$$

とすれば,

$$(9\text{-}3\text{-}4) \iff \mu \frac{\mathrm{d}}{\mathrm{d}t}(\vec{v_1} - \vec{v_2}) = \vec{F}(\vec{r_1} - \vec{r_2})$$

である。μ は，相対運動の仮想的な主体（重心とは異なり，具体的な点として指摘できない）の質量であり，**換算質量**と呼ぶ。なお，重心運動の主体は系の全質量 $M \equiv m_1 + m_2$ である（【例 9–5】，§11.2 参照）。

「(9–3–3) かつ (9–3–4)」は「(9–3–1) かつ (9–3–2)」と同値なので，2 体問題は重心運動と相対運動に注目し分析することにより解決できる。この分析は，純粋な 2 体問題でなく外力の作用があるときにも有効な場合がある。

【例 9–5】

上と同じ装置を鉛直に立てて落下させる。

鉛直下向きに x 軸を設定する。重力加速度の大きさを g として，各物体の運動方程式は，

$$m_1\ddot{x_1} = ks + m_1 g \qquad \cdots\cdots \text{ⓐ}$$
$$m_2\ddot{x_2} = -ks + m_2 g \qquad \cdots\cdots \text{ⓑ}$$

となる。

重心運動は

$$\text{ⓐ} + \text{ⓑ} : m_1\ddot{x_1} + m_2\ddot{x_2} = (m_1 + m_2)g$$

すなわち，

$$M\ddot{x_\mathrm{C}} = Mg$$
$$\left(M \equiv m_1 + m_2\ ,\ \ x_\mathrm{C} \equiv \frac{m_1 x_1 + m_2 x_2}{m_1 + m_2}\right)$$

に従い，重力加速度による落下運動となる。

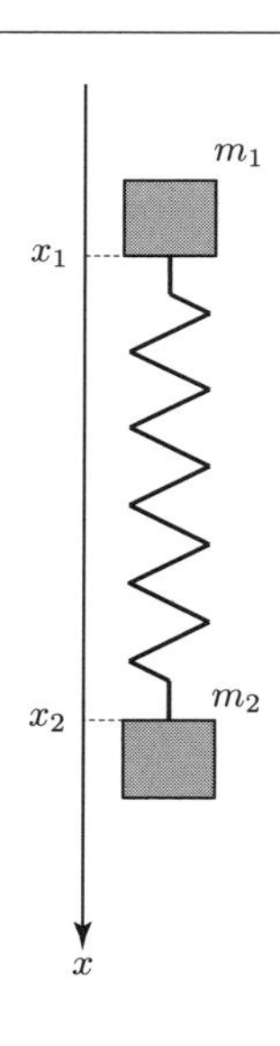

一方，相対運動は，

$$\text{ⓑ} \times \frac{1}{m_2} - \text{ⓐ} \times \frac{1}{m_1} :$$
$$(x_2 - x_1)^{\cdot\cdot} = -\left(\frac{1}{m_1} + \frac{1}{m_2}\right)ks$$

に従う。重力の効果は消えて，【例 9–4】の場合と同じ単振動になる。■

2 体系の運動エネルギー

2 体の運動を重心運動と相対運動に分解することは，エネルギーの議論においても有効である。

2 体系の運動エネルギーの和は，

$$K = \frac{1}{2} m_1 {v_1}^2 + \frac{1}{2} m_2 {v_2}^2$$

である。ところで，$\vec{u} \equiv \vec{v_1} - \vec{v_2}$（相対速度）として，

$$\begin{aligned}\frac{1}{2} M {v_\mathrm{C}}^2 + \frac{1}{2} \mu u^2 &= \frac{1}{2}(m_1 + m_2) \left| \frac{m_1 \vec{v_1} + m_2 \vec{v_2}}{m_1 + m_2} \right|^2 + \frac{1}{2} \cdot \frac{m_1 m_2}{m_1 + m_2} |\vec{v_1} - \vec{v_2}|^2 \\ &= \cdots (\text{単純な計算}) \cdots \\ &= \frac{1}{2} m_1 {v_1}^2 + \frac{1}{2} m_2 {v_2}^2\end{aligned}$$

であるから，

$$K = \frac{1}{2} M {v_\mathrm{C}}^2 + \frac{1}{2} \mu u^2$$

と変形できる。第 1 項は**重心運動エネルギー**，第 2 項は**相対運動エネルギー**である。2 体問題など，運動量保存則を満たす場合は，重心の速度が一定であり，重心運動エネルギーも一定に保たれる。したがって，2 体の運動エネルギーの変化はもっぱら相対運動エネルギーの変化に起因する。すなわち，

$$\Delta K = \Delta \left(\frac{1}{2} \mu u^2 \right)$$

となる。

【例 9–6】

【例 9–2】の台と小物体を使って，少し異なる実験を行う。小物体を水平面上から，静止した台に向けて初速 v_0 で入射する。

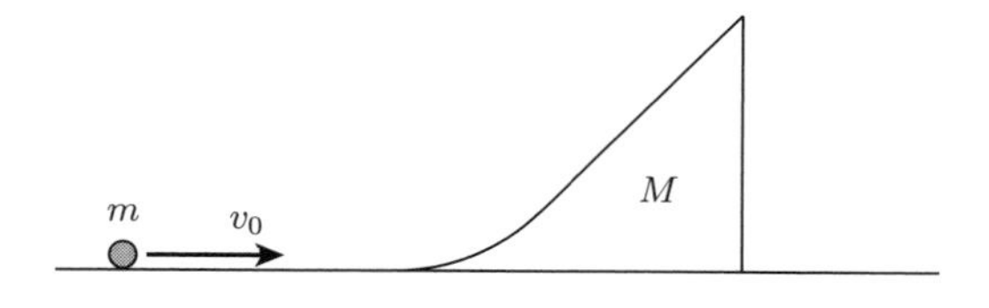

小物体は台のスロープ面を上っていき，台は水平面上を滑る。小物体はスロー

プ面の途中で台に対して一旦停止して，その後スロープ面を滑り降りた。小物体がスロープ面上で一旦停止する位置の水平面からの高さ H を求める。この運動については水平方向の運動量保存則と力学的エネルギー保存則が使えるので，小物体が台に対して停止したときの台の速さを V_1 とすれば，

$$(m+M)V_1 = mv_0, \qquad \frac{1}{2}(m+M){V_1}^2 + mgH = \frac{1}{2}m{v_0}^2$$

が成り立つ。この 2 式を連立すれば H を求めることができる。

しかし，次のように考えることもできる。運動量保存則の下では，力学的エネルギー保存則を

$$\frac{1}{2}\cdot\frac{mM}{m+M}{v_0}^2 = mgH$$

と表すことができる（小物体がスロープ面を上る間の一般的な力学的エネルギー保存則の表現はもう少し複雑になる。各自で調べてみよう）。これを用いれば，即座に H を求めることができる。

ついでに，小物体が水平面上に戻ったときの小物体の速度 v と台の速度 V を求めてみる（小物体の初速度の向きを正の向きとする）。運動量保存則より，

$$mv + MV = mv_0 \qquad \cdots\cdots \text{ⓐ}$$

である。この下で力学的エネルギー保存則は，

$$\frac{1}{2}\cdot\frac{mM}{m+M}(v-V)^2 = \frac{1}{2}\cdot\frac{mM}{m+M}{v_0}^2$$

と表すことができる。小物体が水平面上に戻った場合には $v - V < 0$ なので，

$$v - V = -v_0 \qquad \cdots\cdots \text{ⓑ}$$

となる。

ⓐ と ⓑ を連立すれば容易に v, V を求めることができる。結論は弾性衝突と一致する。■

9.4 衝突（再検討）

地上での運動では重力の作用があるので，純粋に 2 体問題の問題設定に適う状況は現れない。ところで，衝突は 1 点における瞬間的な現象であり，外力の力積も仕事も無視できる。したがって，衝突の直前と直後を比べるとき，2 体問題に

準じて扱うことができる。

衝突の結論の導き方は§4.5で学んだ。ここでは，衝突による力学的エネルギー E の変化について調べる。衝突の前後における外力による位置エネルギーの変化は生じないので，力学的エネルギーとしては2物体の運動エネルギーの和を考えればよい。つまり，

$$\Delta E = \Delta K = \Delta\left(\frac{1}{2}\mu u^2\right)$$

である。反発係数 e の一直線上の衝突であれば，衝突直前に $u = u_0$ とすれば，衝突直後は $u = eu_0$ となる。したがって，

$$\Delta E = \frac{1}{2}\mu(eu_0)^2 - \frac{1}{2}\mu {u_0}^2 = \frac{1}{2}\mu {u_0}^2 \times (e^2 - 1)$$

となる。一般に衝突では，力学的エネルギーの一部が失われる。失われたエネルギーの行方は力学の範疇では追跡できないが，1次的には物体の変形に使われ，最終的には熱や音として拡散される。衝突による力学的エネルギーの損失は

$$\Delta E < 0 \qquad \text{i.e.} \quad e < 1$$

を意味する。したがって，弾性衝突とは，力学的エネルギーの損失が無視できる理想的な衝突である。

9.5 内部運動

2体問題では，相対運動に注目する代わりに**重心系**における2体の運動に注目してもよい。重心系とは，重心に固定した座標系である（重心系に対して，床に固定した座標系は**実験室系**と呼ぶ）。重心系における各物体の運動を内部運動と呼ぶこともある。

重心の速度は一定なので，重心系は慣性系になる。したがって，重心系における2体の運動も，慣性力は現れず，内力のみによる運動となる。重心系における各物体の位置，速度をそれぞれ $\overrightarrow{R_1}$，$\overrightarrow{R_2}$ および $\overrightarrow{V_1}$，$\overrightarrow{V_2}$ で表す。実験室系における値とは

$$\begin{cases} \overrightarrow{R_1} = \overrightarrow{r_1} - \overrightarrow{r_\mathrm{C}} \\ \overrightarrow{R_2} = \overrightarrow{r_2} - \overrightarrow{r_\mathrm{C}} \end{cases}, \qquad \begin{cases} \overrightarrow{V_1} = \overrightarrow{v_1} - \overrightarrow{v_\mathrm{C}} \\ \overrightarrow{V_2} = \overrightarrow{v_2} - \overrightarrow{v_\mathrm{C}} \end{cases}$$

の関係にある。この関係式に基づいて計算しても導かれるが，定義より明らかな

ように，重心系において重心は原点に静止しているので，

$$m_1\overrightarrow{V_1}+m_2\overrightarrow{V_2}=\overrightarrow{0}, \qquad m_1\overrightarrow{R_1}+m_2\overrightarrow{R_2}=\overrightarrow{0}$$

が成り立つ。つまり，2 物体は常に重心系の原点（要するに重心）に関して反対側にあり，原点と 2 物体を通る直線に沿って対称に運動している。

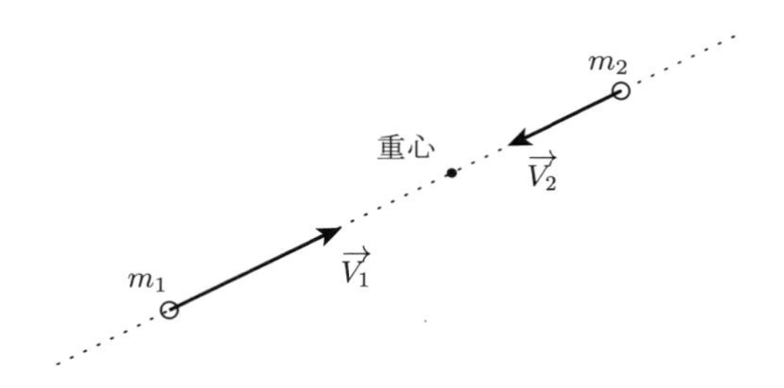

したがって，例えば m_1 の運動が求まれば m_2 の運動も決定される。そこで，m_1 の運動について調べてみる。運動方程式は，

$$m_1\frac{\mathrm{d}\overrightarrow{V_1}}{\mathrm{d}t}=\overrightarrow{F}(\overrightarrow{r_1}-\overrightarrow{r_2}) \tag{9–5–1}$$

となる。ここで，

$$\overrightarrow{r_1}-\overrightarrow{r_2}=\overrightarrow{R_1}-\overrightarrow{R_2}=\left(1+\frac{m_1}{m_2}\right)\overrightarrow{R_1}$$

なので，方程式 (9–5–1) は $\overrightarrow{R_1}$ についての方程式と見て解くことができる。また，

$$\overrightarrow{R}\equiv\left(1+\frac{m_1}{m_2}\right)\overrightarrow{R_1}$$

とすれば，

$$(9\text{-}5\text{-}1) \iff \frac{m_1m_2}{m_1+m_2}\frac{\mathrm{d}^2\overrightarrow{R}}{\mathrm{d}t^2}=\overrightarrow{F}(\overrightarrow{R})$$

である。(9–5–1) 式は，本質的には相対運動方程式と同じ形をしていることが分かる。つまり，重心系における各物体の運動は，基本的に相対運動と同じ形態の運動である。

重心系においては重心運動エネルギーは 0 なので，各物体の運動エネルギーの和は相対運動エネルギーのみとなる。したがって，相対運動エネルギーは内部運動エネルギーと解釈することもできる。

$$K_{\mathrm{in}}=\frac{1}{2}\mu u^2=\frac{1}{2}m_1{V_1}^2+\frac{1}{2}m_2{V_2}^2$$

ここで，相対速度は

$$\overrightarrow{v_1} - \overrightarrow{v_2} = \overrightarrow{V_1} - \overrightarrow{V_2}$$

であるが，一般に相対速度の値は（相対速度であるが故に）採用している座標系には依存しない。

相対運動エネルギーが内部運動エネルギーと解釈できるので，２体系の運動エネルギーの和を重心運動エネルギーと相対運動エネルギーとに分解したことは，重心運動エネルギーと内部運動エネルギーに分解したと見ることもできる。

【例 9–7】

質量が無視できて伸び縮みしない糸で結ばれた２つの小物体 m_1 と m_2 を空中に放り出す。

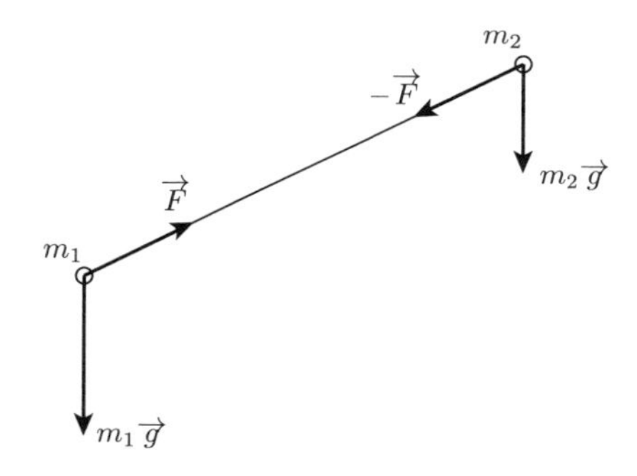

糸がたるむことなく２物体は運動しているとする。重力加速度を $\overrightarrow{g}$，m_1 の受ける糸の張力を $\overrightarrow{F}$ とすれば，各物体の運動方程式は，

$$m_1 \frac{\mathrm{d}\overrightarrow{v_1}}{\mathrm{d}t} = \overrightarrow{F} + m_1 \overrightarrow{g} \qquad \cdots\cdots \text{ⓐ}$$

$$m_2 \frac{\mathrm{d}\overrightarrow{v_2}}{\mathrm{d}t} = -\overrightarrow{F} + m_2 \overrightarrow{g} \qquad \cdots\cdots \text{ⓑ}$$

となる。

$$\text{ⓐ} + \text{ⓑ} : m_1 \frac{\mathrm{d}\overrightarrow{v_1}}{\mathrm{d}t} + m_2 \frac{\mathrm{d}\overrightarrow{v_2}}{\mathrm{d}t} = (m_1 + m_2)\overrightarrow{g}$$

なので，重心運動は $M \equiv m_1 + m_2$ として，

$$M\frac{\mathrm{d}\overrightarrow{v_\mathrm{C}}}{\mathrm{d}t} = M\overrightarrow{g}$$

に従う。したがって，重心運動は重力加速度による放物運動になる。

一方，相対運動の方程式は

$$Ⓐ \times \frac{1}{m_1} - Ⓑ \times \frac{1}{m_2} : \frac{\mathrm{d}}{\mathrm{d}t}(\overrightarrow{v_1} - \overrightarrow{v_2}) = \left(\frac{1}{m_1} + \frac{1}{m_2}\right)\overrightarrow{F} \qquad \cdots\cdots Ⓒ$$

となる。重力の効果は消えて，糸の張力のみにより相対運動が説明できることが分かる。しかし，この場合は，重心系での運動に注目した方が解りやすい。

重心は重力加速度 $\overrightarrow{g}$ で運動するので，重心から m_1 の運動を観測する場合には慣性力が現れ，運動の方程式は，

$$m_1\frac{\mathrm{d}\overrightarrow{V_1}}{\mathrm{d}t} = \overrightarrow{F} + m_1\overrightarrow{g} + (-m_1\overrightarrow{g})$$

すなわち，

$$m_1\frac{\mathrm{d}\overrightarrow{V_1}}{\mathrm{d}t} = \overrightarrow{F} \qquad \cdots\cdots Ⓓ$$

となる。重心から m_1 までの距離は一定なので，重心系における m_1 の運動は糸の張力を向心力として等速円運動になることが分かる。m_2 の運動も m_1 と角速度が共通な等速円運動になる。なお，ⓒ と ⓓ は実質的には同じ方程式である。しかし，ⓒ から運動の概要を読み取るよりも，重心系での運動に注目した方が状況を把握しやすいだろう。■

第10章　万有引力による運動

1619年，ケプラーは膨大な観測データの分析に基づき発見した，太陽系の惑星の公転運動に関する3つの法則を発表した。これは**ケプラーの法則**と呼ばれている。このケプラーの法則の発見は，後のニュートンによる**万有引力の法則**の発見に繋がる。つまり，ニュートンは，万有引力の法則を認めることにより，ケプラーの法則に従う惑星の公転運動（ケプラー運動）を力学の理論に基づいて説明することに成功したのである。

万有引力の法則と運動の法則に基づいたケプラー運動の説明は，ニュートンの力学の理論の集大成となる。

10.1　ケプラーの法則

ケプラーにより発見された惑星の公転運動に関する法則は以下の通りである。

第1法則：惑星の公転軌道は太陽をひとつの焦点とする楕円である。
第2法則：単位時間に動径（太陽と惑星を結ぶ線分）が掃く面積は一定である。
第3法則：惑星の軌道楕円の長半径の3乗と公転周期の2乗の比の値は一定である。

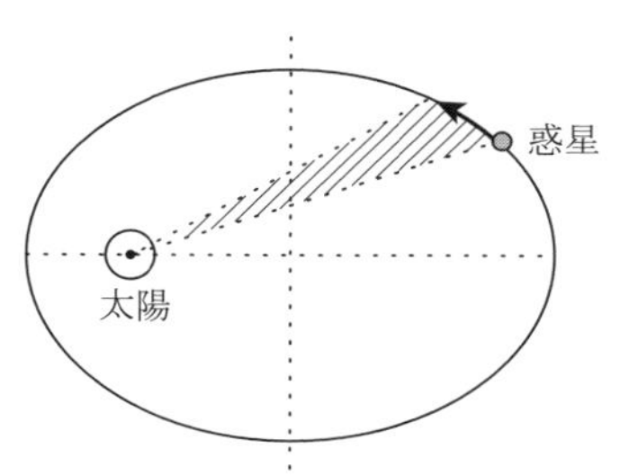

第2法則は**面積速度一定の法則**とも呼ばれる。「掃く面積」とは「通過する部分の面積」を意味する。ここで「一定」とは，惑星ごとに一定であることを意味する。一方，第3法則の「一定」は，すべての惑星に共通な定数となることを意味する。

後に論じるように，このケプラーの法則は，力学の理論に基づいて導出できる。つまり，物理法則のひとつである。したがって，他の力学の法則と同様に問題の分析に積極的に用いることができる。

10.2 万有引力の法則

万有引力の法則は§3.2において紹介したが，再掲しておく。

2つの物体の間には，物体間の距離の2乗に反比例し，2つの物体の質量の積に比例する大きさの引力が作用する。

質量 M の太陽から質量 m の惑星が受ける万有引力の大きさは，万有引力定数を G，太陽と惑星の距離を r として，

$$f_G = G\frac{mM}{r^2}$$

である。

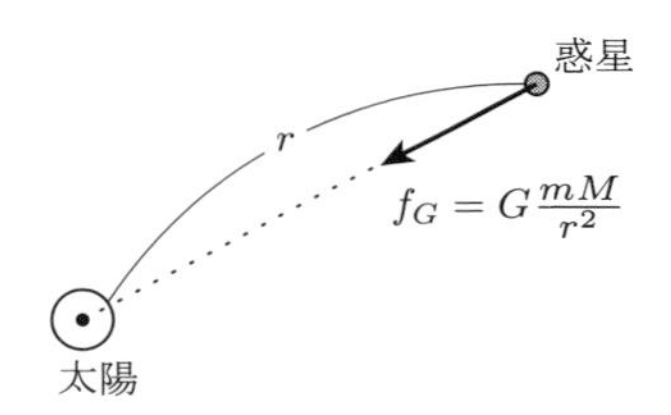

太陽を原点とする惑星の位置を $\overrightarrow{r}$ とすると，ベクトルとしての万有引力は

$$\overrightarrow{f_G} = G\frac{mM}{r^2}\cdot\frac{(-\overrightarrow{r})}{r}$$

と表すことができる。$\dfrac{(-\overrightarrow{r})}{r}$ は惑星から太陽の向きを向く単位ベクトルであり，万有引力の向きを表す。

10.3 万有引力による運動

1つの惑星の運動について注目するときに，他の惑星からの万有引力による影響は太陽からの万有引力に比べて無視できるので，太陽と惑星の2体問題と見ることができる。そうすると，その2体系の重心系から惑星の運動を観測するとよ

いが，$M \gg m$ なので，重心の位置はほぼ太陽の中心と一致する。したがって，実際上は，太陽の運動を無視して，その周りの惑星の運動を考察すればよい。

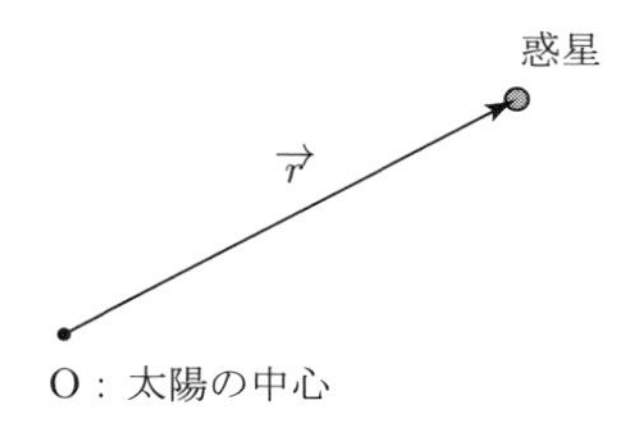

そこで，太陽の中心を原点 O とする。惑星の運動方程式は

$$m\frac{\mathrm{d}^2\vec{r}}{\mathrm{d}t^2} = G\frac{mM}{r^2}\cdot\frac{(-\vec{r})}{r} \tag{10–3–1}$$

となる。これは，原理的には $\vec{r}$ についての微分方程式として解くことが可能であるが，右辺（力の関数）が $\vec{r}$ の複雑な関数なので，機械的に解くことは困難である。したがって，これまで学んできた力学の理論を駆使してこの方程式を解析していく。

運動方程式の解を機械的に求めることが困難な場合には，保存量（保存則）に注目するとよい。力学において注目すべき保存量には，

①　運動量
②　エネルギー
③　角運動量（面積速度）

の 3 つがあった。順番に検討していこう。

もともと太陽と注目する惑星の 2 体問題と見ているので，運動量保存則は成立するが，太陽の運動を無視する近似を行っているので，運動量保存則は破れている。したがって，運動量保存則の議論は無意味である。

(10–3–1) 式をエネルギーの保存の方程式に書き換えると

$$\frac{\mathrm{d}}{\mathrm{d}t}\left(\frac{1}{2}mv^2\right) = -\frac{GmM}{r^3}\left(\vec{r}\cdot\vec{v}\right)$$

となる。左辺において，

$$\vec{v}\cdot\frac{\mathrm{d}\vec{v}}{\mathrm{d}t} = \frac{\mathrm{d}}{\mathrm{d}t}\left(\frac{1}{2}v^2\right)$$

であったことを思い出すと，右辺においても，

$$\vec{r}\cdot\vec{v}=\vec{r}\cdot\frac{\mathrm{d}\vec{r}}{\mathrm{d}t}=\frac{\mathrm{d}}{\mathrm{d}t}\left(\frac{1}{2}r^2\right)$$

と読み換えられる。ところが，右辺には他にも r が現れているので，この部分のみの原始関数を求めても意味がない。そこで，さらに

$$\vec{r}\cdot\vec{v}=\frac{\mathrm{d}}{\mathrm{d}t}\left(\frac{1}{2}r^2\right)=r\frac{\mathrm{d}r}{\mathrm{d}t}$$

と書き換えると（ベクトル $\vec{r}$ がスカラー r に読み換えられている），

$$右辺=-\frac{GmM}{r^2}\frac{\mathrm{d}r}{\mathrm{d}t}=-\frac{\mathrm{d}}{\mathrm{d}t}\left(-G\frac{mM}{r}\right)$$

となることが分かる。これは，万有引力が

$$U=-G\frac{mM}{r}$$

をポテンシャルとする保存力であることを示している。いま，太陽の運動を無視しているので，惑星の運動についての**万有引力による位置エネルギー**と解釈することができる。$U=0$ となるのは $r\to\infty$ の極限（無限遠点）においてのみなので，位置エネルギーの基準点は無限遠点となる。習慣上，万有引力による位置エネルギーの基準は無限遠点とする。これは関数の形が簡潔になることもあるが，無限遠点において万有引力もゼロとなるので基準として相応しいという理由もある。

したがって，惑星の運動は力学的エネルギー保存則

$$\frac{1}{2}mv^2+\left(-G\frac{mM}{r}\right)=一定$$

を満たす。

万有引力は点 O（太陽の中心：万有引力の中心）に関する中心力になっている。したがって，惑星の運動は点 O を含む一定の平面上で実現し，点 O のまわりの面積速度が一定に保たれる（§6.2 参照）。これはケプラーの第 2 法則でもある。

動径と速度のなす角を φ とすれば，面積速度一定の法則は

$$\frac{1}{2}rv\sin\varphi=一定$$

と表される。§6.2 の $v_\perp$ は

$$v_\perp=v\sin\varphi$$

と表すこともできる。

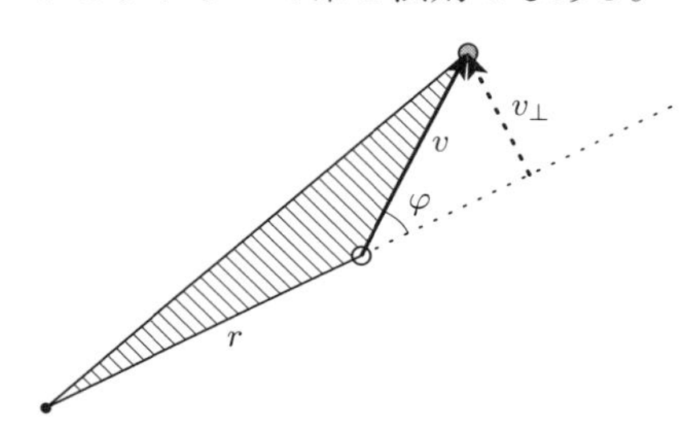

以上，論じたことを整理すれば，惑星の運動は太陽を含む一定の平面内で実現し，2 つの保存則

$$\text{力学的エネルギー保存則} \quad : \quad \frac{1}{2}mv^2 + \left(-G\frac{mM}{r}\right) = \text{一定}$$

$$\text{面積速度一定の法則} \quad : \quad \frac{1}{2}rv\sin\varphi = \text{一定}$$

が使えることが分かった。平面内の運動は自由度が 2 なので，この 2 つの保存則により力学の議論はすべて尽くされる。また，惑星の運動に限らず，力学的に同様の状況の問題（大きな質量の周りでの小さな質量の運動，例えば，地球の人工衛星の運動）であれば，やはり，この 2 つの保存則により解析できる。

そこで，万有引力による運動を調べるときには，ケプラーの第 1 法則を前提として（ケプラーの第 1 法則の導出はかなり面倒であり，入試では要求されない。次節参照），上記の 2 つの保存則を連立して解析することが原則となる。ただし，次の 2 つの場合は例外的な扱いが必要になる。

まず，軌道が直線的になる場合である。惑星の運動にはこのような状況は現れないが，地球からロケットを真上に打ち上げる場合などがこれに該当する。

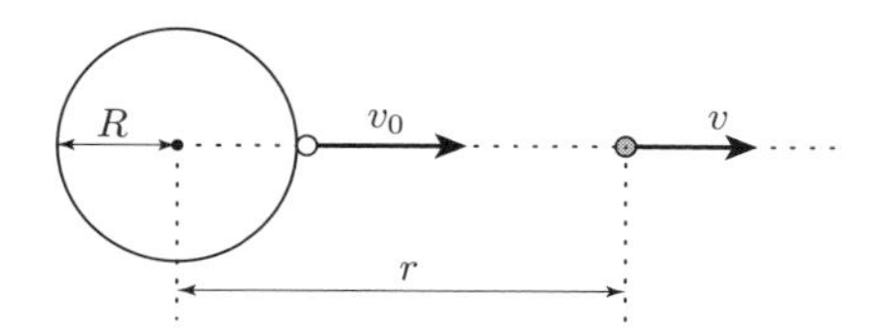

この場合は，真の意味では例外ではないが，動径と速度が平行（$\varphi = 0°$）なため r, v の値によらず面積速度の値が 0 であることが自明で，面積速度一定の法則を書く意味がない。この場合は，力学的エネルギー保存則のみにより解決できる。軌道が直線的になると運動の自由度が 1 に縮退してしまうので，もともと運動の方程式が 1 つで足りるのである。

【例 10–1】

地球を質量 M，半径 R の一様な球と考える。地表面から初速 v_0 で打ち上げた物体 m の最高点の高度を h を求める（上図で $r = R + h$）。

力学的エネルギー保存則より

$$\frac{1}{2}m{v_0}^2 + \left(-G\frac{mM}{R}\right) = \frac{1}{2}m\cdot 0^2 + \left(-G\frac{mM}{R+h}\right)$$

なので，

$$(2GM - R{v_0}^2)(R+h) = 2GMR$$

$2GM - R{v_0}^2 > 0$ ならば，最高点の高度を

$$R + h = \frac{2GM}{2GM - R{v_0}^2}R \qquad \therefore \quad h = \frac{R{v_0}^2}{2GM - R{v_0}^2}R$$

と求めることができる。

直感的にも明らかであるが，上の計算結果は h が $0 \leqq v_0 < \sqrt{\dfrac{2GM}{R}}$ の範囲で v_0 の増加関数であることを示す。$v_0 \to \sqrt{\dfrac{2GM}{R}}$ において $h \to \infty$ となり，$v_0 \geqq \sqrt{\dfrac{2GM}{R}}$ の場合は，最高点の高度 h は存在しなくなる。これは，$v_0 \geqq \sqrt{\dfrac{2GM}{R}}$ の場合は，物体が途中で停止することなく無限遠方に達する（地球の引力圏から脱する）ことを表している。その臨界値

$$v_2 = \sqrt{\frac{2GM}{R}} = \sqrt{2gR} \fallingdotseq 11\ \mathrm{km/s}$$

を地球の**第二宇宙速度**という。■

本当に例外になるのは，円軌道が予定されている場合である。この場合の運動は万有引力を向心力とする等速円運動になる。そのため，r, v, φ がそれぞれ一定（$\varphi = 90°$）なので保存則は成立するが，使っても不毛である。この場合は，円運動の方程式を書くことにより問題が解決できる。

【例 10–2】

今度は地表すれすれに円軌道を描く人工衛星を考える。地球の半径 R は非常に大きい（約 6400 km）ので，高度 50 km くらいでも十分にすれすれと言える。

このような運動は，万有引力を向心力とする等速円運動になる。円運動の方程式

$$m\frac{{v_1}^2}{R} = G\frac{mM}{R^2}$$

により完全に状態が確定する。人工衛星の速さは

$$v_1 = \sqrt{\frac{GM}{R}} = \sqrt{gR} \fallingdotseq 7.9\ \mathrm{km}$$

となる。この速さを地球の**第一宇宙速度**という。■

【例 10–3】

地球上から見て静止して見える人工衛星を**静止衛星**と呼ぶ。静止衛星の運動を考える。

静止衛星は，地球の中心を通り自転軸と垂直な平面内で地球の自転と等しい角速度 $\omega_0 = \dfrac{2\pi}{1\ \mathrm{day}}$ で円運動している。軌道の中心は地球の中心であり，向心力は地球からの万有引力である。したがって，軌道半径を r_0 とすれば，運動方程式

$$m r_0 {\omega_0}^2 = G\frac{mM}{{r_0}^2} \quad \cdots\cdots \text{①}$$

を満たす。M は地球の質量，m は衛星の質量である。運動方程式より，静止衛星の軌道半径は

$$r_0 = \sqrt[3]{\frac{GM}{{\omega_0}^2}}$$

と一意に定まる。つまり，静止衛星の軌道は唯一に決定される。数値計算を実行すれば分かるが，r_0 は地球の半径のおよそ 6.6 倍である。■

① は，宇宙空間（慣性系）から観測した場合の運動方程式である。地球から観測した場合には，① 式の左辺は遠心力を表す。遠心力と万有引力がつり合って静止しているという解釈になる。静止衛星の軌道を静止衛星と逆向きに同じ角速度で回転する衛星を考えると，やはり万有引力と遠心力がつり合う。しかし，地球から見て角速度 $2\omega_0$ で円運動する。この場合は，回転系から観測して速度をもつのでコリオリの力が現れる。これが向心力となる（興味のある人は確認してみよう）。

【例 10–4】

地球のまわりを下図のような楕円軌道に沿って周回する人工衛星の運動を考える。点 O が地球であり，近地点距離が $r_1 = r$，遠地点距離が $r_2 = 2r$ とする。

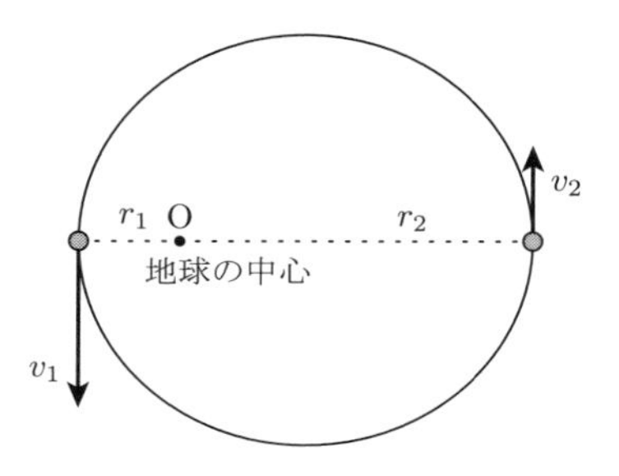

近地点は地球に最も近づく点，遠地点は地球から最も遠ざかる点である。地球は軌道楕円の焦点なので，近地点と遠地点は軌道楕円の頂点（長軸の端点）となる。

近地点，遠地点における速さをそれぞれ v_1，v_2 とする。近地点と遠地点においては動径方向速度は 0 であり，動径と速度が直交するので，面積速度一定の法則より，

$$\frac{1}{2}rv_1 = \frac{1}{2} \cdot 2r \cdot v_2 \qquad \therefore \quad v_1 = 2v_2$$

一方，力学的エネルギー保存則より

$$\frac{1}{2}m{v_1}^2 + \left(-G\frac{mM}{r}\right) = \frac{1}{2}m{v_2}^2 + \left(-G\frac{mM}{2r}\right)$$

なので，

$$(2v_2)^2 - \frac{2GM}{r} = {v_2}^2 - \frac{GM}{r} \qquad \therefore \quad v_2 = \sqrt{\frac{GM}{3r}}$$

となる。必要ならば，v_1 も容易に求めることができる。

公転周期は面積速度が一定であることに注目すれば求めることができる。面積速度は，

$$s = \frac{1}{2} \cdot 2r \cdot v_2 = \sqrt{\frac{GMr}{3}}$$

である。軌道楕円の長半径 a と短半径 b は，

$$a = \frac{r + 2r}{2} = \frac{3}{2}r, \qquad b = \sqrt{r \cdot 2r} = \sqrt{2}r$$

なので，軌道楕円の面積は

$$A = \pi ab = \frac{3\sqrt{2}\pi}{2} r^2$$

である。よって，

$$T = \frac{A}{s} = \frac{3\sqrt{6}\pi}{2}\sqrt{\frac{r^3}{GM}}$$

であることが分かる。

公転周期は，ケプラーの第 3 法則を利用して求めることもできる。

例えば，半径 r の円運動の周期 T_0 は，円運動の方程式

$$mr\left(\frac{2\pi}{T_0}\right)^2 = G\frac{mM}{r^2}$$

より，

$$T_0 = 2\pi\sqrt{\frac{r^3}{GM}}$$

である。したがって，ケプラーの第 3 法則より，

$$\frac{T^2}{a^3} = \frac{{T_0}^2}{r^3} \qquad \therefore \quad T = \left(\frac{a}{r}\right)^{3/2} T_0 = \left(\frac{3}{2}\right)^{3/2} T_0$$

となり，上の計算と同じ結論を得る。■

10.4 ケプラーの法則の導出〈発展〉

運動方程式に基づいて，第 1 法則も含めてケプラーの法則を導出する。

運動が実現する平面内に点 O を極とする極座標 (r, θ) を導入する。ただし，これらの変数を並べても位置ベクトルを構成できないので，座標系としては点 O を原点とする xy 直交座標系を用いる。

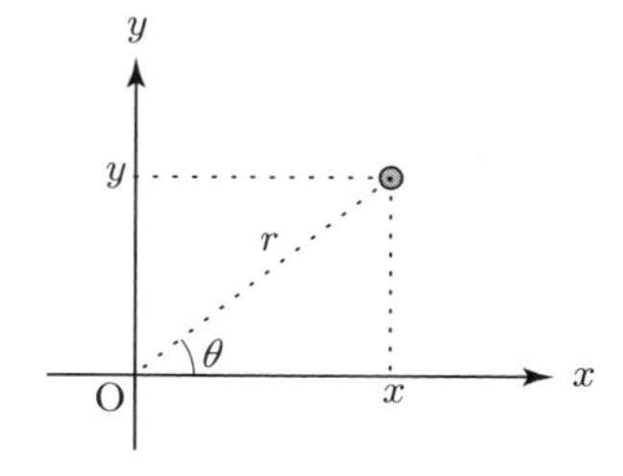

このとき，位置ベクトルは

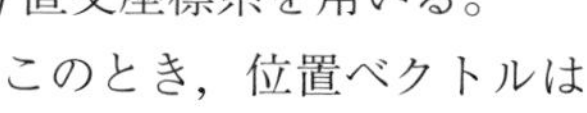

$$\vec{r} = \begin{pmatrix} r\cos\theta \\ r\sin\theta \end{pmatrix}$$

となり，定義に従って速度，加速度を計算すれば，

$$\overrightarrow{v}=\begin{pmatrix}\dot{r}\cos\theta-r\dot{\theta}\sin\theta\\ \dot{r}\sin\theta+r\dot{\theta}\cos\theta\end{pmatrix}=\dot{r}\begin{pmatrix}\cos\theta\\ \sin\theta\end{pmatrix}+r\dot{\theta}\begin{pmatrix}-\sin\theta\\ \cos\theta\end{pmatrix}$$

$$\overrightarrow{a}=(\ddot{r}-r\dot{\theta}^2)\begin{pmatrix}\cos\theta\\ \sin\theta\end{pmatrix}+(r\ddot{\theta}+2\dot{r}\dot{\theta})\begin{pmatrix}-\sin\theta\\ \cos\theta\end{pmatrix}$$

となる。ここで,

$$\overrightarrow{e_{\parallel}}=\begin{pmatrix}\cos\theta\\ \sin\theta\end{pmatrix},\qquad \overrightarrow{e_{\perp}}=\begin{pmatrix}-\sin\theta\\ \cos\theta\end{pmatrix}$$

は,それぞれ,動径方向,動径に垂直な方向の単位ベクトルであるから,上の計算結果は,速度の動径成分と動径に垂直な成分,加速度の動径成分と動径に垂直な成分が,

$$\begin{cases}v_{\parallel}=\dot{r}\\ v_{\perp}=r\dot{\theta}\end{cases},\qquad \begin{cases}a_{\parallel}=\ddot{r}-r\dot{\theta}^2\\ a_{\perp}=r\ddot{\theta}+2\dot{r}\dot{\theta}\end{cases}$$

であることを示している。

一方,惑星の受ける万有引力は動径方向内向き(負の向き)に大きさが $G\dfrac{mM}{r^2}$ なので,運動方程式は

$$\begin{cases}m(\ddot{r}-r\dot{\theta}^2)=-G\dfrac{mM}{r^2} & \cdots\cdots \text{ⓐ}\\ m(r\ddot{\theta}+2\dot{r}\dot{\theta})=0 & \cdots\cdots \text{ⓑ}\end{cases}$$

となる。ⓐ が動径方向の運動方程式,ⓑ が動径と垂直な方向の方程式である。

まず,ⓑ の両辺に r を掛けると,

$$m(r^2\cdot\ddot{\theta}+2r\dot{r}\cdot\dot{\theta})=0$$

となるが,これは,

$$\frac{\mathrm{d}}{\mathrm{d}t}(mr^2\dot{\theta})=0\qquad \therefore\quad mr^2\dot{\theta}=\text{一定}$$

を意味し,さらに,

$$\frac{1}{2}r^2\dot{\theta}=\text{一定}$$

と読み換えることもできる。それぞれ,角運動量保存則あるいは面積速度一定の法則を表している。

次に,ⓐ の両辺に $\dot{r}$ を掛けると,

$$m(\dot{r}\ddot{r} - r\dot{r}\dot{\theta}^2) = -G\frac{mM}{r^2}\dot{r}$$

となる。右辺は即座に

$$-G\frac{mM}{r^2}\dot{r} = -\frac{\mathrm{d}}{\mathrm{d}t}\left(-G\frac{mM}{r}\right)$$

と読み換えられるので，万有引力による位置エネルギーを導入する。左辺はやや煩雑なので，結論を見込んで逆算してみよう。

$$\frac{\mathrm{d}}{\mathrm{d}t}\left(\frac{1}{2}mv^2\right) = \frac{\mathrm{d}}{\mathrm{d}t}\left(\frac{1}{2}m\left\{\dot{r}^2 + (r\dot{\theta})^2\right\}\right) = m(\dot{r}\ddot{r} + r\dot{r}\dot{\theta}^2 + r^2\dot{\theta}\ddot{\theta})$$

である。ここで，ⓑ より，$r\ddot{\theta} = -2\dot{r}\dot{\theta}$ なので，

$$r\dot{r}\dot{\theta}^2 + r^2\dot{\theta}\ddot{\theta} = r\dot{r}\dot{\theta}^2 - 2\dot{r}\dot{\theta}\cdot r\dot{\theta} = -r\dot{r}\dot{\theta}^2$$

となるから，結局，

$$\frac{\mathrm{d}}{\mathrm{d}t}\left(\frac{1}{2}mv^2\right) = m(\dot{r}\ddot{r} - r\dot{r}\dot{\theta}^2)$$

であり，

$$\frac{\mathrm{d}}{\mathrm{d}t}\left(\frac{1}{2}mv^2 + \left(-G\frac{mM}{r}\right)\right) = 0 \qquad \text{i.e.}\quad \frac{1}{2}mv^2 + \left(-G\frac{mM}{r}\right) = 一定$$

となり，力学的エネルギー保存則を導く。

つまり，力学的エネルギーと面積速度は，それぞれ，運動が実現する平面内での2方向の運動方程式 ⓐ と ⓑ の第1積分であることが分かった。したがって，2つの保存則を駆使すれば，運動についての議論が尽くされるのである。

さて，2つの保存則を極座標を用いて表示すれば

$$\begin{cases} \dfrac{1}{2}m\left\{\dot{r}^2 + (r\dot{\theta})^2\right\} - G\dfrac{mM}{r} = E\ (一定) & \cdots\cdots Ⓐ \\ \dfrac{1}{2}r^2\dot{\theta} = s\ (一定) & \cdots\cdots Ⓑ \end{cases}$$

となる。各一定値 E, s は初期条件から決まる一定値である。2つの方程式に θ は現れていないことに注意しよう。したがって，θ の基準をどのように選ぶかは理論に影響しない。

さて，Ⓑ より，

$$r\dot{\theta} = \frac{2s}{r}$$

なので，これを Ⓐ に代入すれば，

$$\frac{1}{2}m\dot{r}^2 + \left(\frac{2ms^2}{r^2} - \frac{GmM}{r}\right) = E \qquad \cdots\cdots \text{Ⓒ}$$

となる。これは，仮想的な（直接的には観測されないという意味）r の運動についての力学的エネルギー保存則である。

$$U_{\mathrm{e}} \equiv \frac{2ms^2}{r^2} - \frac{GmM}{r}$$

を**実効ポテンシャル**と呼ぶ。実効ポテンシャルは，r が小さい場合は第 1 項が支配的で，大きい場合は第 2 項が支配的であることに注意すれば，細かい計算をしなくてもグラフの概形を得ることができる。

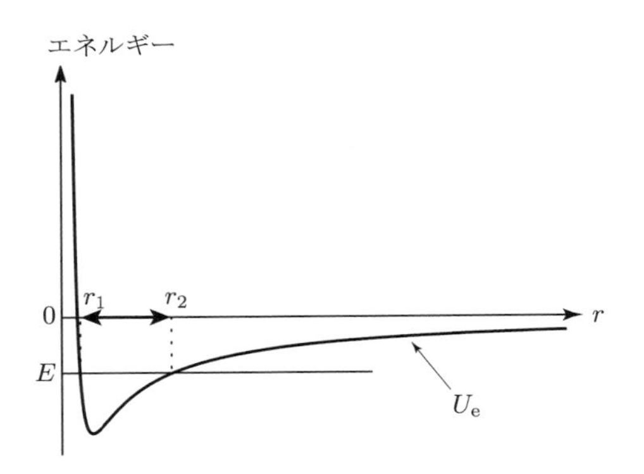

運動は

$$E - U_{\mathrm{e}} \geqq 0$$

の区間で実現するので，$E < 0$ の場合は r には最小値 r_1（近日点距離）も最大値 r_2（遠日点距離）も存在し，有界な区間での運動になることが分かる。一方，$E \geqq 0$ の場合は，r には最大値が存在しないので，m は M の引力圏から脱出し無限遠方に達することになる。

さらに詳しく検討していこう。

Ⓒ 式は

$$\dot{r}^2 + 4s^2\left(\frac{1}{r} - \frac{GM}{4s^2}\right)^2 = \frac{2}{m}\left(E + \frac{m(GM)^2}{8s^2}\right)$$

と変形できる。よって，

$$A \equiv \sqrt{\frac{2}{m}\left(E + \frac{m(GM)^2}{8s^2}\right)}$$

とすれば，ある時刻 t の関数 $\psi = \psi(t)$ を用いて

$$\begin{cases} \dot{r} = A\sin\psi \\ 2s\left(\dfrac{1}{r} - \dfrac{GM}{4s^2}\right) = A\cos\psi \end{cases}$$

と表すことができる。第 2 式より（両辺を時間微分する），

$$-\frac{2s\dot{r}}{r^2} = -A\dot{\psi}\sin\psi$$

を得るので，ここに，第 1 式および Ⓑ を代入すれば，

$$A\dot{\theta}\sin\psi = A\dot{\psi}\sin\psi \qquad \therefore \quad \dot{\psi} = \dot{\theta}$$

となる。θ の基準は適当に変えることができるので，

$$\psi = \theta$$

とできる。したがって，最終的に

$$2s\left(\frac{1}{r} - \frac{GM}{4s^2}\right) = A\cos\theta$$

を得る。

$$e \equiv \frac{2sA}{GM}, \qquad e\lambda \equiv \frac{4s^2}{GM}$$

とすれば，

$$r = \frac{e\lambda}{1 + e\cos\theta}$$

となる。これは，運動方程式 ⓐ かつ ⓑ に従う運動の軌跡の極方程式であるが，点 O を極として**離心率**が e の 2 次曲線を表す。

$$e = \frac{2sA}{GM} = \sqrt{1 + \frac{8s^2E}{m(GM)^2}}$$

であるから，

$E < 0$ のとき，　$e < 1$　：　楕円

$E = 0$ のとき，　$e = 1$　：　放物線

$E > 0$ のとき，　$e > 1$　：　双曲線

と軌道を分類できる。惑星の場合は，太陽の周りを周回運動するので楕円軌道になる。すなわち，ケプラーの第1法則が導かれた。

$e<1$ で楕円軌道を描く場合，r の最小値 r_1，最大値 r_2 は，

$$r_1=\frac{e\lambda}{1+e},\qquad r_2=\frac{e\lambda}{1-e}$$

となる。楕円の幾何学的性質より，長半径 a と短半径 b はそれぞれ

$$a=\frac{r_1+r_2}{2}=\frac{e\lambda}{1-e^2},\qquad b=\sqrt{r_1r_2}=\frac{e\lambda}{\sqrt{1-e^2}}$$

である。面積速度が一定であることに注目すれば，公転周期は

$$T=\frac{\pi ab}{s}$$

で与えられるので，

$$\frac{T^2}{a^3}=\frac{\pi^2}{s^2}\cdot\frac{b^2}{a}=\frac{\pi^2}{s^2}\cdot e\lambda=\frac{\pi^2}{s^2}\cdot\frac{4s^2}{GM}=\frac{4\pi^2}{GM}$$

となる。これは惑星の質量や運動状態に依存せず太陽の質量のみで決まる一定値である。つまり，ケプラーの第3法則の成立も確認できた。

第11章　剛体の力学

理想的に硬く変形しない物体を**剛体**という。厳密に表現すると，任意の2つの部分間の距離が一定である理想的な物体である。

現実の物体は分子が集まってできている。固体の物体の場合は，分子どうしが結合していて分子間の位置関係は変わらないが，距離は厳密には一定ではない。剛体を分子が結合してできていると考える場合は，任意の2つの分子間の距離が厳密に一定である。

11.1 物体の重心運動

剛体に限らず物体一般について考える。ここで，物体とは，一定量の質量（分子）の集団を意味する。

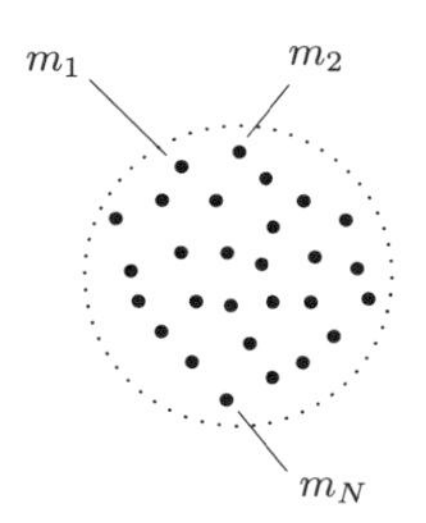

物体を質点 m_1, m_2, $\cdots$, m_N の集団と扱う。物体の全質量は

$$M \equiv \sum_{j=1}^{N} m_j$$

である。各質点の位置を $\overrightarrow{r_1}$, $\overrightarrow{r_2}$, $\cdots$, $\overrightarrow{r_N}$ とするとき，

$$\vec{r_\mathrm{C}} \equiv \frac{\sum_j m_j \vec{r_j}}{\sum_j m_j} = \frac{\sum_j m_j \vec{r_j}}{M}$$

を，この物体の**質量中心**と呼ぶ。質量中心は後で現れる**重心**と通常は一致するので，重心と呼ぶことが多い。本書でも以下では重心と呼ぶことにする。重心は一般に物体の内部の点となり，物体全体の運動の代表点である。

さて，各質点の速度を

$$\vec{v_j} \equiv \frac{\mathrm{d}\vec{r_j}}{\mathrm{d}t} \qquad (j = 1,\ 2,\ \cdots,\ N)$$

とすれば，重心の速度は，速度の定義より，

$$\vec{v_\mathrm{C}} \equiv \frac{\mathrm{d}\vec{r_\mathrm{C}}}{\mathrm{d}t} = \frac{\sum_j m_j \vec{v_j}}{M}$$

となる。ここで，

$$\vec{P} \equiv \sum_j m_j \vec{v_j}$$

は物体の全運動量である。つまり，重心速度は，物体の全運動量を全質量で割った物体の平均速度と解釈できる。

$$\vec{v_\mathrm{C}} = \frac{\vec{P}}{M} \qquad \therefore \quad \vec{P} = M\vec{v_\mathrm{C}}$$

である。

§4.2 で学んだように，系の全運動量の変化は，その系が受ける外力の和を $\vec{f}$ として

$$\frac{\mathrm{d}\vec{P}}{\mathrm{d}t} = \vec{f}$$

に従う。したがって，重心の運動は

$$\frac{\mathrm{d}}{\mathrm{d}t}(M\vec{v_\mathrm{C}}) = \vec{f}$$

すなわち，

$$M\frac{\mathrm{d}\vec{v_\mathrm{C}}}{\mathrm{d}t} = \vec{f}$$

により記述される。

例えば，物体を放り投げたとき，一般には物体は回転や変形をしながら複雑な

運動をするが，その重心に注目すれば単純な放物運動になる。

11.2 剛体の運動

平面内での剛体板の運動を考える。

前節で論じたように，剛体の重心運動も，外力を $\overrightarrow{f}$ として，

$$M\frac{\mathrm{d}\overrightarrow{v_{\mathrm{C}}}}{\mathrm{d}t} = \overrightarrow{f}$$

により記述される。

剛体の運動の全貌を調べるには，さらに重心から見た剛体の各点の運動（内部運動）を調べればよい。ところで，剛体は任意の 2 点間の距離が一定なので，重心から見たときに，各点は距離を一定に保ち円周に沿って運動することになる。そして，角速度はすべての点について一様となる（角速度が等しくない 2 点があれば，その 2 点間の距離が変化する）。

つまり，剛体の運動は重心の運動と，重心のまわりの回転運動（自転運動）に分解して把握することができる。これは，2 体系の運動を重心運動と相対運動（あるいは内部運動）に分解して把握できたことと似ている。自転運動が剛体の内部運動である。

この分解は，必ずしも重心運動と重心まわりの回転運動である必要はない。1 つの代表点の運動と，その点のまわりの回転運動に分解すればよい。回転運動については，剛体であれば，任意の点から見て一様な角速度の回転運動となる。

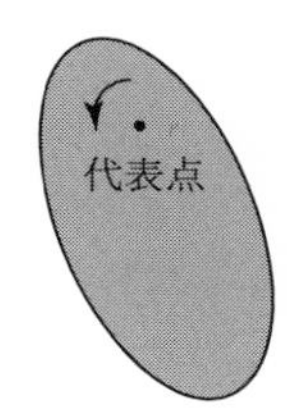

すべての部分が一様な角速度で回転する

入試では必要がないので回転運動についての一般的・具体的な議論は行わないが，特別な場合について次節で行う。

11.3 固定回転軸をもつ剛体の運動〈発展〉

振り子のような固定回転軸をもつ剛体の運動を考える。固定軸まわりには摩擦なく回転できるものとする。

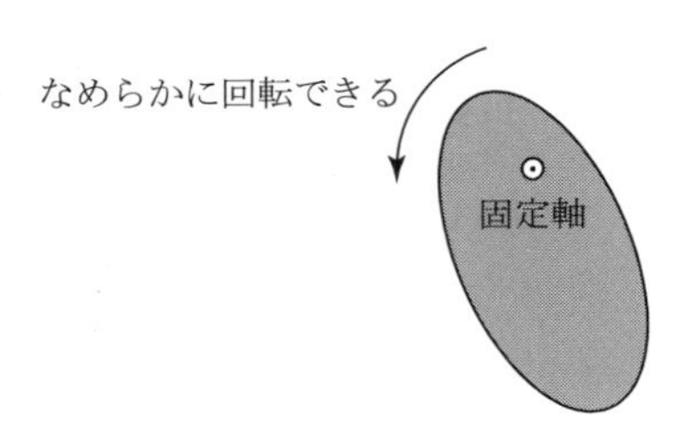

剛体を十分に小さい部分（質点）m_1, m_2, $\cdots$, m_N に分けて，エネルギーの保存から考える。剛体の場合には内力は仕事をしない。§9.1 で学んだように，内力の系全体に対する仕事率は，内力の関数と相対速度の内積で与えられる。ところで，質点間にはたらく相互作用は作用線を共有するため，その 2 質点を結ぶ直線方向にはたらく。一方，任意の部分間の相対運動はすべて円運動であり，相対速度はその直線とは直交する。したがって，内力の仕事率はすべて 0 となる。つまり，剛体の運動エネルギーの変化は外力の仕事の和により説明される。すなわち，剛体の全運動エネルギーを K，質点 m_j の速度を $\overrightarrow{v_j}$，その質点が受ける外力を $\overrightarrow{f_j}$ とすれば，エネルギーの保存は，

$$\frac{\mathrm{d}K}{\mathrm{d}t} = \sum_j \left(\overrightarrow{f_j} \cdot \overrightarrow{v_j}\right)$$

で表される。

一様な角速度を ω，m_j の固定軸からの距離を l_j とすれば，その部分の円運動の速度が $v_j = \omega l_j$ なので，剛体の全運動エネルギー K は，

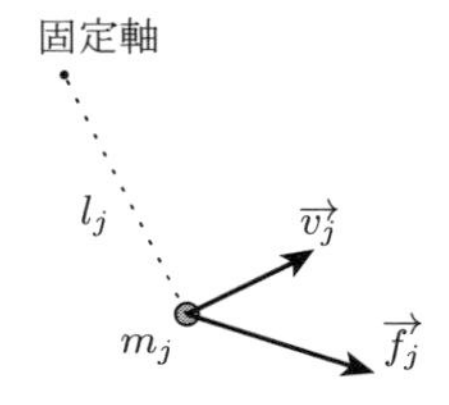

$$K = \sum_j \frac{1}{2} m_j {v_j}^2 = \frac{1}{2}\left(\sum_j m_j {l_j}^2\right)\omega^2$$

となる。

$$I \equiv \sum_j m_j {l_j}^2$$

とすれば，

$$K = \frac{1}{2} I \omega^2$$

と整理できる。I は固定軸まわりの**慣性モーメント**と呼ばれる。

回転軸と m_j を結ぶ方向を基準として，外力 $\overrightarrow{f_j}$ が作用する方向の角度を φ_j とすれば，速度 $\overrightarrow{v_j}$ が回転軸と m_j を結ぶ方向と垂直なので，

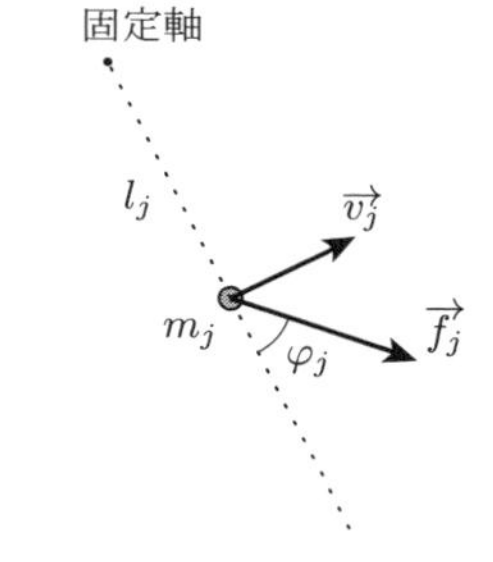

$$\overrightarrow{f_j} \cdot \overrightarrow{v_j} = f_j v_j \sin\varphi_j = \omega \cdot l_j f_j \sin\varphi_j = \omega N_j$$

である。ここで，

$$N_j \equiv l_j f_j \sin\varphi_j$$

は回転運動を惹き起こす能力を表すので**回転力**あるいは**力のモーメント**という（教科書ではもっぱら「力のモーメント」と呼んでいる）。

以上の議論より，

$$T \equiv \sum_j N_j \text{：外力のモーメントの和}$$

として，剛体の回転運動についてのエネルギーの保存は

$$\frac{\mathrm{d}}{\mathrm{d}t}\left(\frac{1}{2} I \omega^2\right) = \omega T$$

で表される。左辺の微分を実行すれば，

$$I\omega \frac{\mathrm{d}\omega}{\mathrm{d}t} = \omega T \qquad \therefore \quad I \frac{\mathrm{d}\omega}{\mathrm{d}t} = T \tag{11–3–1}$$

を得る。これが，回転運動の方程式である。慣性モーメント I は一定なので，$L = I\omega$ とおくと，(11–3–1) 式は

$$\frac{\mathrm{d}L}{\mathrm{d}t} = T$$

と表すこともできる。

$$L = \sum_j m_j {l_j}^2 \omega$$

は，固定軸まわりの剛体の角運動量である。

質量が無視できる物体では慣性モーメントも無視できる。したがって，質量が無視できる物体では，外力の和が常にゼロであるのと同様に，常に外力のモーメントの和がゼロとなる。滑車にかけた糸の張力の大きさが両側で等しいと扱える

のは，これが根拠となる。

11.4 力のモーメントに関する諸注意

回転運動は入試では出題されないが，力のモーメントの扱い方は入試でも必要である。新しい概念なので，読み取る際の注意点をいくつか確認しておく。

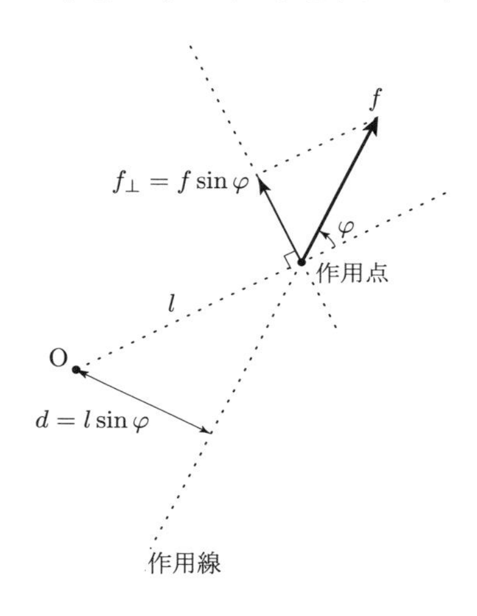

力のモーメントの表式

上図に示した力 f の，点 O のまわりの力のモーメントは

$$N = lf\sin\varphi$$

で与えられる。l は中心 O と力の作用点の距離，φ は中心 O から作用点を見る向きと力の作用する向きのなす角である。ところで，回転には左まわり（反時計まわり）と右回り（時計まわり）の区別があるので，力のモーメントもどちらまわりの回転を惹き起こす能力があるのかを区別しなければならない。例えば，それを符号で区別するならば，角度 φ を符号付きの値で読み取ることになる。あるいは，力のモーメントは大きさで求めて，左まわりと右まわりで振り分けて差をモーメントの和とする方法もある。右・左は感覚で判断していると曖昧なので，次のように区別するとよい。

中心Oから作用点に向かったときに，力のベクトルが左側にはみ出ていたら左まわり，右にはみ出ていたら右まわりである。上図の f の力のモーメントは左まわりのモーメントである。

力のモーメントの表示の方法には，力の中心と作用点を結ぶ直線の法線方向成分 $f_{\perp} = f\sin\varphi$ や，中心から力の作用線までの距離 $d = l\sin\varphi$ を用いて

$$N = lf\sin\varphi = lf_{\perp} = df$$

と表すこともできる。

力のモーメントは，力の向きと大きさが同一でも，作用点の位置により値が異なる。そのような意味では，力は単純なベクトルではない（勝手に平行移動できない）。上の表式から分かるように，本質的なのは作用線である。したがって，作用線に沿った平行移動を行っても，力のモーメントは変化しない（ベクトルとしての効果も変化しない）。

重力のモーメント

剛体では連続的に質量が分布するため，逐一力のモーメントを評価して和を求めるのは困難である。しかし，実際には，全重力の作用点を1点にまとめて評価することができる。この全重力の作用点を**重心**と呼ぶ。重力の作用線は鉛直方向に走るので，重力の作用点は鉛直方向に平行移動しても効果は変わらない。

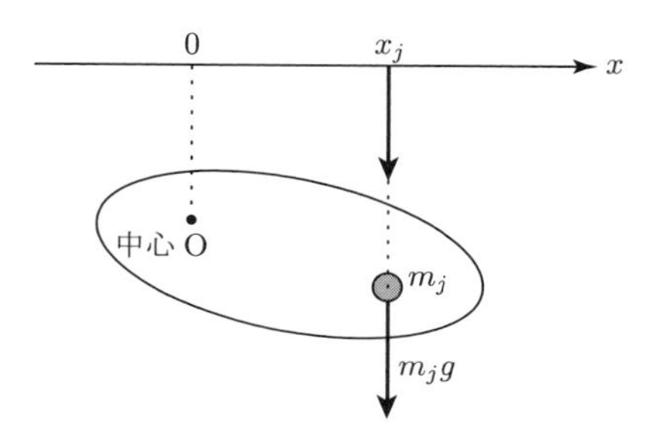

したがって，水平方向に x 軸を設定すれば，重力のモーメントの値は作用点の x 座標のみで決まる。中心Oの x 座標を $x = 0$ とすれば，上図の場合の重力の全モーメントは

$$N_g = \sum_j (x_j \cdot m_j g) = \frac{\sum_j m_j x_j}{M} \cdot Mg = x_{\mathrm{C}} \cdot Mg$$

となる。ここで，

$$x_{\mathrm{C}} = \frac{\displaystyle\sum_j m_j x_j}{M}$$

は剛体の質量中心の x 座標である。つまり，力のモーメントを評価する場合も，質量中心に全重力が集中して作用していると扱って構わないのである。ベクトルとしては当然1つの全重力にまとめることができる。要するに，質量中心を重心と扱うことができる。

しかし，具体的には剛体のどの点が質量中心なのかが問題となる。結論としては，密度が一様で幾何学的に対称性の高い（幾何学的な中心が明白に定まる）形状の剛体の場合には，その幾何学的な中心が質量中心すなわち重心となる。例えば，一様な棒ならば棒の中点，一様な円板ならば円の中心，長方形でも中心（対角線の交点）が重心となる。

偶力

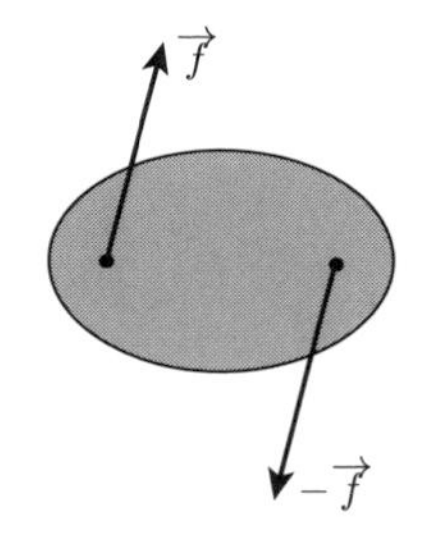

方向は同一で，向きが逆で，大きさの等しい2つの力 $\vec{f}$, $-\vec{f}$ が作用するとき，その組 $(\vec{f}, -\vec{f})$ を**偶力**という。

偶力を構成する2つの力の作用線の間隔を h とすれば，任意の点のまわりで，偶力の力のモーメントは，

$$N = hf$$

で与えられる。例えば，下図のように中心を定めて力のモーメントの和を計算すれば，

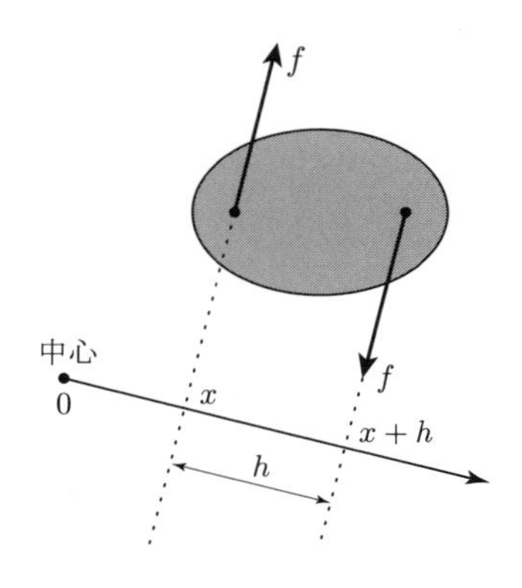

$$N = (x+h)f - xf = hf$$

となる。

内力を構成する 2 点間の相互作用は作用線を共有するので，その偶力モーメントは 0 である。したがって，物体が自分では加速できないのと同様に，剛体が自分で回転し始めることなはい。

11.5 剛体のつり合い

大学入試などにおいて問われるのは，剛体のつり合いの条件である。剛体のつり合いの条件とは，静止している剛体が静止し続ける条件，すなわち，重心運動も自転運動も始まらない条件である。

重心運動は，外力を $\overrightarrow{f}$ として，

$$M\frac{\mathrm{d}\overrightarrow{v_{\mathrm{C}}}}{\mathrm{d}t} = \overrightarrow{f}$$

により記述された。したがって，重心運動が始まらない条件は

$$\text{外力のつり合い：}\overrightarrow{f} = \overrightarrow{0}$$

である。平面内での剛体板のつり合いを論じる場合には，2 成分について力のつり合いを調べる。力のつり合いは，符号付きで成分を求めて総和が 0 としても，向きで区別してそれぞれの合計が等しい（例えば，水平方向について，右向きの総和＝左向きの総和）としてもよい。

一方，自転運動は，外力のモーメントの和を T として，

$$I\frac{\mathrm{d}\omega}{\mathrm{d}t} = T$$

により記述されたので（現実には固定軸をもっていなくても，力のつり合いにより重心は静止しているので，仮想的に重心に固定軸があると考えれば，前節と同様の議論ができる），自転運動が始まらない条件は

$$\text{外力のモーメントのつり合い：}T = 0$$

となる。これも，力のモーメントを右まわりと左まわりに振り分けて「右まわりのモーメントの和＝左まわりのモーメントの和」の形式で論じても構わない。

また，ここまでの説明の文脈では，力のモーメントのバランスは，重心まわりで論じるべきように思えるが，実際には，任意の 1 点（剛体の外部の点でも構わ

ない）のまわりで論じればよい。剛体が静止しているときには，任意の点から見て回転運動は始まらないので，任意の点のまわりで力のモーメントがつり合うことが必要であることは分かるが，実は，力のつり合いの条件の下では，任意の点のまわりの力のモーメントのつり合いの条件が同値な関係にある（§12.4 参照）。

以上まとめると，剛体のつり合いの条件は，

$$\text{外力のつり合い}\ :\ \vec{f} = \vec{0}$$

かつ，任意の 1 点のまわりでの

$$\text{外力のモーメントのつり合い}\ :\ T = 0$$

である。

【例 11–1】

水平な床と鉛直な壁に，長さ L の一様な棒 M を立てかける。床面に対する棒の傾斜角が θ の状態で静止しているとする。床には摩擦があるが，壁との間の摩擦は無視できるものとする。

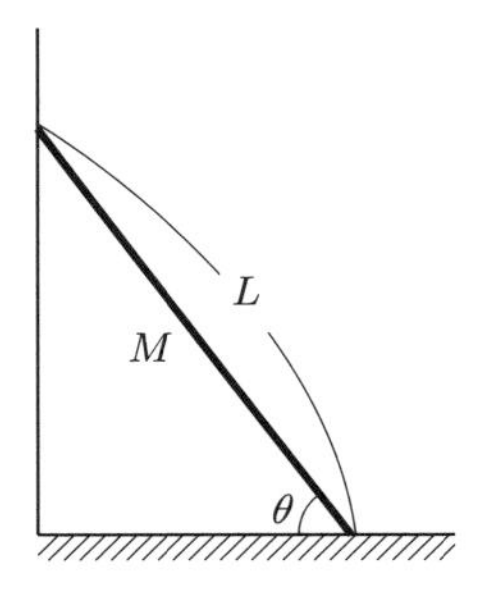

剛体のつり合いを論じる場合には，

① **作用点も意識して外力を読み取る。**

② **力のつり合いの方程式を書く。**

③ **適当な点のまわりの力のモーメントのつり合いの方程式を書く。**

の手順で調べるとよい。いまの場合，床と壁からの抗力の作用点は，床と壁との接触点である。重力の作用点（重心）は棒の中心と考えることができる。図示すれば，次図のようになる。

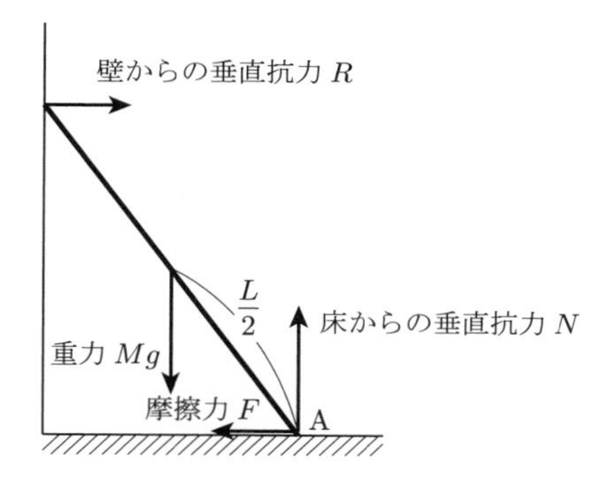

力のつり合いは,

$$\text{水平方向} \quad : \quad R = F \qquad \cdots\cdots \text{ⓐ}$$

$$\text{鉛直方向} \quad : \quad N = Mg \qquad \cdots\cdots \text{ⓑ}$$

となる。力のモーメントのつり合いは，なるべく多くの未知の力が中心力となる点を中心に選ぶと計算しやすい。そこで，床との接触点 A まわりの力のモーメントのつり合いを調べることにする。その点を作用点とする床からの垂直抗力と摩擦力の力のモーメントは当然に 0 である。重力の作用線と点 A の距離は $\dfrac{L}{2}\cos\theta$ であるから，重力の力のモーメントは，左まわりに大きさ

$$N_g = \frac{L}{2}\cos\theta \cdot Mg$$

である。壁からの垂直抗力の作用線と点 A の距離は $L\sin\theta$ なので，壁からの垂直抗力の力のモーメントは，右まわりに大きさ

$$N_R = L\sin\theta \cdot R$$

となる。したがって，点 A まわりの力のモーメントのつり合いは

$$\frac{L}{2}\cos\theta \cdot Mg = L\sin\theta \cdot R \qquad \cdots\cdots \text{ⓒ}$$

である。

ⓐ ~ ⓒ を連立することにより，3 つの R, F, N を求めることができる。計算を実行すれば,

$$F = R = \frac{Mg}{2\tan\theta}, \qquad N = Mg$$

となる。■

【例 11–2】

傾斜角 θ の摩擦のある斜面上に，密度が一様な直方体の箱 M を乗せると，箱は静止した。箱の鉛直な断面に現れる長方形は，縦の長さ a，横の長さ b である。

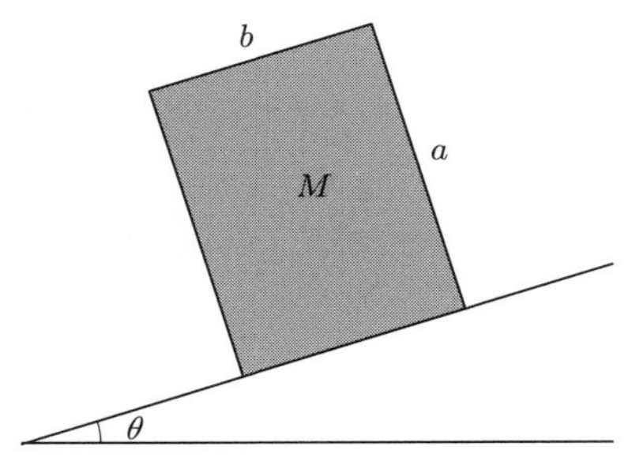

重力の作用点は，断面図上では長方形の中心となる。斜面とは面で接しているので，抗力の作用点の位置が即断できない。接触面の下端 A から距離 x の位置を抗力の作用点とする。

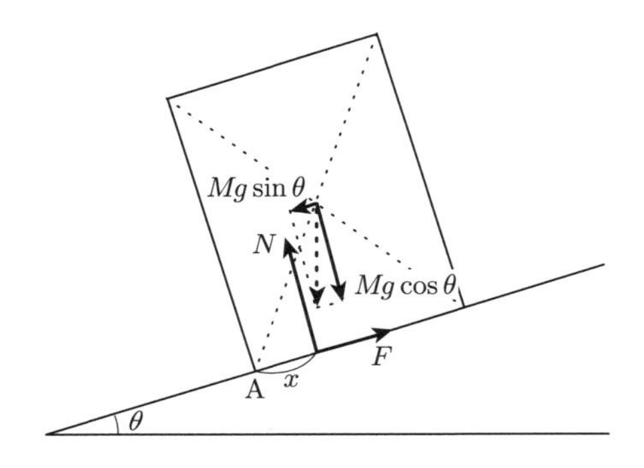

重力は斜面方向と斜面の法線方向に成分分解しておくと，力のモーメントも読み取りやすい。力は重ね合わせの原理に従うが，重ね合わせの原理の肝は，作用を分解して解析することが許容されることにある。N, F は，それぞれ斜面からの垂直抗力と摩擦力である。

力のつり合いは，

$$\text{斜面方向} \quad : \quad F = Mg\sin\theta$$
$$\text{斜面法線方向} \quad : \quad N = Mg\cos\theta$$

となる。未知の力はこれで決定されたが，抗力の作用点の位置 x も未知数なので，もう 1 つ方程式が必要である。それが，力のモーメントのつり合いとなる。点 A のまわりの力のモーメントのつり合いは，

$$xN + \frac{a}{2}\cdot Mg\sin\theta = \frac{b}{2}\cdot Mg\cos\theta$$

となるので，これより

$$x = \frac{b}{2} - \frac{a}{2}\tan\theta$$

であることが求められる。

実はこの結論は，少し見方を変えると，より簡便に求めることができる。上の計算では斜面からの抗力を垂直抗力と摩擦力とに分解して論じたが，現実には 1 つの力である。つまり，直方体は重力と抗力の 2 つの力でつり合っている。この場合，2 つの力は互いに逆向きで大きさが等しく（力のつり合い），さらに，作用線が一致する（力のモーメントのつり合い）必要がある。理由は自分で考えてみよう。したがって，斜面からの抗力の作用点は，重力の作用点である長方形の中心の鉛直真下の点であることが分かる。■

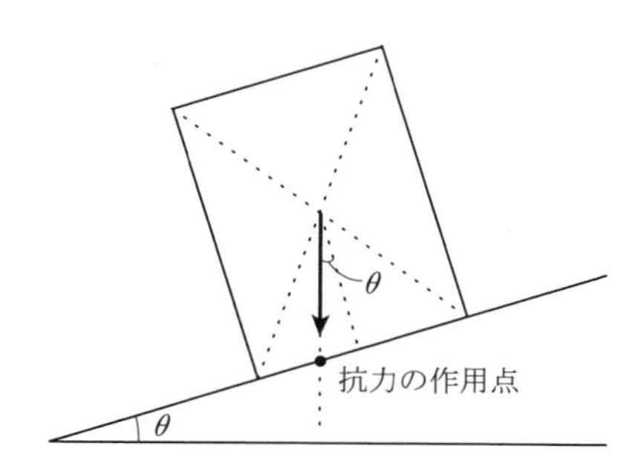

上の議論から分かるように，剛体に 2 つの力が作用してつり合っている場合には，その 2 つの力は作用線を共有して，逆向きに等しい大きさの力となる。剛体の 3 つの力が作用してつり合っている場合には，その 3 つの力はどのような関係にあるか考えてみよう。

剛体に，どの 2 つも互いに平行でない 3 つの力 $\overrightarrow{f_1}$，$\overrightarrow{f_2}$，$\overrightarrow{f_3}$ が作用してつり合い

が保たれている場合を考える。

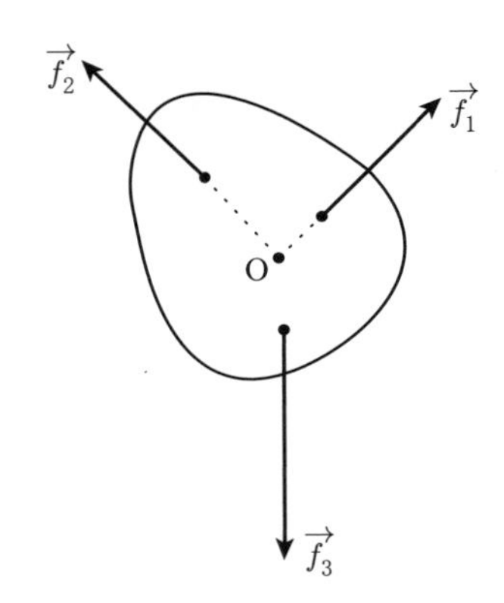

3つのうちの2つの力（例えば $\overrightarrow{f_1}$, $\overrightarrow{f_2}$）の作用線の交点Oに関して，この2つの力は中心力なので，点Oのまわりの力のモーメントは0である。したがって，力のモーメントのつり合いより，残りの力 $\overrightarrow{f_3}$ の作用線も点Oを通ることになる。つまり，3つの力の作用線が1点で交わる。逆に，3つの力の作用線が1点で交われば，その点を中心として力のモーメントはつり合うので，さらにベクトルとしての力のつり合いが満たされれば，この剛体についてつり合いの条件が満たされることになる。

第12章　回転運動の数理〈参考〉

回転運動を論じる場合には，ベクトルの外積と呼ばれる演算を用いると，数学的に明確な議論ができる。

本章では，まずベクトルの外積について紹介し，それを利用して角運動量の保存や剛体の運動について再検討を行う。

12.1　ベクトルの外積

2つのベクトル $\vec{a}$, $\vec{b}$ に対して，演算結果が次のようなベクトルになる演算を**外積**と呼び，記号 $\vec{a} \times \vec{b}$ で表す。なお，ベクトルを定義するとは，向きと大きさを定めることを意味する。

外積の定義

- $\vec{a}$, $\vec{b}$ が1次従属，すなわち，いずれかがゼロベクトルまたは互いに平行な場合：

$$\vec{a} \times \vec{b} = \vec{0}$$

- $\vec{a}$, $\vec{b}$ が1次独立な場合：

$$\begin{cases} \vec{a} \times \vec{b}\text{の向きは，}\vec{a},\ \vec{b}\text{の両方に垂直で，かつ，}\vec{a},\ \vec{b},\ \vec{a} \times \vec{b}\text{がこの順に右手系をなす向き。} \\ \left|\vec{a} \times \vec{b}\right| = \left(\vec{a},\ \vec{b}\text{が作る平行四辺形の面積}\right) \end{cases}$$

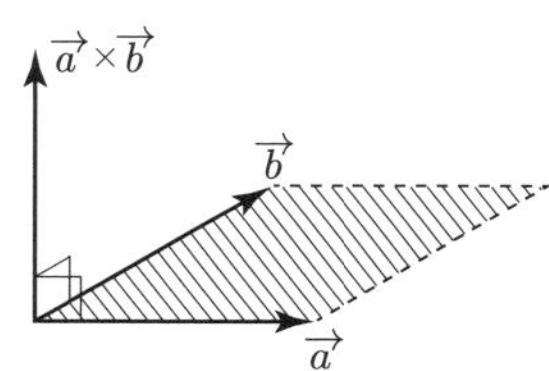

「$\vec{a}$, $\vec{b}$, $\vec{a} \times \vec{b}$ がこの順に右手系をなす」とは，右手の親指，人差し指を $\vec{a}$, $\vec{b}$ の向きに沿って開いたときに，引き続き開いた中指の向きが

$\overrightarrow{a} \times \overrightarrow{b}$ の向きとなることを意味する。$\overrightarrow{a}$, $\overrightarrow{b}$ が1次従属の場合は，平行四辺形がつぶれて面積0と解釈すれば，外積の大きさについての1次独立の場合の定義が1次従属の場合にも通用する。また，$\overrightarrow{a}$ の向きから測った $\overrightarrow{b}$ の向きの方向角を θ として

$$\left|\overrightarrow{a} \times \overrightarrow{b}\right| = |\overrightarrow{a}| \cdot \left|\overrightarrow{b}\right| \cdot \sin\theta = \sqrt{|\overrightarrow{a}|^2 \cdot \left|\overrightarrow{b}\right|^2 - \left(\overrightarrow{a} \cdot \overrightarrow{b}\right)^2}$$

である。

外積の演算規則

ベクトルの外積については，次のような演算規則が成り立つ。

① $\overrightarrow{a} \times \overrightarrow{a} = \overrightarrow{0}$

② $\overrightarrow{a} \times \overrightarrow{b} = -\left(\overrightarrow{b} \times \overrightarrow{a}\right)$

③ $\overrightarrow{a} \times \left(\overrightarrow{b} + \overrightarrow{c}\right) = \overrightarrow{a} \times \overrightarrow{b} + \overrightarrow{a} \times \overrightarrow{c}$

④ $\left(\overrightarrow{a} + \overrightarrow{b}\right) \times \overrightarrow{c} = \overrightarrow{a} \times \overrightarrow{c} + \overrightarrow{b} \times \overrightarrow{c}$

⑤ スカラー（実数）k に対して，$(k\overrightarrow{a}) \times \overrightarrow{b} = \overrightarrow{a} \times \left(k\overrightarrow{b}\right) = k\left(\overrightarrow{a} \times \overrightarrow{b}\right)$

つまり，積の順序を交換すると符号（向き）が変わること以外は，他の積と同様の規則に従う。これらは，いずれも外積の定義から直接に導くことができる。

外積の成分表示

$\overrightarrow{a}$, $\overrightarrow{b}$ の成分表示が，それぞれ，

$$\overrightarrow{a} = \begin{pmatrix} a_1 \\ a_2 \\ a_3 \end{pmatrix}, \quad \overrightarrow{b} = \begin{pmatrix} b_1 \\ b_2 \\ b_3 \end{pmatrix}$$

のとき，

$$\overrightarrow{a} \times \overrightarrow{b} = \begin{pmatrix} a_2b_3 - a_3b_2 \\ a_3b_1 - a_1b_3 \\ a_1b_2 - a_2b_1 \end{pmatrix}$$

である。これは，上述の演算規則を用いて次のように説明できる。

x, y, z 各方向の単位ベクトルを $\overrightarrow{e_x}$, $\overrightarrow{e_y}$, $\overrightarrow{e_z}$ とすれば，

$$\overrightarrow{a} = a_1\overrightarrow{e_x} + a_2\overrightarrow{e_y} + a_3\overrightarrow{e_z}, \quad \overrightarrow{b} = b_1\overrightarrow{e_x} + b_2\overrightarrow{e_y} + b_3\overrightarrow{e_z}$$

である。xyz 系は右手系に設定されているので

$$\begin{cases} \vec{e_x} \times \vec{e_y} = -(\vec{e_y} \times \vec{e_x}) = \vec{e_z} \\ \vec{e_y} \times \vec{e_z} = -(\vec{e_z} \times \vec{e_y}) = \vec{e_x} \\ \vec{e_z} \times \vec{e_x} = -(\vec{e_x} \times \vec{e_z}) = \vec{e_y} \end{cases}$$

となることと

$$\vec{e_x} \times \vec{e_x} = \vec{e_y} \times \vec{e_y} = \vec{e_z} \times \vec{e_z} = \vec{0}$$

であることを用いれば，

$$\begin{aligned} \vec{a} \times \vec{b} &= (a_1\vec{e_x} + a_2\vec{e_y} + a_3\vec{e_z}) \times (b_1\vec{e_x} + b_2\vec{e_y} + b_3\vec{e_z}) \\ &= (a_1b_2 - a_2b_1)(\vec{e_x} \times \vec{e_y}) + (a_2b_3 - a_3b_2)(\vec{e_y} \times \vec{e_z}) \\ &\quad + (a_3b_1 - a_1b_3)(\vec{e_z} \times \vec{e_x}) \\ &= (a_2b_3 - a_3b_2)\,\vec{e_x} + (a_3b_1 - a_1b_3)\,\vec{e_y} + (a_1b_2 - a_2b_1)\,\vec{e_z} \end{aligned}$$

となる。

外積の微分

外積についても積の微分公式は有効である。すなわち，

$$\frac{\mathrm{d}}{\mathrm{d}t}\left(\vec{a} \times \vec{b}\right) = \frac{\mathrm{d}\vec{a}}{\mathrm{d}t} \times \vec{b} + \vec{a} \times \frac{\mathrm{d}\vec{b}}{\mathrm{d}t}$$

となる。この関係式の成立は，成分表示して計算すれば明らかである。

12. 2　角運動量の保存

運動方程式

$$m\frac{\mathrm{d}\vec{v}}{\mathrm{d}t} = \vec{f} \tag{12–2–1}$$

に従う質点の運動を考える。質点の位置 $\vec{r}$ を両辺に左から外積としてかけると，

$$m\left(\vec{r} \times \frac{\mathrm{d}\vec{v}}{\mathrm{d}t}\right) = \vec{r} \times \vec{f}$$

となる。ベクトルの外積についても積の微分公式は有効であり，$\vec{v} = \dfrac{\mathrm{d}\vec{r}}{\mathrm{d}t}$ であることに注意すれば，

$$\frac{\mathrm{d}}{\mathrm{d}t}(\vec{r} \times \vec{v}) = \frac{\mathrm{d}\vec{r}}{\mathrm{d}t} \times \vec{v} + \vec{r} \times \frac{\mathrm{d}\vec{v}}{\mathrm{d}t} = \vec{r} \times \frac{\mathrm{d}\vec{v}}{\mathrm{d}t}$$

となるので，$\vec{p} = m\vec{v}$ として，

$$左辺 = m\frac{\mathrm{d}}{\mathrm{d}t}(\vec{r} \times \vec{v}) = \frac{\mathrm{d}}{\mathrm{d}t}(\vec{r} \times \vec{p})$$

となる。$\vec{p}$ は質点の運動量であるが，これに対して

$$\vec{l} \equiv \vec{r} \times \vec{p}$$

は質点の角運動量である。

運動が xy 平面上で実現し，

$$\vec{r} = \begin{pmatrix} x \\ y \\ 0 \end{pmatrix}, \quad \vec{p} = \begin{pmatrix} p_x \\ p_y \\ 0 \end{pmatrix} = \begin{pmatrix} mv_x \\ mv_y \\ 0 \end{pmatrix}$$

の場合には，

$$\vec{l} = \begin{pmatrix} 0 \\ 0 \\ xp_y - yp_x \end{pmatrix} = \begin{pmatrix} 0 \\ 0 \\ m(xv_y - yv_x) \end{pmatrix} = \begin{pmatrix} 0 \\ 0 \\ m(x\dot{y} - y\dot{x}) \end{pmatrix}$$

となる。§6.2 で紹介した角運動量を z 成分とするベクトルとなる。角運動量は，運動が実現している平面（位置 $\vec{r}$ と速度 $\vec{v}$ が張る平面）と垂直なベクトルである。そのベクトルを軸とする回転運動（原点から見た方向の変化の運動）が実現していることを表す。

角運動量をベクトルで表現した場合，回転運動を惹き起こす外力の作用である力のモーメントもベクトルで表現される。これが，

$$\vec{N} \equiv \vec{r} \times \vec{f}$$

である。運動が平面上で実現している場合には，やはり $\vec{N}$ は z 成分のみをもち，その値は§11.3 で紹介した力のモーメントと一致する。

以上の議論より，運動方程式 (12–2–1) に対応して

$$\frac{\mathrm{d}\vec{l}}{\mathrm{d}t} = \vec{N} \tag{12–2–2}$$

が成り立つ。式 (12–2–2) は角運動量の保存（角運動量の変化を外力の作用に基づいて因果的に説明する方程式）を表す。

$\vec{N} = \vec{0}$ である中心力による運動では

$$\frac{\mathrm{d}\vec{l}}{\mathrm{d}t} = \vec{0} \qquad \therefore \quad \vec{l} = \text{一定}$$

となる。これが角運動量保存則である。

12.3 物体の回転運動

物体を質点 m_1, m_2, $\cdots$, m_N に分けて考えたときに，各質点の角運動量の和

$$\vec{L} \equiv \sum_j (\vec{r_j} \times \vec{p_j}) = \sum_j m_j (\vec{r_j} \times \vec{v_j})$$

は，その物体の（全）角運動量を表す。角運動量の変化は，物体が受ける外力のモーメントの和

$$\vec{T} \equiv \sum_j \left(\vec{r_j} \times \vec{f_j}\right)$$

を用いて

$$\frac{\mathrm{d}\vec{L}}{\mathrm{d}t} = \vec{T}$$

により説明される。内力は中心力であるので，全角運動量の変化には影響しない。

剛体のつり合いを論じる場合にも，一般的にはベクトルとしての力のモーメントのつり合いを吟味する必要がある。つまり，剛体のつり合いの条件は

$$\text{外力のつり合い：} \sum_j \vec{f_j} = \vec{0}$$

かつ，任意の 1 点のまわりでの

$$\text{外力のモーメントのつり合い：} \sum_j \left(\vec{r_j} \times \vec{f_j}\right) = \vec{0}$$

となる。

12.4 力のモーメントについての補足

ベクトルの外積による表示を用いれば，力のモーメントに関する基本的な性質も明快に理解できる。

重力のモーメント

重力加速度ベクトルを $\vec{g}$ とすれば，質点 m が受ける重力のモーメントは，位置 $\vec{r}$ の原点を中心として，$\vec{r} \times (m\vec{g})$ により与えられる。

質点 m_1，m_2，$\cdots$，m_N から成る物体（1 つの剛体でも，複数の物体から成る物体系でも構わない）の受ける重力のモーメントの和は，各質点の位置を $\vec{r_1}, \vec{r_2}, \cdots, \vec{r_N}$ として，

$$\vec{T} = \sum_j \{\vec{r_j} \times (m_j \vec{g})\}$$

である。物体の全質量を M とすれば，$M = \sum_j m_j$ なので，

$$\vec{T} = \frac{\sum_j m_j \vec{r_j}}{\sum_j m_j} \times (M\vec{g}) = \vec{r_{\mathrm{C}}} \times (M\vec{g})$$

となる。ここで，

$$\vec{r_{\mathrm{C}}} = \frac{\sum_j m_j \vec{r_j}}{\sum_j m_j}$$

は物体の質量中心である。したがって，この物体が受ける重力のモーメントは，全重力 $M\vec{g}$ が物体の質量中心に作用しているとして求めることができる。つまり，質量中心が重力の作用点，すなわち，重心と一致する。

剛体のつり合いを論じるときの力のモーメントの中心の選択

剛体のつり合いの条件は

$$\text{外力のつり合い：} \sum_j \vec{f_j} = \vec{0} \quad \cdots\cdots \text{ ⓐ} \qquad (12\text{–}4\text{–}1)$$

かつ，任意の 1 点のまわりでの

$$\text{外力のモーメントのつり合い：} \sum_j \left(\vec{r_j} \times \vec{f_j}\right) = \vec{0} \quad \cdots\cdots \text{ ⓑ} \qquad (12\text{–}4\text{–}2)$$

であった。

力のモーメントの中心を定点 $\vec{R}$ に移動すると，外力のモーメントの和は

$$\vec{T} = \sum_j \left\{\left(\vec{r_j} - \vec{R}\right) \times \vec{f_j}\right\} = \sum_j \left(\vec{r_j} \times \vec{f_j}\right) - \vec{R} \times \sum_j \vec{f_j}$$

となる。(12–4–1) かつ (12–4–2) の下で，任意の定ベクトル $\vec{R}$ に対して

$$\vec{T} = \vec{0}$$

となる。これは，力のつり合いが成立しているとき，任意の 1 点のまわりで力のモーメントのつり合いが成立すれば任意の点のまわりで力のモーメントのつり合いが成立することを示している。したがって，剛体のつり合いを論じる場合には，力のモーメントのつり合いは任意の 1 点（自分で自由に選択できる）のまわりで論じればよい。

偶力モーメント

偶力の力のモーメントの和は，それぞれの作用点の位置を $\vec{r_1}$, $\vec{r_2}$ として，

$$\begin{aligned}\vec{T} &= \vec{r_1} \times \vec{f} + \vec{r_2} \times (-\vec{f}) \\ &= (\vec{r_1} - \vec{r_2}) \times \vec{f} \qquad (12\text{–}4\text{–}3)\end{aligned}$$

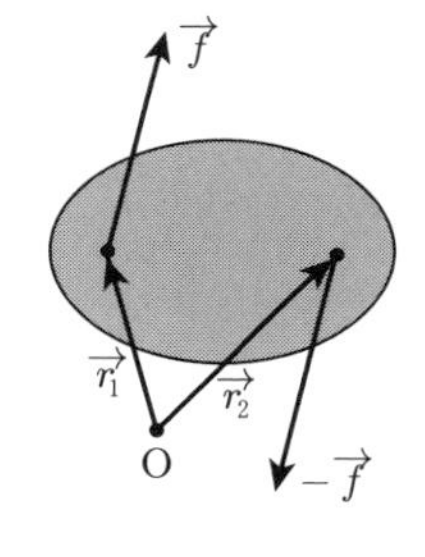

となる。$\vec{r_1} - \vec{r_2}$ は中心 O の選び方によらず共通の値となるので，$\vec{T}$ の値は任意の点のまわりで同じ値となる。

また，2 つの力の作用線の間隔を h とすれば

$$|\vec{T}| = h\vec{f}$$

であることも，(12–4–3) 式から容易に確認できる。

第 II 部
熱学

第１章　熱学序論

力学では，質点や剛体など理想的な物体の物理を研究した。そのような理想的な物体には内部構造が存在しない。しかし，現実の物体は原子あるいは分子から成る不連続な構造をもつ体系である。

ところで，非弾性衝突においては力学的エネルギーの損失を生じたが，これは物体の変形などのため力学的エネルギーの一部が物体内部に吸収されることにより生じた現象である。これを精密に理解するには，物体の内部状態（の変化）に注目する必要がある。内部状態に注目する場合には，物体を一定量の物質として捉えることになる。物質の内部状態の物理を学ぶ分野が**熱学**である。

1.1　熱学の対象と手法

上で述べたように，熱学の対象は物質の内部状態および内部状態の変化である。

物質の内部状態は，物質を構成する分子の力学的状態（運動）の集合である。物質の内部状態と分子の運動とを関連づける議論を**分子運動論**という。これは，理想的な物質について §2.2 において学ぶ。

ところで，物質の内部状態を追跡する際に，１つの内部状態は分子１つ１つの運動状態の組み合わせと対応することになる。しかし，10^{24} 個程度の分子の運動状態を追跡することは事実上不可能である。そこで，分子ごとの運動の情報は捨象して，物質外部から観測できる物質全体として内部状態を代表する量（**巨視的状態量**と呼ぶ）のみに注目する分野を**熱力学**という。高校物理で学ぶ熱学の理論は熱力学である。

巨視的（マクロ）と微視的（ミクロ）は相対的な概念であるが，熱学の分野では，物質を分子から成る不連続な構造として捉えて分子１つ１つの運動状態まで遡って追跡する見方を「**微視的**」と表現する。一方，そのような微視的な構造に目を瞑り，いわば物質を 1 つの連続体と捉えるような見方を「**巨視的**」と表現する。

物質の内部状態を微視的に区別できる状態を微視状態という。これは，要するに，物質を構成する分子ごとの運動状態の集合である。一方，巨視的に区別できる範囲の状態ごとに 1 つの状態を捉えるときの状態を巨視状態という。巨視状態を指定する量の組み合わせが巨視的状態量であるが，これは次節で具体的に検討する。1 つの巨視状態は多数の微子状態の集合である。

物質の微子状態に注目して，物質の内部状態を追跡する分野は**統計力学**と呼ばれる。大学で学ぶ熱学の理論は統計力学である。熱力学は 18 世紀から 19 世紀にかけて発展した。熱力学の限界に気づいたボルツマンが統計力学の創始者である。

1.2　物質の巨視状態

今後は物質の内部状態としては，基本的に巨視状態のみに注目するので，これを単に物質の**状態**と呼ぶことにする。

状態を代表する物理量を**状態量**と呼ぶ。「代表する」とは，その量が状態の関数（状態ごとに値が決定される）になっているという意味である。その値が異なれば，別の状態ということになる。状態を区別する指針になるという意味もある。

状態量の候補には複数ある。1 つの状態量が同じ値をとっていても，別の状態量の値が異なれば，それらは別の状態である。したがって，状態を状態量の組み合わせと対応させて考える場合には，状態を規定するのに必要十分な個数の状態量に注目する必要がある。物理学では，注目する現象を数量化することから始める。例えば，力学では物体の運動を時刻の関数としての位置で表現することから始めた。物質の内部状態は如何に数量化できるのかという問題である。

高校物理の熱学では主に気体の熱力学を学ぶ。気体の状態量としては，経験的に圧力 p，体積 V，温度 T の 3 つの量が基本的な状態量として採用することができる。力学は，ニュートンの運動の法則を基礎原理として，演繹的に理論が構成されていた。これに対して，熱力学の理論は，経験的に理解されている法則に基づいて帰納的に構築される。

第2章　理想気体

現実の物質は，温度や圧力に応じて気体・液体・固体の状態（物質の三態）をとる。これは，分子間の結合状態の違いに起因する。分子間の結合や，その態様の変化は，熱学プロパーな議論とは別の考慮が必要になる。そこで，分子間の結合が無視できる理想的な物質を，熱学の理論を学ぶための道具として導入する。この理想的な物質を**理想気体**と呼ぶ。

現実の気体の分子は巨視的には小さいが，有限の大きさをもつ。これは議論を複雑にするので，理想気体では分子の大きさも無視する。その結果，分子間の衝突も無視することになる（大きさが無視できる粒子どうしが衝突する確率はゼロである）。

理想気体は概念的な（ideal）存在であるが，実在気体のモデルとして導入する。上述のような単純化を行っても，巨視的状態量のみに注目するのであれば，実在気体の近似的存在として十分に有効な議論ができる。そのために，実在気体について経験的に成立が確認されている**状態方程式**（ボイル – シャルルの法則）の成立を，理想気体にも要請する。

2.1　状態方程式

上で述べたことを理想気体の定義として整理すると次のようになる。

① **分子の大きさは無視する。**

② **分子間の相互作用は衝突も含めて無視する。**

③ **温度や圧力によらず厳密に状態方程式 $pV = nRT$ を満たす。**

$pV = nRT$ を理想気体の状態方程式として要請するということは，理想気体の基本的な状態量として，圧力 p，体積 V，温度 T の3つを採用することの表明でもある。

ここでは，密封容器に封入された一定量（一定の分子数）の気体を想定している。n がその量（**物質量**）を示している。これは，対象とする気体を規定するパラメータであるが，変数ではない。ただし，気体の分子数は膨大なので，**アボガドロ定数**

$$N_0 \fallingdotseq 6.02 \times 10^{23}\ \mathrm{mol}^{-1}$$

の何倍であるかを示す**モル数**（単位としてはモル，mol を用いる）で測る。要するに気体の物質量とは，モル単位で測った分子数である。

因みに，一定の物質量からなる系を**閉じた系**という。似た表現に**孤立系**という用語があるが，これは外界からの作用がない系を示す。

圧力 p は気体が封入された容器の壁を押す単位面積あたりの力の大きさとして測ることができる。単位は $\mathrm{Pa} = \mathrm{N/m^2}$ である。体積 V は容器の容積と一致する。

R は気体の種類によらない定数であり，**（理想気体の）気体定数**と呼ぶ。

$$R \fallingdotseq 8.31\ \mathrm{J/(K \cdot mol)}$$

である。K は温度の単位でケルビンと読む。この単位で測る温度は**絶対温度**と呼ばれる。絶対温度と日常的に用いる摂氏温度（**セルシウス温度**）とは，

$$\text{絶対温度} = \text{セルシウス温度} + 273.15$$

の関係で結びつく。以下では，特に断らない場合は，絶対温度を単に「温度」と呼ぶことにする。

状態方程式中の T が温度であるが，温度は力学には現れなかった概念である。そうすると，温度の定義は何かが問題となる。当面の間は，理想気体の状態方程式

$$pV = nRT$$

を（理想気体による）温度の定義と理解すればよい。熱力学の理論に基づいて異なる形式で定義することもできるが，値は一致するし，入試ではこのような理解で足りる（§5.3 参照）。

ところで，例えば室内の空気（常温・常圧の状態では十分によい精度で空気も理想気体と扱うことができる）の温度は，部屋の中央と窓際とでは値が異なるだ

ろう。そのような場合，注目する気体（全体）に対して温度を一意には定義できない。

状態量には，**示量性状態量**と呼ばれるグループと，**示強性状態量**と呼ばれるグループの 2 種類の類型がある。示量性状態量とは物質量に比例する状態量であり，示強性状態量は物質量に依存しない状態量である。p, V, T が一意に定まった一定量の気体があるとき，容器の中央を壁で仕切ると，一方の側の物質量は半分になり，体積も半分になるが，圧力や温度は変化しない。体積 V は示量性状態量，圧力 p と温度 T は示強性状態量である。示量性状態量は，容器などで枠を決めないと値が定まらないが，逆に枠を定めれば値が決定される。一方，示強性状態量は，いわば内在的な状態量であり，気体を連続体と見た場合には各点ごとに定義される。上の例の室内の気体についても同様である。

状態方程式

$$pV = nRT$$

が意味をもつためには，注目する気体全体について示強性状態量 p, T が一様である必要がある。このような状態を**熱平衡状態**という。温度は，熱平衡状態を指定するために新しく導入された示強性状態量である。その意味でも，状態方程式を温度 T の定義と看做(みな)すのは適切である。

大気の状態方程式

大気などの密封されていない気体についても，各点ごとの示強性状態量は定義できる。そのような場合に，状態量の間に如何なる関係式が成り立つのかを考える。

一様ではない理想気体についても，十分に小さい部分（体積 v で指定する）については，状態方程式

$$pv = nRT \qquad (2\text{–}1\text{–}1)$$

の成立が要請できる。しかし，v や n には実体的な意味がない。あるいは，$v \to 0$ $(n \to 0)$ の極限において (2–1–1) 式が有効となるが，それでは $0 = 0$ という不毛な方程式になってしまう。

気体の密度 ρ を導入すれば，気体の平均分子量を M として，

$$n = \frac{\rho v}{M}$$

なので，(2–1–1) 式は

$$pv = \frac{\rho v}{M} \cdot RT \qquad \text{i.e.} \quad \frac{p}{\rho T} = \frac{R}{M} \text{ (一定)} \tag{2–1–2}$$

と変形できる。

$v \to 0$ の極限を考えても，密度 ρ は各点ごとに定義される状態量として意味がある。したがって，上の形の方程式は，密封されていない気体や，全体について一様性が保たれていない気体についても，状態方程式として採用することができる。上のような思考過程を経て容易に導出できるので覚える必要はないが，使えるように準備しておく必要はある。

2.2 気体分子運動論

気体の巨視的状態量を気体分子の運動と結びつけて理解する。

熱平衡状態にある一定量の理想気体を考える。気体は下図のような直方体の容器に封入されている。容器の 1 頂点を原点とし，その頂点に集まる 3 辺に沿って x, y, z 軸を設定する。各座標軸に乗った辺の長さを L_x, L_y, L_z とする。

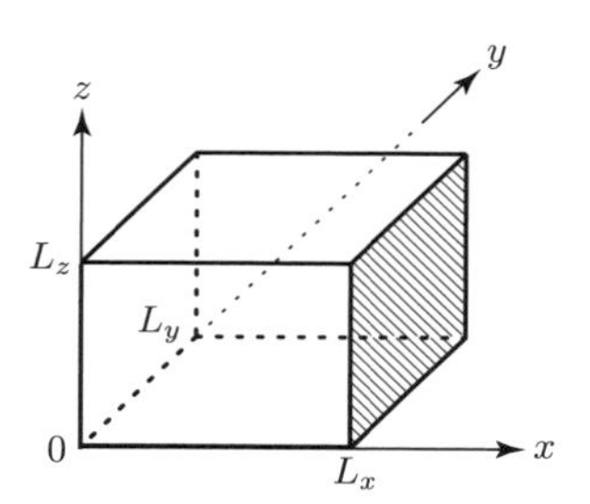

封入された分子数を N とする。気体は温度 T の熱平衡状態にあり，気体分子と容器の壁との衝突は摩擦が無視できる弾性衝突とする。また，気体分子の運動に対する重力の影響は無視できるものとする。

まず，気体の体積 V は，気体を連続体と看做したときの体積であり，要するに気体を封入した容器の容積と一致する。したがって，

$$V = L_x L_y L_z$$

である。気体分子の運動の言葉で表現すれば，気体分子が自由に運動できる領域の体積が気体の体積となる。

気体の圧力は，力とは異なり，相手がいなくても独立に定義される状態量であるが，外界と力学的に接触している表面においては，外界を押す単位面積あたりの力の大きさとして現れる。そこで，図の斜線を引いた壁に注目して圧力を求める。

分子の集合と見た場合，気体が壁を押す力は，単位時間に分子が衝突することにより壁に与える力積の合計である。ある瞬間に速度が $\begin{pmatrix} v_x \\ v_y \\ v_z \end{pmatrix}$ である質量 m の分子に注目する。$v_x > 0$ とする。壁との衝突はなめらかな弾性衝突なので，この分子は，注目している壁との衝突により

$$\begin{pmatrix} v_x \\ v_y \\ v_z \end{pmatrix} \longrightarrow \begin{pmatrix} -v_x \\ v_y \\ v_z \end{pmatrix}$$

と速度変化する。

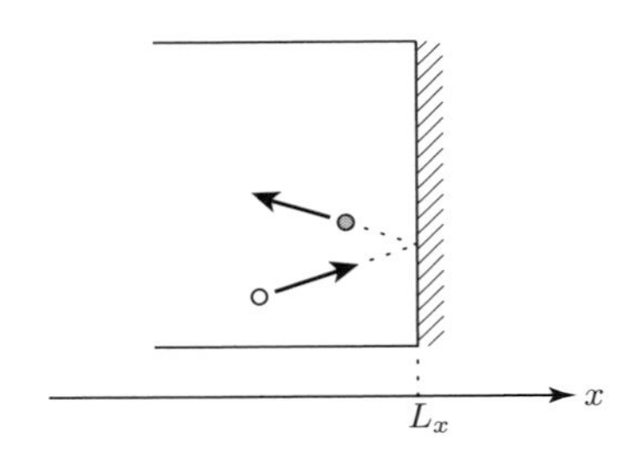

この衝突による，この分子の運動量変化は x 軸方向に

$$m \cdot (-v_x) - mv_x = -2mv_x$$

であるから，運動の第 2 法則より，この分子は壁から同じ値の力積を受けたことになる。力積は作用・反作用の法則に従うので，この分子はこの壁に，この衝突により

$$-(-2mv_x) = +2mv_x$$

の力積を与える。つまり，壁と垂直で外向きに大きさ $2mv_x$ である。

分子は，さまざまな壁と衝突を繰り返して容器内を運動するが，各座標軸方向の速度の大きさは一定に保たれる。よって，この分子は x 軸方向には一定の速さ v_x で往復する。そして，$2L_x$ の道のりを走るごとに注目している壁と衝突するの

で，衝突の頻度（単位時間あたりの衝突回数）は，

$$\nu = \frac{v_x}{2L_x}$$

である。したがって，注目している分子が，注目している壁に与える単位時間あたりの力積の大きさの合計（力）は，

$$f_x = 2mv_x \times \nu = \frac{m{v_x}^2}{L_x}$$

である。

注目している壁が受ける力は，容器内のすべての分子から受ける力の総和なので，

$$F_x = \sum_{\text{全分子}} \frac{m{v_x}^2}{L_x} = \frac{N\langle m{v_x}^2\rangle}{L_x}$$

となる。ここで，$\langle\cdots\rangle$ は全分子についての平均を表す。圧力に換算すれば，

$$p_x = \frac{F_x}{L_y L_z} = \frac{N\langle m{v_x}^2\rangle}{V}$$

前述の通り，圧力はスカラーなので成分という概念はないが，説明の便宜上添え字の x を付けておく。x 軸と垂直な壁が受ける圧力という意味である。

同様にして，y 軸，z 軸と垂直な壁が受ける圧力も

$$p_y = \frac{N\langle m{v_y}^2\rangle}{V}, \qquad p_z = \frac{N\langle m{v_z}^2\rangle}{V}$$

となる。気体が熱平衡状態にあるならば，示強性状態量の1つである圧力が一様であるので，

$$p_x = p_y = p_z \qquad \text{i.e.} \quad \frac{N\langle m{v_x}^2\rangle}{V} = \frac{N\langle m{v_y}^2\rangle}{V} = \frac{N\langle m{v_z}^2\rangle}{V}$$

が導かれる。これは，

$$\langle m{v_x}^2\rangle = \langle m{v_y}^2\rangle = \langle m{v_z}^2\rangle$$

を意味する。一方，

$$\langle mv^2\rangle = \langle m{v_x}^2\rangle + \langle m{v_y}^2\rangle + \langle m{v_z}^2\rangle$$

であるから，結局，

$$\langle m{v_x}^2\rangle = \langle m{v_y}^2\rangle = \langle m{v_z}^2\rangle = \frac{1}{3}\langle mv^2\rangle \qquad (2\text{–}2\text{–}1)$$

である。したがって，

$$p_x = p_y = p_z = \frac{N\langle mv^2\rangle}{3V}$$

となり，これが気体の圧力 p である。すなわち，

$$p = \frac{N\langle mv^2\rangle}{3V}$$

である。なお，重力の効果を斟酌(しんしゃく)すると，水平な壁が受ける圧力には上下で差が現れる。温度は，状態方程式

$$pV = \frac{N}{N_0}RT$$

により定義される。上の計算結果を代入すると，

$$\frac{N\langle mv^2\rangle}{3V}\cdot V = \frac{N}{N_0}RT \qquad \therefore \quad \left\langle \frac{1}{2}mv^2 \right\rangle = \frac{3}{2}k_{\mathrm{B}}T \tag{2–2–2}$$

の結論を得る。ここで，

$$k_{\mathrm{B}} = \frac{R}{N_0} \fallingdotseq 1.38\times 10^{-23}\ \mathrm{J/K}$$

は**ボルツマン定数**と呼ばれる定数である。

(2–2–2) 式は，記憶すべき重要な関係式である。$\left\langle \frac{1}{2}mv^2 \right\rangle$ は分子の平均並進運動エネルギーと呼ばれ，これが，熱平衡状態においては温度に比例することを示している。つまり，温度は気体のエネルギーの指標になることが分かった。ところで，温度に関して「高い・低い」という表現を用いるが，物理学においては，一般に，エネルギーの指標に対して「高い・低い」の表現を用いる。

2 乗平均速度

単一の種類の分子からなる理想気体（分子の質量 m が分子によらない）では，温度の T の熱平衡状態において，

$$\frac{1}{2}m\langle v^2\rangle = \frac{3}{2}k_{\mathrm{B}}T$$

が成り立つ。これより，

$$\sqrt{\langle v^2\rangle} = \sqrt{\frac{3k_{\mathrm{B}}T}{m}} = \sqrt{\frac{3RT}{M}} \quad (M = N_0 m \text{ は 1mol の気体の分子量})$$

となる。この $\sqrt{\langle v^2\rangle}$ は**2 乗平均速度**と呼ばれ，平均の速さの目安になる（速さの分布の分散が 0 の特別な場合のみ厳密に平均の速さとなる）。

【例 2–1】

標準状態（温度 $0°\mathrm{C}$，圧力 $1.013\times10^{5}\,\mathrm{Pa}$）における空気は理想気体として扱うことができる。空気分子の速さがどの程度か調べてみよう。

分子量 28 の窒素の場合 $M = 28\times10^{-3}\,\mathrm{kg}$ なので，温度 $273\,\mathrm{K}$ の標準状態では

$$\sqrt{\langle v^2\rangle} = \sqrt{\frac{3\times8.3\times273}{28\times10^{-3}}} \fallingdotseq 4.9\times10^{2}\,\mathrm{m/s}$$

となる（1mol の質量を kg 単位に換算することに注意）。分子量 32 の酸素の場合は $4.6\times10^{2}\,\mathrm{m/s}$ である。■

エネルギー等分配則〈参考〉

温度 T は熱平衡状態を規定する基本的な状態量である。これを用いると (2–2–1) 式の関係は，

$$\left\langle\frac{1}{2}m{v_x}^2\right\rangle = \left\langle\frac{1}{2}m{v_y}^2\right\rangle = \left\langle\frac{1}{2}m{v_z}^2\right\rangle = \frac{1}{2}k_{\mathrm{B}}T \qquad (2\text{–}2\text{–}3)$$

と表すことができる。これは，次のような原理として一般化される。すなわち，

温度 T の熱平衡状態において，分子の運動の 1 自由度ごとに平均 $\frac{1}{2}k_{\mathrm{B}}T$ のエネルギーが分配される。

これを**エネルギー等分配則**という。

2.3 内部エネルギー

熱学の対象は物質の内部状態であったが，具体的には，内部エネルギーの変化を通して内部状態の変化を追跡することになる。気体の内部エネルギーは，分子を力学的な粒子と扱った場合（化学反応を考えないという意味），

$$\begin{aligned} U &\equiv \sum_{\text{全分子}}（\text{力学的エネルギー}） \\ &= \sum_{\text{全分子}}（\text{運動エネルギー}\ \varepsilon）+ \sum_{\text{分子間}}（\text{分子間力のポテンシャル}） \end{aligned}$$

で定義される。理想気体の場合は，分子間力はないので，

$$U = \sum_{\text{全分子}} \varepsilon = N\langle\varepsilon\rangle$$

となる。

単原子分子理想気体の場合は，

$$\varepsilon = \frac{1}{2}mv^2$$

なので，温度 T の熱平衡状態では，

$$\langle\varepsilon\rangle = \left\langle \frac{1}{2}mv^2 \right\rangle = \frac{3}{2}k_{\mathrm{B}}T$$

であり，

$$U = N \cdot \frac{3}{2}k_{\mathrm{B}}T = n \cdot \frac{3}{2}R \cdot T \qquad \left(\because \quad R = N_0 k_{\mathrm{B}},\ n = \frac{N}{N_0}\right)$$

となる。

一般に，熱平衡状態にある理想気体の内部エネルギーは温度のみの関数として表示できる。具体的には比例定数 c を用いて

$$U = n \cdot c \cdot T$$

と表される。比例定数 c は気体の種類によって定まる。単原子分子理想気体の場合に

$$c = \frac{3}{2}R$$

であることは知っておく必要がある。

2 原子分子理想気体の場合は（2 原子分子が理想気体の定義を満たすのかが疑問ではあるが，考えるとすれば），分子の運動に内部自由度もあり（分子の回転運動の自由度 2），並進運動の自由度と併せると運動の自由度が 5 なので，

$$\langle\varepsilon\rangle = \frac{5}{2}k_{\mathrm{B}}T \qquad \therefore \quad U = n \cdot \frac{5}{2}R \cdot T$$

となる。O_2 や N_2 など現実の 2 原子分子気体においても，常温付近では $U = \dfrac{5}{2}nRT$ であることが知られている。

圧力の再解釈〈参考〉

§2.1 において，理想気体の圧力 p を「気体が封入された容器の壁を押す単位面積あたりの力の大きさとして測ることができる」として導入した。そして，状態

方程式を温度 T の定義として理解し，気体分子運動論を介して，温度が気体分子の運動と (2–2–3) 式により関連することを見た。

古典的な熱力学の枠組みからははみ出してしまうが，逆に，(2–2–3) 式を熱平衡状態，およびその温度の定義として採用する立場もとりうる。この場合の状態方程式の役割を調べる。

その場合には，状態方程式は，気体分子運動論により証明される「公式」として理解すべきなのか。考えてみると，気体の圧力は容器の壁との接触面においてのみではなく，気体全体で一様な示強性状態量である。状態方程式を，その意味での圧力の定義として採用することができる。

温度 T の熱平衡状態にある単原子分子理想気体では

$$U = \frac{3}{2}nRT$$

なので，状態方程式より，

$$pV = \frac{2}{3}U \qquad \therefore \quad p = \frac{2}{3} \cdot \frac{U}{V}$$

となる。これを見ると，気体の圧力は気体のエネルギー密度 $\dfrac{U}{V}$ と密接に関連している（本質的には同一の意味を有する）ことが分かる。これが，示強性状態量としての圧力の自立的な意味である。

圧「力」という名称が災いして，圧力は力と混同されていることがあるが，明確に区別する必要がある。一般に，圧力はエネルギー密度を表すスカラー量である。

なお，上の議論から明らかなように，熱平衡状態にある理想気体の内部エネルギー U は，圧力 p と体積 V の関数として表示することができる。単原子分子理想気体の場合には

$$U = \frac{3}{2}pV$$

となり，2 原子分子理想気体では

$$U = \frac{5}{2}pV$$

となる。

2.4 状態変化の追跡

気体の基本的な巨視的状態量は，圧力 p，体積 V，温度 T であるので，

$$1\text{つの巨視状態} \longleftrightarrow (p,\, V,\, T)$$

と対応させることができる。しかし，熱平衡状態においては状態方程式

$$pV = nRT$$

が有効なので，3 つの状態量 p, V, T のうち 2 つを指定すれば，残り 1 つは決定される。したがって，3 つのうち 2 つの組み合わせにより巨視状態が規定される。

熱力学では，気体の熱平衡状態を扱うが，変化中は一般的には熱平衡が破れる（圧力や温度の一様性が破れる）。しかし，熱力学の理論を学ぶ上で，変化中も常に熱平衡（圧力や温度の一様性）を保った理想的な状況を導入すると便利である。この理想的な過程を**準静的変化**という。

準静的変化は，2 つの状態量の組の変化経路としてグラフ上で追跡することができる。2 つの状態量の組み合わせは任意であるが，圧力 p と体積 V の組の変化を p–V 図上で追跡することが多い。p–V 図の具体的な利用法については §4.2 において紹介する。なお，もちろん，適宜 T–V 図や p–T 図を用いて状態変化を追跡することもある。

2.5 実在気体

理想気体は実在気体のモデルである。幾つかの単純化を行っている。実在気体の場合に顕著に異なる点を見ていく。

平均自由行程

理想気体では分子の大きさを無視し，さらに，衝突も含めて分子間の相互作用を無視している。しかし，実在気体の分子は有限の大きさをもち，分子間の衝突も無視できない。常温常圧の状態においても，現実には気体分子は頻繁に他の分子との衝突を繰り返している。

気体分子が他の分子と衝突することなく運動できる距離の期待値 l を**平均自由行程**という。分子数密度（単位体積あたりの分子数）が n の状態における平均自

由行程を求めてみる。分子の直径を d として，簡単のため注目する分子以外は静止していると仮定すれば，半径が d，長さ l の円筒内の分子数が 1 となるので，

$$n \times \pi d^2 l = 1 \quad \therefore \ l = \frac{1}{\pi n d^2} \tag{2–5–1}$$

となる。他の分子の運動も考慮すると平均自由行程はもう少し短くなるが，程度としては (2–5–1) の値を採用できる。

標準状態にある空気を考える。窒素や酸素の分子の直径はおよそ 0.35 nm である。

$$n = \frac{6.0 \times 10^{23}}{22 \times 10^{-3}} \fallingdotseq 2.7 \times 10^{25}\,\mathrm{m}^{-3}$$

なので，

$$l = \frac{1}{\pi n d^2} \fallingdotseq 1 \times 10^{-7}\,\mathrm{m}$$

となる。$d \fallingdotseq 3.5 \times 10^{-10}\,\mathrm{m}$ と比べると十分に大きいが，【例 2–1】で求めた 2 乗平均速度 $v \fallingdotseq 5 \times 10^2\,\mathrm{m/s}$ と比べると

$$\frac{v}{l} \fallingdotseq 5 \times 10^9\,\mathrm{s}^{-1}$$

である。非常に頻繁に分子同士の衝突を繰り返していることが分かる。

圧力の高度勾配

現実の気体では分子の衝突が頻繁に発生し，分子は自由に運動できない。したがって，気体全体を連続体と看做すことが可能である。この場合，各断面においてその両側の部分が力学的に接触していると扱うことができ，圧力による力の作用を想定することにより，定常状態では力のつり合いを論じることができる。

第 I 部において液体の圧力が深さ（高さ）に応じて変化することを見たが（第 I 部 §3.5 参照），同様の考え方から気体についても重力による圧力の高度勾配を導くことができる。ただし，気体の場合には圧縮の効果を無視できないので議論がやや複雑になる。

鉛直上向きに z 軸を設定し高さ z を指定する。圧力は高さ z の関数 $p(z)$ であるとする。断面積 1，高さ z の気体の柱を考えて，その質量を m とすれば，定常状態において，力のつり合いより，

$$p(0) = p(z) + mg \tag{2–5–2}$$

が成立する。密度 ρ が一様であれば $m = \rho z$ なので,

$$p(0) = p(z) + \rho z g \quad \therefore \ p(z) = p(0) - \rho g z$$

となり，高さ z に比例して圧力が低下することが導かれる。液体の場合には圧縮を無視してこのような議論が可能であるが，気体の場合には密度の高度勾配も考慮する必要がある。

高さ z における密度を $\rho(z)$ とすれば,

$$m = \int_0^z \rho(z')\,\mathrm{d}z'$$

となる。したがって，(2–5–2) 式は

$$p(z) = p(0) - g\int_0^z \rho(z')\,\mathrm{d}z'$$

となる。両辺を z について微分すれば,

$$\frac{\mathrm{d}p}{\mathrm{d}z} = -g\rho(z) \tag{2–5–3}$$

を得る。温度の分布状況の条件と連立すれば，$p(z)$, $\rho(z)$ を決定できる。

例えば，温度 T が高度によらず一様であるとすれば，p と ρ は比例するので（(2–1–2) 式参照）,

$$\rho(z) = \frac{\rho(0)}{p(0)}p(z)$$

となる。したがって，(2–5–2) 式は

$$\frac{\mathrm{d}p}{\mathrm{d}z} = -\frac{g\rho(0)}{p(0)}p$$

となる。これは容易に解くことができて,

$$p(z) = p(0)e^{-\frac{g\rho(0)}{p(0)}z}, \quad \rho(z) = \rho(0)e^{-\frac{g\rho(0)}{p(0)}z}$$

を得る。高度に応じて圧力も密度も指数関数的に低下することになる。これは現実の状況と符合している。分子間の衝突も無視する理想気体では，断面における力の作用を想定できないので，このような議論はできない。

ファン・デル・ワールスの状態方程式〈参考〉

実在気体では分子の大きさや分子間相互作用を考慮する必要があるので，状態方程式にも修正が必要となる。ファン・デル・ワールスは 1 mol の気体について

次のような状態方程式を提案した。

$$\left(p+\frac{a}{v^2}\right)(v-b)=RT \tag{2–5–4}$$

この方程式をファン・デル・ワールスの状態方程式と呼ぶ。ファン・デル・ワールスの状態方程式は，a, b の値を気体の種類ごとにうまく選ぶことによりさまざまな実在気体の状態を近似的によく表す。

v は 1 mol の気体の体積を表すが，気体分子の大きさの分だけ分子が自由に運動できる領域は狭くなる。b はその減少量を表す。(2–5–4) 式を圧力 p について解くと，

$$p=\frac{RT}{v-b}-\frac{a}{v^2}$$

となる。$-\dfrac{a}{v^2}$ は分子間の引力により観測される圧力が小さくなる効果を表している。

第3章　エネルギー保存則

エネルギーは物理学において最も基本的な量である。あらゆる実体と現象に対応したエネルギーが存在し，特定の分野に限定されず統一的な議論ができる。エネルギーについて物理的（因果的）な議論ができるのは，それが保存量であることに起因する。物理学における第一の保存量であるエネルギーについての保存則，すなわち，**エネルギー保存則**は，物理学の「第一原理」であり，物理学の理論を展開するときの「指導原理」となる。

3.1 エネルギー保存則

エネルギーは無から生成・消滅することはない。

これが**エネルギー保存則**である。

エネルギー保存則は，特定の系に注目したときに，その系のエネルギーが変化することを禁止しない。「保存」の意味は変化が因果的に説明できるということである。系のエネルギー変化には，それを説明するだけの系の外部からのエネルギー供給を要する。これがエネルギー保存則の意味である。つまり，

$$\Delta(\text{系のエネルギー}) = (\text{外部からのエネルギー供給})$$

がエネルギー保存則の具体的な表現である。ここで，系のエネルギーとしても，エネルギー供給としても，あらゆる形態のものを斟酌しなければならない。しかし，もちろん，我々は先験的にすべてのエネルギーとエネルギー供給の形態を知っているわけではない。したがって，エネルギー保存の要請から未知のエネルギーやエネルギー供給の形態を発見することができる。これが，エネルギー保存則が物理学の指導原理であるということの意味である。

3.2 物質のエネルギー

熱学の対象は物質の内部状態である。そこで，物体としては静止させた状態（重心が静止した状態）で考察する。主に扱うのは理想気体の状態変化であるが，この場合も固定された容器に封入して実験を行う。

力学的な粒子（分子）から成る物体を考える。物体としては静止した状態であっても，内部では物体を構成する分子が激しく乱雑な運動を行っている。これを**熱運動**という。この熱運動に伴う分子の力学的エネルギーの総和が，物質としての内部エネルギー U の正体であり，静止した物体（注目している系）の全エネルギーとなる。物質の状態変化におけるエネルギー保存則は

$$\Delta U = \text{（外部からのエネルギー供給）}$$

と表現される。外部からのエネルギー供給の形態の具体的な明細は，系の周辺の環境や変化の条件に依存する。これに関しては次章で検討する。

内部エネルギー U のさらに具体的な表式も系の構造に依存するが，熱平衡状態にある理想気体の場合には，温度のみの関数として表示できたことを思い出しておこう。特に，単原子分子理想気体では

$$U = n \cdot \frac{3}{2} R \cdot T$$

であった。

理想気体以外の物質も（気体に限らず，液体や固体の物質でも）温度に依存した内部エネルギーをもつ。一般に，高温になるほど内部エネルギーは大きくなる。

3.3 熱と温度

簡単な思考実験を行ってみよう。

低温（例えば $-196°\mathrm{C}$）の理想気体（理想気体はどんなに低温でも液体や固体になることはない）を金属製の変形しない密閉容器に封入し教室内に置いておく。翌日まで放置すると，容器内の気体の状態はどのようになるだろう。経験則に基づいて判断すれば，おそらく容器内の気体の温度は室温と同じ温度まで上昇しているだろう。

温度の上昇は内部エネルギーの増加を意味する。エネルギー保存則の要請から，

気体に対して内部エネルギーの増加分のエネルギー供給が必要である。しかし，変形しない容器内の気体に対して外部から仕事をすることは不可能である。そうすると，仕事とは異なる（非力学的な）形態の外部からのエネルギー供給を認めなければならない。この正体不明のエネルギーの移動を**熱**と呼ぶ（エネルギー保存則の要請から「熱」という未知のエネルギー供給の形態を導入した）。熱として移動したエネルギーの量を**熱量**と呼ぶことも多いが，これも単に熱と呼ぶこともある。

熱力学第0法則〈参考〉

温度の異なる系が接触したときに，高温側から低温側へ熱の移動が生じることを我々は経験的に知っている。また，いずれ熱の移動が停止することも知っている。

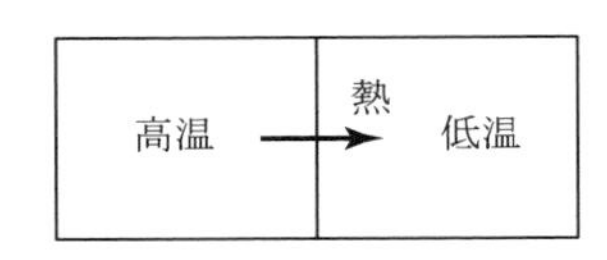

熱の移動が停止したとき，2つの系は**「熱平衡に達した」**と表現する。1つの系が熱平衡状態にあるとは，その任意の2つの部分が熱平衡に達していることを意味する。

「熱平衡」の関係については次の法則が要請されている。すなわち，

> **系Aと系Bが熱平衡にあり，かつ，系Bと系Cが熱平衡にあるならば，系Aと系Cも熱平衡である。**

これを**熱力学第0法則**という。

感覚的には，熱の移動が停止したとき2つの系は温度が等しくなったと理解するだろう。「熱平衡」の関係を「温度が等しい」と読み換えれば，熱力学第0法則は自明な法則である。しかし，温度は新しく導入された物理量であり，それが真に状態量であることは熱力学の理論体系としては保証されていない（温度の値〔温度目盛という〕の定義も理想気体という特殊な物質に依存している）。

熱力学第0法則は「熱平衡」の関係についての推移律であり，この関係が数学的な同値関係として扱えることを保証する。これにより，その同値関係を具体的に表現する状態量を導入することが許され，その状態量が温度なのである。つまり，温度を状態量として認め,「熱平衡」の関係を「温度が等しい」と表現するこ

とにすれば，もはや熱力学第0法則を意識する必要がなくなる。しかし，熱力学の理論体系を精緻に組み上げるためには必要な原理である。

なお，ここでの温度の導入は概念としての議論である。温度目盛（具体的な数値としての定義）については，別の議論が必要である。そして，現時点では，理想気体の状態方程式に依拠した温度目盛を採用している（§2.1）が，§5.3において修正されることになる。

熱容量と比熱

特に液体や固体の物質の場合には，物質の温度変化 ΔT と，物質が外界から吸収した熱 Q は比例する。このとき，

$$C \equiv \frac{Q}{\Delta T}$$

を**熱容量**と呼ぶ。また，その物質の量が m のとき，

$$c \equiv \frac{C}{m} = \frac{Q}{m\Delta T}$$

を**比熱（比熱容量）**という。

熱容量の単位は J/K である。液体や固体の物質の場合は，物質の量を質量（グラム数）で表示することが多い。したがって，その場合の比熱の単位は J/(g · K) となる。物質の量を物質量（モル数）で表示する場合の比熱は，特に**モル比熱**という。

気体についても比熱は定義できるが，気体の場合は体積変化が大きく，変化の条件により値が大きく異なる。理想気体の比熱については§4.3で調べる。

3.4 熱量保存

熱の移動が生じたとき，

高温側から出た熱量と低温側に入った熱量は等しい。

これを**熱量保存の法則**という。熱はエネルギーの移動の一形態であり，今日では熱量保存の法則はエネルギー保存則に吸収されている。歴史的には，熱は分子の熱運動の源となるエネルギーとは独立な状態量と考えられていた。熱量保存の法則は，その名残であるが，比熱が定まっている物質間の熱の移動などを調べる場合には意味がある。

【例 3–1】

断熱材で囲まれた熱容量 130 J/K の容器に 22.0°C の水が 150 g 入っている。この中へ 100°C の湯で熱した 80 g の銅球を入れたところ，温度が 25.0°C になった。

この実験結果に基づいて銅の比熱を求めてみよう。水の比熱は 4.2 J/g · K とする。

銅の比熱を c とすれば，銅から出た熱は

$$Q_1 = c \times 80 \times (100 - 25)\ \mathrm{J}$$

である。一方，水と容器に入った熱は

$$Q_2 = (130 + 4.2 \times 150) \times (25 - 22)\ \mathrm{J}$$

である。熱量の保存より両者が等しいので，

$$c \times 80 \times (100 - 25) = (130 + 4.2 \times 150) \times (25 - 22)$$
$$\therefore \quad c = 0.38\ \mathrm{J/g \cdot K}$$

となる。■

単位の cal（カロリー）も熱に関する古い理解の名残である。1 cal は約 4.2 J に相当する。熱（cal）をエネルギー（J）に換算する係数

$$J \fallingdotseq 4.2\ \mathrm{J/cal}$$

を**熱の仕事当量**という。

3.5 潜熱

1 気圧の下で氷を加熱すると，はじめは温度が上昇するが，温度が 0°C に達すると，氷（固体）がすべて解けて水（液体）になるまで温度の上昇が停止する。すべての氷が解けた後は，温度の上昇が再開するが，温度が 100°C に達すると，再び温度の上昇が停止する。100°C において水は沸騰して水蒸気になっていく。水（液体）がすべて水蒸気（気体）になると温度上昇が再開する。

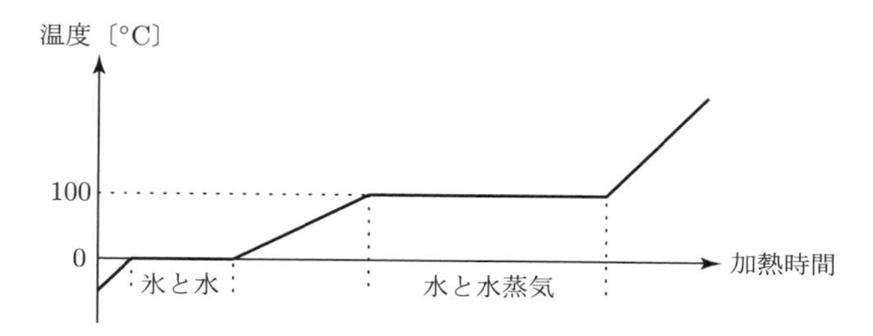

一般に，固体と液体が共存する温度を**融点**，液体と気体が共存する温度を**沸点**という。上の実験は，1気圧の下での水の融点が0°C，沸点が100°Cであることを示している。

融点にある物質を加熱した場合には，その熱はすべて物質の融解に使われる。沸点にある物質を加熱した場合には，その熱はすべて物質の蒸発に使われる。そのため，温度の上昇が停止する。

融点にある単位物質量の固体を液体に変えるのに要する熱を**融解熱**という。また，沸点にある単位物質量の液体を気体に変えるのに要する熱を**蒸発熱**という。物質の三態（固体，液体，気体）間の状態変化（相転移）に伴って物質から出入りする熱を一般に**潜熱**という。相転移は次のように分類する。

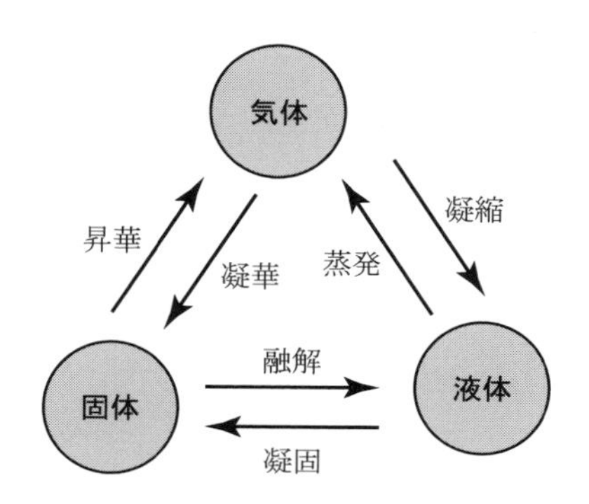

なお，水の融解熱は約334 J/g，蒸発熱は約2257 J/gである。

【例 3–2】

−20°Cの氷500 gを，600 Wのヒーターで5分間熱した後の状態を求めてみる。氷の比熱は2.1 J/(g · K)，水の比熱は4.2 J/(g · K)，水の融解熱は約 334 J/g とする。

ヒーターから供給された熱の総量は

$$Q = 600 \times 5 \times 60 = 180000 \text{ J}$$

である。

500 g を $-20°\text{C}$ から $0°\text{C}$ まで温度上昇させるのに必要な熱は

$$Q_1 = 2.1 \times 500 \times \{0 - (-20)\} = 21000 \text{ J}$$

であり，500 g の氷をすべて融かすのに必要な熱は

$$Q_2 = 334 \times 500 = 167000 \text{ J}$$

である。

$Q_1 + Q_2 > Q$ なので，すべての氷は融けきらない。

$$Q - Q_1 = 159000 \text{ J}$$

の熱により融解させられる氷の質量は

$$159000 \div 334 \fallingdotseq 467 \text{ g}$$

なので，33 g の氷と 467 g の水が同居して，温度は $0°\text{C}$ の状態になっている。■

第4章　熱力学の基本

熱力学が高校物理の熱学のメインのテーマである。§1.1 でも述べたように，熱力学は物質の巨視的状態量に注目して，内部状態の変化を追跡する理論である。理論の理解を助けるための道具として，理想気体や熱平衡状態，準静的変化を導入して議論を進める。

力学の学習でもそうであったが，理論の基礎となる物理法則と，道具の特性（約束）とを峻別して理解を深めていこう。

4.1 熱力学の考え方の基礎

熱力学の問題は一般に次のような形式をとる。

ある**熱平衡状態**	→〔変化〕→	新しい**熱平衡状態**

扱う物質は原則的には理想気体である。そこで，熱平衡状態が提示されたら，まずは理想気体の定義式である状態方程式を書く。その際に，気体がピストンで封入されている場合には，ピストンについての力のつり合いも併せて論じておく。したがって，上の問題に対しても，変化前と変化後のそれぞれの状態について状態方程式と力のつり合いの式（以下では，これらを併せて状態方程式と呼ぶことにする）を書くことになる。変化の始点と終点の状態方程式を書くことは必須であるが，準静的変化に対しては，必要に応じて変化中の状態方程式も確認する。

力学の場合とは異なり，熱力学では時間変化は追跡しない。特に，準静的変化には無限の時間を要するので，時間変化を論じることはナンセンスである。そこで注目すべきは変化の前後での保存則である。その中でも吟味が必須なのはエネルギーである。熱力学において内部状態を端的に代表する関数が内部エネルギーである。したがって，エネルギーの保存を追跡することは目的に照らして当然である。

熱力学では閉じた系（一定量の理想気体）の状態変化を追跡する。その場合のエネルギー保存則の表現を特に**熱力学第 1 法則**と呼ぶ。その内容と意味については次節で検討する。

熱力学第 1 法則を具体的に扱う前に，ひとつ確認しておきたい。これは，保存則を使う場合の一般的な注意事項であるが，保存則を論じる対象の系の内と外の境界を明確にしなければいけない。保存則は

$$\Delta(\text{内の量}) = (\text{外界からの供給})$$

という形式をとる。内と外の境界を明確化することにより，内の量と外界からの供給の内訳が把握しやすくなる。

4.2 熱力学第 1 法則

上述の通り，**熱力学第 1 法則**は，閉じた力学系についてのエネルギー保存則である。閉じた系とは一定量の物質から成る系であり，力学系とは，その要素となる分子について運動状態のみを考慮すればよい系である。

一般的には，ある系に対して物質を供給することもエネルギーの供給を意味する。物質は内部エネルギーをもつ。しかし，閉じた系であれば，その定義より物質の供給は禁止される。また，力学系に対しては化学的なエネルギーの供給は不可能である。したがって，閉じた力学系に対するエネルギー供給の形態としてまず考えられるのは**仕事**である。仕事を評価する方法は力学で学んだ。しかし，§3.3 において見たように，仕事だけでは必ずしも物質の内部エネルギーの変化を説明できない。そこで導入された非力学的なエネルギー供給の形態が**熱**であった。

したがって，一定量の物質についてのエネルギー保存則は，外界からの仕事を W，熱を Q として，

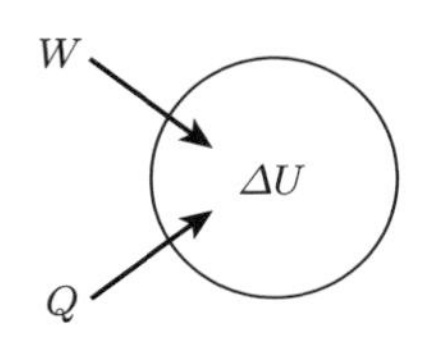

$$\Delta U = W + Q \tag{4–2–1}$$

と表すことができる。これを特に**熱力学第 1 法則**と呼ぶ。

方程式 (4–2–1) は前図のような状況を表している。これを熱力学の第 1 法則と呼ぶ所以(ゆえん)は，熱はエネルギーの保存の要請から導入された正体が不明なエネルギー供給の形態であり，いわば (4–2–1) を熱の定義と解釈することができることにある。そのことを，より強調する意味で

$$Q = \Delta U + W \tag{4–2–2}$$

と表示することも多い。しかし，一見して分かるように，(4–2–1) と (4–2–2) は同値な方程式ではない。仕事の向きの定義が異なり，(4–2–2) では，物質が外部にする仕事を W としていて，模式図で示せば下図のようになる。

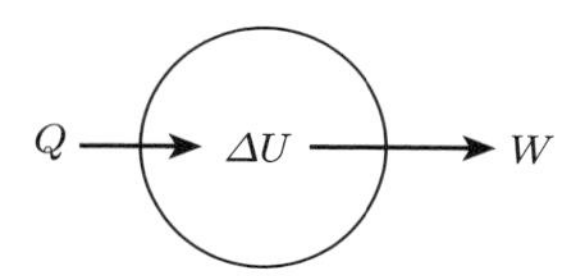

熱力学第 1 法則が熱の定義なので，熱は，原理的に熱力学第 1 法則によってのみ求めることができる。それを実現するためには，内部エネルギーの変化 ΔU と仕事 W をそれぞれ直接的に求める必要がある。理想気体や準静的変化については，それが容易に実現できる。

熱平衡状態における理想気体の内部エネルギーは，温度 T の関数として

$$U = ncT$$

と表すことができる。c は気体の種類で決まる定数である。よって，熱平衡状態から熱平衡状態への変化については

$$\Delta U = nc\Delta T$$

となる。状態方程式を書いて温度の変化を追跡すれば，内部エネルギーの変化を直接的に求めることができる。

ピストンにより準静的に気体の体積を変化させる過程を考える。

ピストンの面積を S とすれば，気体の圧力が p のとき，気体がピストンを押す力は外向きに

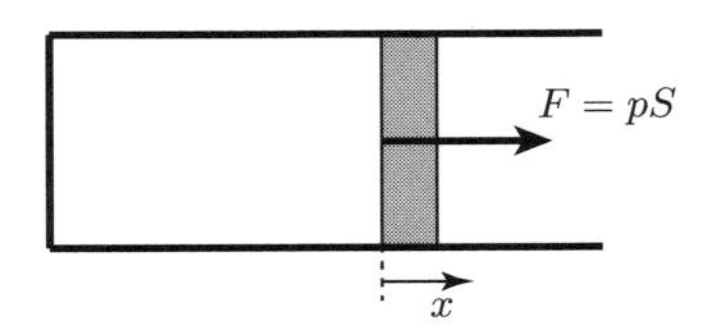

$$F = pS$$

である。圧力の変化が無視できる十分に小さい変化において，気体が外界にする仕事 W は，ピストンの外向きに変位を x として

$$W = Fx = pSx$$

と表すことができる。このとき，気体の体積変化が

$$\Delta V = Sx$$

なので，気体の状態量のみを用いて

$$W = p\Delta V$$

と表すことができる。

圧力が一定と扱えない範囲の変化については，変化過程を微小に分割して積分すればよいので，

$$W = \int_{\text{変化経路}} p\,\mathrm{d}V$$

が，気体が外界にした仕事を表す。これは，p–V 図上における面積と対応させて理解することができる。下図の斜線部の面積が W を表す。

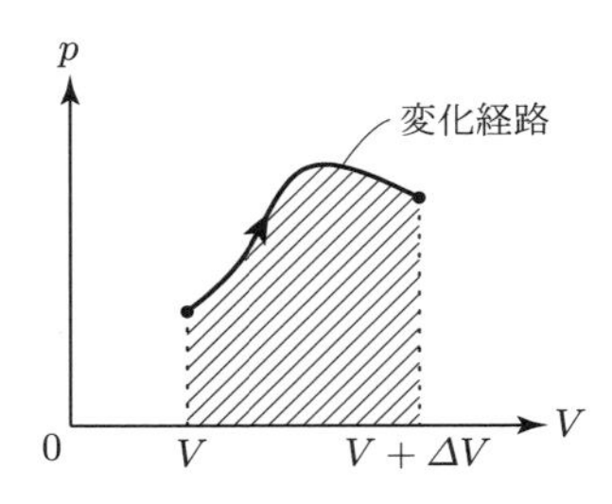

気体が圧縮される場合は，現実には気体が外界から仕事をされることになるが，その大きさはやはり p–V 図上における面積と対応する。

このようにして，理想気体の準静的変化であれば，容易に内部エネルギーの変化と仕事を求めることができる。あとは，熱力学第1法則に基づいて熱を求めれば，変化についての全容が解明されたことになる。

【例 4–1】

下図のような p–V 図で表されるような単原子分子理想気体の状態変化を考える。

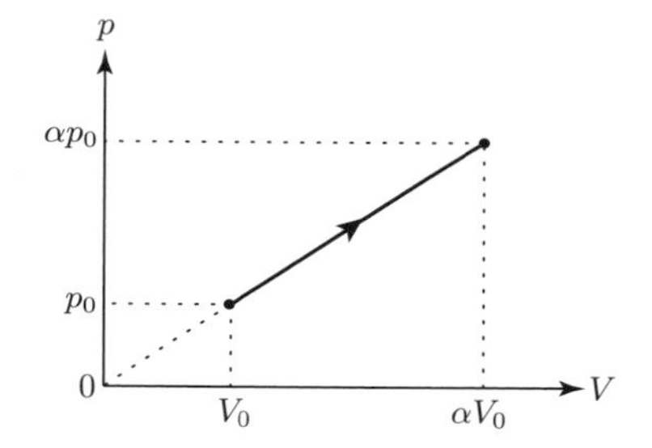

変化は圧力 p と体積 V が比例する経路であり，初期状態が (p_0, V_0)，終状態が $(\alpha p_0, \alpha V_0)$ である（$\alpha > 1$）。初期状態と終状態の状態方程式を書けば，

$$p_0 V_0 = nRT_1$$
$$\alpha p_0 \cdot \alpha V_0 = nRT_2$$

となる。よって，この変化に伴う内部エネルギーの変化は

$$\Delta U = \frac{3}{2}nR(T_2 - T_1) = \frac{3}{2}(\alpha^2 - 1)p_0 V_0$$

である。また，気体が外界にした仕事は下図に示した斜線部（台形）の面積に等しく，

$$W = \frac{1+\alpha}{2}p_0 \cdot (\alpha - 1)V_0 = \frac{1}{2}(\alpha^2 - 1)p_0 V_0$$

となる。

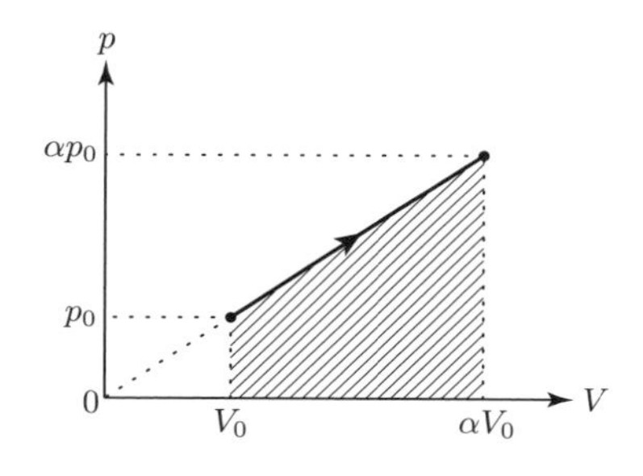

したがって，熱力学第 1 法則より，気体が吸収した熱は

$$Q = \Delta U + W = 2(\alpha^2 - 1)p_0 V_0$$

となる。■

【例 4–2】

断面積 S，長さ $2L$ のシリンダーを鉛直に立てて，ピストンで単原子分子理想気体を封入する。その上に静かに液体を入れていく。ピストンの高さが L の位置にあるとき，気体の温度は T_0，圧力は大気圧 p_0 の 2 倍であった。ピストンの厚さと質量は無視できる。

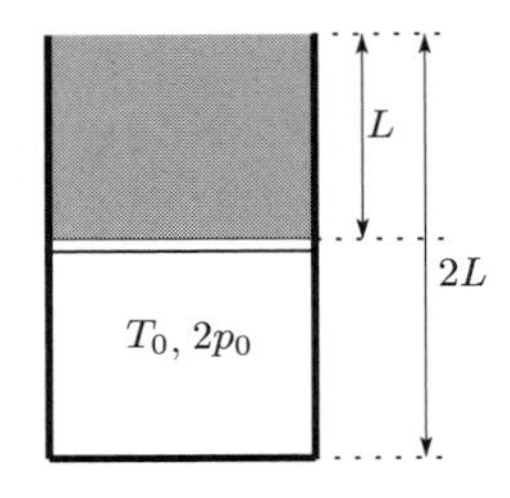

この状態から気体をゆっくりと加熱すると，ピストンが静かに上昇し，それに伴って液体はシリンダーの上部から溢れ出した。液体がすべて溢れるまで加熱を続けた。

【例 4–1】では，気体の状態変化の様子が p–V 図で示されていたので，気体の状態方程式のみで各状態が規定できた。一方，この例のように，気体を封入する力学的な仕組みが示されている場合には，その力学的な状態の方程式（この例では要するに，ピストンについての力のつり合い）を含めて各状態の方程式と捉えるべきである。

ピストンが初めの状態から x だけ上昇したときの，ピストンについての力のつり合いは，液体の密度を ρ，重力加速度の大きさを g，そのときの気体の圧力を p として，

$$pS = p_0 S + \rho \cdot S(L - x) \cdot g \qquad \cdots\cdots \text{ⓐ}$$

となる。一方，気体の状態方程式は

$$p \cdot S(L+x) = nRT \qquad \cdots\cdots \text{ⓑ}$$

である。

$x=0$ のときに $p=2p_0$ であったので，

$$2p_0S = p_0S + \rho \cdot SL \cdot g \qquad \therefore \quad \rho g = \frac{p_0}{L}$$

であることが分かる。よって，ⓐ より，気体の圧力を x の関数として，

$$p = \left(2 - \frac{x}{L}\right)p_0$$

と求めることができる。一方，気体の体積は

$$V = S(L+x)$$

であり，いずれも変化のパラメータ x の 1 次関数である。したがって，p は V の 1 次関数となり，以下のような p–V 図を得る。

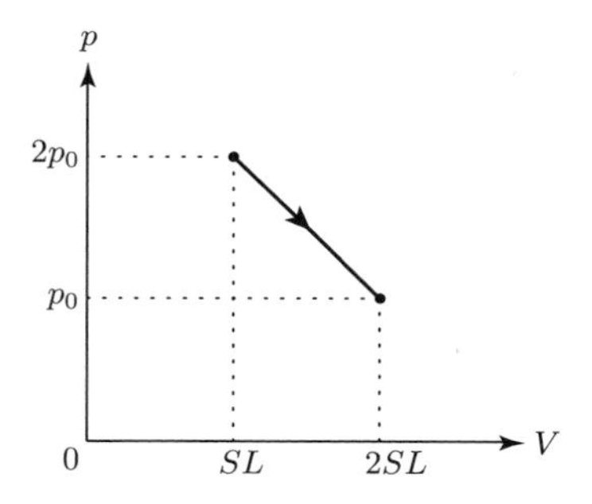

特に，はじめの状態（$x=0$）と終状態（$x=L$）の気体の状態方程式を書くと，

$$2p_0 \cdot SL = nRT_0$$
$$p_0 \cdot 2SL = nRT_1$$

となるので，終状態の気体の温度が $T_1 = T_0$ であることが分かる。

したがって，気体の内部エネルギーの変化は

$$\Delta U = n \cdot \frac{3}{2}R \cdot (T_1 - T_0) = 0$$

である。気体が外部にした仕事は上の p–V 図から読み取ることができて，

$$W = \frac{2p_0 + p_0}{2} \times (2SL - SL) = \frac{3}{2}p_0SL$$

である。

ゆえに，熱力学第 1 法則より，気体に与えられた熱は

$$Q = \varDelta U + W = \frac{3}{2}p_0SL$$

であることが分かる。■

無限小変化の熱力学第 1 法則〈やや発展〉

変化を表す記号 $\varDelta$ は状態量の変化を表すために用いる。仕事や熱は状態量の変化ではなく，変化が実現して初めて事後的に定義される量なので，$\varDelta W$ とか $\varDelta Q$ とは表示しない。ただ，これだと無限小の変化を調べるときに都合が悪い。

$$\mathrm{d}U = W + Q$$

と書くのは気持ちが悪い。

d は微小な関数の変分（微分）を表す記号である。無限小変化における仕事や熱は，微小ではあるが関数の変分ではない不完全な微分である。このような不完全な微分は記号 d′ で表す習慣がある。この記法を用いれば，無限小変化についての熱力学第 1 法則は,

$$\mathrm{d}U = \mathrm{d}'W + \mathrm{d}'Q$$

と表すことができる。ここで，$\mathrm{d}'W$，$\mathrm{d}'Q$ はそれぞれ，外部からの仕事と熱を表す。

$\mathrm{d}'W$，$\mathrm{d}'Q$ はいずれも関数（状態量）の微分ではないが，準静的変化についての仕事は

$$\mathrm{d}'W = p \cdot (-\mathrm{d}V) = (-p)\,\mathrm{d}V$$

として，示強性状態量と示量性状態量の微分の積として表すことができる。熱については，今のところこのような表示はできない（エントロピーと呼ばれる新しい示量性状態量の導入が必要である，§5.5 参照)。

4.3 理想気体の状態変化

熱力学第 1 法則を用いて，理想気体の変化の有名過程について調べてみよう。熱力学第 1 法則を使って理想気体の状態変化を調べる実践演習であるとともに，その結論にも意味がある。

定積変化と定圧変化

内部エネルギーが温度 T の関数として

$$U = ncT$$

と表される物質量 n の理想気体の状態変化を考える。

気体の体積を一定に保ち（定積的に）ゆっくりと加熱（「ゆっくりと」は変化が準静的であることを示す）して，温度を $T \to T + \Delta T$ と変化させる。この変化経路を p–V 図に表せば下図のようになる。

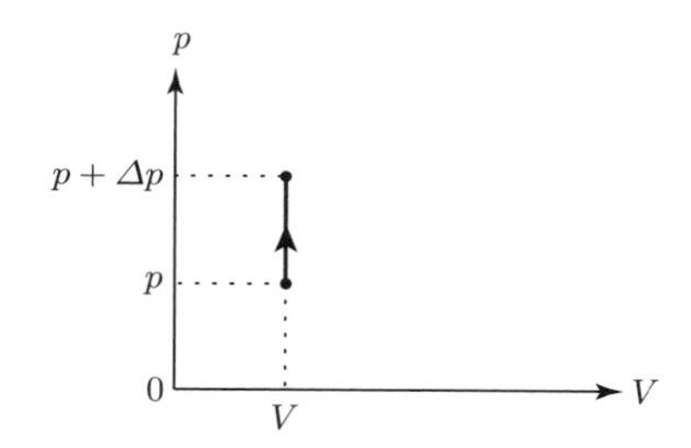

この場合は，後に利用しないが，念のため変化の前後の状態方程式を書くと，

$$pV = nRT$$
$$(p + \Delta p)V = nR(T + \Delta T)$$

となる。

定積変化では気体は外界に対して仕事をしない（変化経路と対応する p–V 図の面積も 0 である）。内部エネルギーの変化は，

$$\Delta U = nc\Delta T$$

なので，気体に与えた熱を Q_V とすれば，熱力学第 1 法則より，

$$Q_V = nc\Delta T + 0 = nc\Delta T$$

となる。

熱力学第 1 法則の結論が示すように，定積変化では温度変化 ΔT と加熱量 Q_V が比例する。したがって，比熱 c_V が定義できる。比熱の定義に従って計算すれば，

$$c_V = \frac{Q_V}{n\Delta T} = c$$

となる。これを定積比熱という。物質の量をモル数で測った場合には**定積モル比熱**と呼ぶ。

上の計算により，理想気体の定積モル比熱は内部エネルギーの比例定数と一致することが分かった。したがって，逆に定積モル比熱を内部エネルギーの比例定数として使うこともできる。つまり，

$$U = nc_V T$$

であり，変化が定積的であるか否かによらず

$$\Delta U = nc_V \Delta T$$

となる。入試の問題でも，理想気体の種類を明示する代わりに，定積モル比熱を与えることがある。その場合は，定積変化のみを扱うわけではなく，出題者は内部エネルギーの比例定数として与えている場合が多い。

そこで，今度は定積モル比熱が c_V である n モルの理想気体を，その圧力を一定に保ってゆっくりと（この場合は「ゆっくりと」と断るまでもなく「圧力一定」の条件により準静的変化が予定されている）加熱して，温度を $T \to T + \Delta T$ と変化させる。この場合の変化経路を p–V 図に表せば下図のようになる。

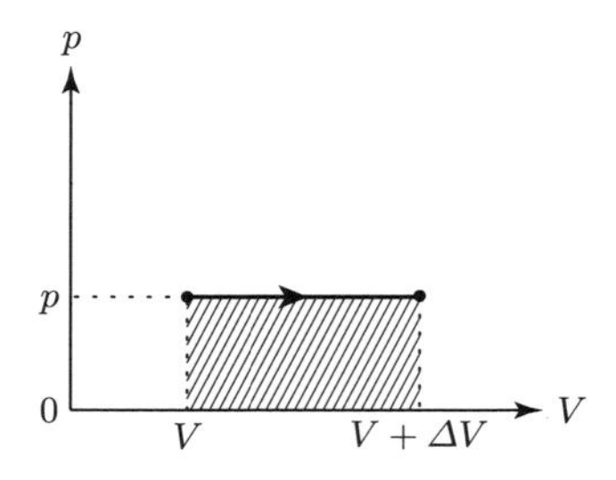

変化の前後の状態方程式を書くと，

$$pV = nRT$$
$$p(V + \Delta V) = nR(T + \Delta T)$$

であるから，変化中に気体が外界にした仕事は上の図の斜線部の面積と一致し，温度変化 ΔT を用いて

$$W = p\Delta V = nR\Delta T$$

と表すことができる。一方，内部エネルギーの変化は

$$\Delta U = nc_V \Delta T$$

である。したがって，加熱量 Q_p は熱力学第 1 法則より，

$$Q_p = \Delta U + W = nc_V \Delta T + nR\Delta T = n(c_V + R)\Delta T$$

となる。計算結果が示すように，この変化過程（定圧変化）も温度変化 ΔT と加熱量 Q_p が比例し，**定圧モル比熱** c_p を定義できる。モル比熱の定義に従って計算すれば，

$$c_p = \frac{Q_p}{n\Delta T} = c_V + R$$

となる。

以上の計算が示すように，理想気体の定圧モル比熱は定積モル比熱と比べて気体定数の分だけ大きくなる。

$$c_p = c_V + R$$

この関係を**マイヤーの関係**と呼ぶ。これは，定積変化では加熱量がすべて内部エネルギーの増加に使われるのに対して，定圧変化では気体が膨張することにより気体が外部に仕事をする。そのとき，内部エネルギーの変化と仕事の比が $c_V : R$ であることを表している。

比熱比

温度 T の理想気体の内部エネルギーは，定積モル比熱 c_V を用いて，

$$U = nc_V T$$

と表せることが分かった。ところで，単原子分子理想気体の内部エネルギーは，

$$U = n \cdot \frac{3}{2} R \cdot T$$

となっていたので，単原子分子理想気体の定積モル比熱は，

$$c_V = \frac{3}{2} R$$

である。また，マイヤーの関係より，定圧モル比熱は

$$c_p = \frac{3}{2} R + R = \frac{5}{2} R$$

となる。

一方，2 原子分子理想気体では，

$$U = n \cdot \frac{5}{2} R \cdot T$$

であったので，2 原子分子理想気体の定積モル比熱は

$$c_V = \frac{5}{2} R$$

であり，定積モル比熱は

$$c_p = \frac{5}{2} R + R = \frac{7}{2} R$$

である。

ところで，

$$\gamma \equiv \frac{c_p}{c_V}$$

を**比熱比**と呼ぶ。これは，気体の性質を代表する重要な係数である。一般に

$$\gamma = \frac{c_p}{c_V} = \frac{c_V + R}{c_V} = 1 + \frac{R}{c_V} > 1$$

である。特に，単原子分子理想気体の場合は，

$$\gamma = \frac{5}{3}$$

2 原子分子理想気体の場合は，

$$\gamma = \frac{7}{5}$$

となる。

等温変化と断熱変化

液体や固体の物質の場合は比熱がほぼ一定値なので（これは外界との間の仕事がほぼゼロであることに起因する），温度が一定ならば通常は外界との熱のやりとりはない。しかし，気体の場合は体積変化が大きく，外界との間で仕事のやりとりが有意に現れる。そのため，温度が一定であるからといって熱の出入りがないとは判断できない。以下で調べるように，気体の等温変化ではむしろ必然的に熱の出入を伴う。

理想気体の熱平衡状態は（等温変化は必然的に準静的変化である），状態方程式

$$pV = nRT$$

を満たすので，温度 T が一定で，かつ，体積変化もないとすると，まったく変化が生じないことになる。したがって，意味のある等温変化は体積変化を伴う。そこで，まず等温膨張を考える。等温変化では

$$pV = 一定$$

が成り立つので，p–V 図は反比例のグラフになる。

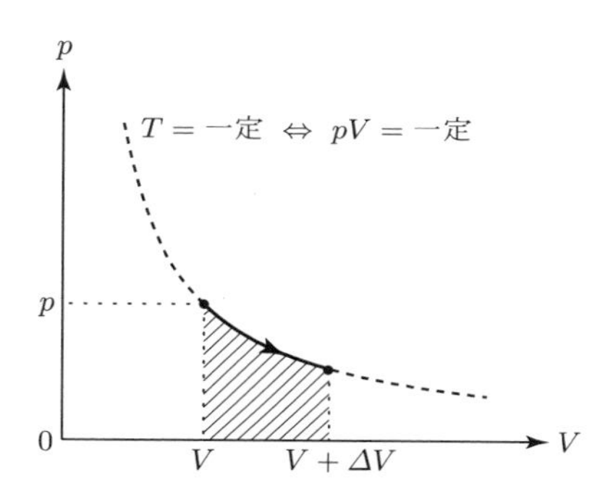

この場合，上図の斜線部の面積と一致するだけの仕事 W を気体が外界になすことになる。一方，理想気体の内部エネルギーは温度のみの関数なので，等温変化では内部エネルギーの変化が生じない。したがって，熱力学第 1 法則より，気体は

$$Q = 0 + W = W$$

だけの熱を外界から吸収する。つまり，等温膨張は吸熱変化である。内部エネルギーの変化がなく外界に仕事をするので，その分のエネルギーを熱として外界から吸収する必要がある。

等温圧縮の場合は，逆に放熱変化となる。外界から仕事をされるが，内部エネルギーの変化がないので，それをすべて熱に変えて放出することになる。

なお，等温変化に伴って熱の出入はあるが，温度変化が 0 なので比熱は定義できない。

以上より，気体の等温変化は必然的に熱の出入を伴うことが確認できた。

では，気体の断熱変化は如何なる過程になるのだろうか。ここで，断熱とは変化の全過程を通しての吸熱量が 0 という意味ではなく，変化中まったく外界との間で熱のやり取りがないという意味である。ここでは特に，準静的な断熱変化を

考える。

無限小変化についての熱力学第1法則は

$$\mathrm{d}U = \mathrm{d}'W + \mathrm{d}'Q$$

であったが，断熱の条件は

$$\mathrm{d}'Q = 0$$

と表現できる。そして，変化が準静的な場合は，

$$\mathrm{d}U = nc_V\mathrm{d}T, \qquad \mathrm{d}'W = -p\mathrm{d}V$$

と表せるので，

$$nc_V\mathrm{d}T = -p\mathrm{d}V \tag{4–3–1}$$

を満たしながら状態変化することになる。$\mathrm{d}V = 0$ とすると $\mathrm{d}T = 0$ となり，何の変化も生じないことになる。よって，準静的な断熱変化は必ず体積変化を伴う。

さて，(4–3–1) 式を辺々

$$nRT = pV$$

で割ると

$$\frac{c_V}{R}\cdot\frac{\mathrm{d}T}{T} = -\frac{\mathrm{d}V}{V} \qquad \therefore \quad \frac{\mathrm{d}T}{T} + \frac{R}{c_V}\cdot\frac{\mathrm{d}V}{V} = 0$$

となる。ここで，比熱比

$$\gamma = \frac{c_p}{c_V} = 1 + \frac{R}{c_V}$$

を用いれば，

$$\frac{\mathrm{d}T}{T} + (\gamma - 1)\frac{\mathrm{d}V}{V} = 0$$

と読み換えられるので，両辺に $TV^{\gamma-1}$ を掛けることにより，さらに

$$V^{\gamma-1}\frac{\mathrm{d}T}{\mathrm{d}V} + (\gamma - 1)TV^{\gamma-2} = 0$$

と変形できる。これより，最終的に

$$\frac{\mathrm{d}}{\mathrm{d}V}\left(TV^{\gamma-1}\right) = 0$$

$$\therefore \quad TV^{\gamma-1} = 一定 \tag{4–3–2}$$

を得る。これが，準静的な断熱変化が満たす状態量の方程式である。

$$\frac{pV}{T} = 一定$$

を用いれば,

$$pV^{\gamma} = 一定 \tag{4–3–3}$$

と書き換えることもできる。(4–3–2) と (4–3–3) は等価な方程式であり，いずれも**ポアソンの法則（公式）**と呼ばれる。$\gamma > 1$ なので，p–V 図上において同じ点を通る断熱曲線と等温曲線を比べると，その点において断熱曲線の方が勾配（傾きの大きさ）が急である。

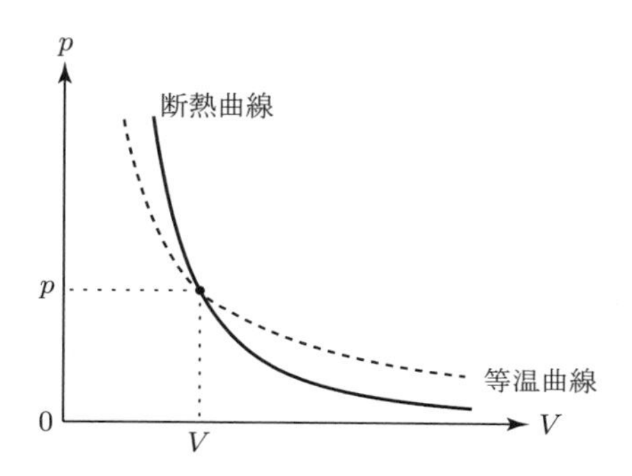

これは，定性的にも容易に確認できる。断熱的に気体が膨張すれば，気体は外界に仕事をし，その分だけ内部エネルギーが減少し温度が下がる。逆に圧縮されれば，外界から仕事をされ，その分だけ内部エネルギーが増加し温度が上がる。

断熱自由膨張

変化の始点と終点は熱平衡状態でなければ具体的な議論ができないが，変化経路は必ずしも準静的変化である必要はない。非準静的変化の典型例として，真空への断熱自由膨張を調べる。この変化は断熱ではあるが，非準静的変化なので，前項で導いたポアソンの法則は使えない。

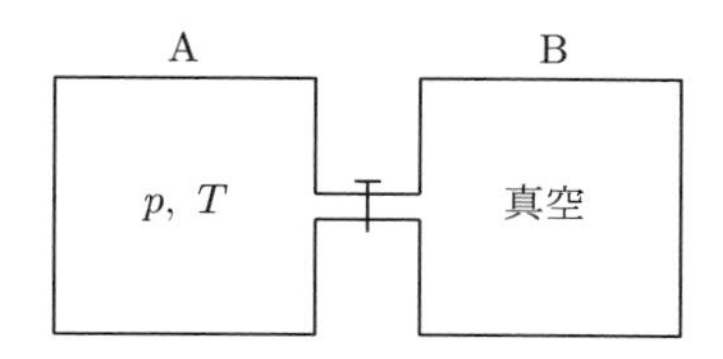

2 つの断熱容器 A, B を断熱材でできた管で繋ぐ。2 つの容器の容積はともに V であり，管の容積は無視できるものとする。管のコックははじめ閉じてあり，容器 A には温度 T，圧力 p の状態の理想気体が封入されているが，容器 B は真空である。この状態からコックを開く。

気体は管を通って容器 B にも移動する。十分に時間が経過して熱平衡状態に達したとすれば，気体は 2 つの容器 A, B 全体の一様な状態で存在することになる。このときの温度と圧力を T', p' とする。

コックを開く前の気体の状態方程式

$$pV = nRT$$

に対して，コックを開いて熱平衡に達した状態の状態方程式は

$$p' \cdot 2V = nRT'$$

となる。

この過程では，気体は外界から加熱されず，また，仕事もされない。したがって，熱力学第 1 法則より

$$\Delta U = 0 \qquad \therefore \quad \Delta T = 0$$

となる。すなわち，

$$T' = T$$

である。また，これを状態方程式に代入すれば，

$$p' = \frac{1}{2}p$$

も導かれる。

ところで，ここで 1 つ疑問がある。2 つの容器全体に一様に広がった気体が，逆向きの変化経路を経て再び一方の容器に集まるようなことは起きないのだろうか。仮にそのようなことが起きたとしても，熱力学第 1 法則には抵触しない。しかし，それは如何にも不自然であり，少なくともそのような現象を観測した経験はないだろう。これを物理学的に理解するためには，熱力学第 1 法則とは独立な新しい法則の導入が必要となる。この点については § 5.4 で検討する。

なお，実在気体では，気体が膨張することにより分子間の引力に対して仕事をするので，分子の平均運動エネルギーが減少し（内部エネルギーは変化しない），気体の温度は降下する。これを**ジュール–トムソン効果**と呼ぶ。

第5章　熱力学の展開

自然界で観測される巨視的現象には**向き**があるように思われる。例えば，テーブルから落ちたコップは割れてしまうが，ガラスの破片が集まってコップに戻る現象は見たことがないだろう。「覆水盆に返らず」という諺もある。熱の自発的な移動も高温側から低温側への移動しか観測したことがないだろう。

変化の向きは保存則では説明できない。もし，自然現象に向きがあるならば，それを説明するには，実質がエネルギー保存則である熱力学第1法則とは独立な法則が必要である。

5.1　可逆過程・不可逆過程

ある変化過程において，その過程に伴うすべての変化（内部エネルギーの増減，仕事や熱の移動など）が逆向きとなる過程も自然界で観測されるとき，その過程は**「可逆である」**という。可逆でない過程は**「不可逆である」**という。

力学で学んだ放物運動や単振動などの周期的な運動は，可逆な現象であるが，それはいずれも抵抗や摩擦などを無視した理想的な現象である。現実に自然界で観測される巨視的な現象はすべて不可逆であるように思われる。しかし，それが物理的に真実であったとしても，これまでに学んだ物理法則では説明できない。これまでに学んだ物理法則はすべて保存則の形式をしている。保存則は，ある状態から別のある状態への変化が生じたときに，その前後の状態を比較することしかできず，その向きの変化の実現性については何も教えてくれない。

それに対する答を与えてくれる熱力学第2法則が本章のテーマである。その前に次節では，熱力学第2法則の発見に関わりの深い熱機関について調べる。

結論として,「可逆変化」は現実には自然界で観測されない理想化された過程である。我々は, 同様に理想的な過程として「準静的変化」を導入した。微視状態を区別せず巨視状態にのみ注目する熱力学の範囲では, 両者を同じ意味に解釈して構わない。微視状態も区別する場合には, 可逆であれば準静的であるが, 準静的だからといって可逆とは限らない。

§4.3 で調べた断熱自由膨張は不可逆変化の代表例である。その不可逆性（2つの容器全体に一様に分布した気体が, 逆向きの変化を経て一方の容器に偏って分布する状態が現れる, ということは起きない）は, 経験的には明らかであろう。しかし, この不可逆性を理論的に説明するにはさらに準備が必要である。

5.2 熱機関

熱として供給したエネルギーを力学的な仕事に変換して取り出す仕組み（装置）を**熱機関**（**heat engine**）という。いわゆるエンジンの多くも熱機関である。

ここでは特に, 熱サイクルを利用した熱機関について考える。**熱サイクル**とは, 一定の物質を連続的に変化を繰り返して元の状態に戻す循環過程である。熱サイクルを運転するには高温熱源と低温熱源の 2 種類の熱源が必要である。ここで,「高温」や「低温」は相対的な概念であるが, これはそのときどきの運転物質（気体）との比較を意味する。熱は高温側から低温側へ移動するので, 高温熱源は「加熱用の熱源」, 低温熱源は「冷却用の熱源」を意味する。

熱サイクルを運転する様子は, 下図のように模式的に示すことができる。

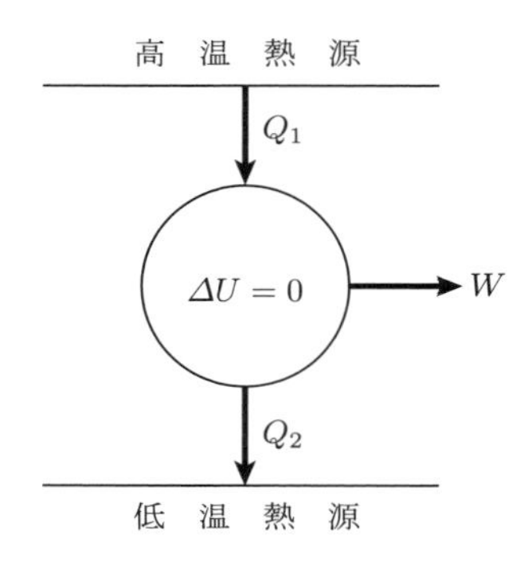

Q_1 は気体が高温熱源から吸収した熱の総和, Q_2 は気体が低温熱源に放出した

熱の総和を表す。W は，サイクルを通して気体が外部にした正味の仕事である。正味の仕事とは，気体が外部へした仕事から，気体が外部からされた仕事を差し引いた値である。準静的サイクルでは，正味の仕事は p–V 図において，サイクルを表す閉曲線が囲む部分の面積に等しい。

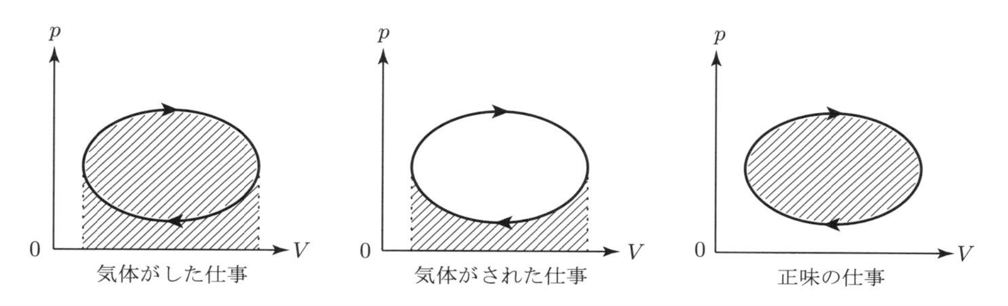

このとき，このサイクルを運転することにより，熱として与えたエネルギー Q_1 のうち，W を仕事に変換して取り出せたことを意味する，その変換効率

$$\eta \equiv \frac{W}{Q_1}$$

を，この熱サイクルの熱機関としての**熱効率**と呼ぶ。

サイクル全体を通しての気体の内部エネルギーの変化は

$$\Delta U = 0$$

なので（元の状態に戻してあるので），熱力学第 1 法則より

$$0 = (-W) + (Q_1 - Q_2) \qquad \therefore \quad W = Q_1 - Q_2$$

となる。したがって，熱効率は Q_1, Q_2 のみを用いて

$$\eta = \frac{Q_1 - Q_2}{Q_1} = 1 - \frac{Q_2}{Q_1}$$

と表すこともできる。

【例 5–1】

運転物質を単原子分子理想気体とする，下図のような p–V 図で表される熱サイクルを運転する。これを熱機関とみたときの熱効率を求めてみる。

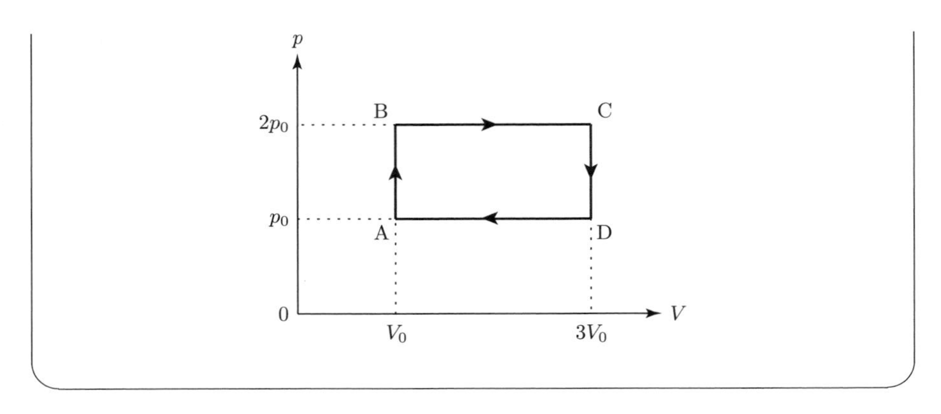

状態 A, B, C, D の状態方程式を書くと，以下の通りである。

$$
\begin{aligned}
\mathrm{A} &: \quad p_0V_0 = nRT_{\mathrm{A}} \\
\mathrm{B} &: \quad 2p_0V_0 = nRT_{\mathrm{B}} \\
\mathrm{C} &: \quad 2p_0 \cdot 3V_0 = nRT_{\mathrm{C}} \\
\mathrm{D} &: \quad p_0 \cdot 3V_0 = nRT_{\mathrm{D}}
\end{aligned}
$$

サイクルを通して気体が外界にした正味の仕事 W は，上図のサイクル図が囲む部分の面積に等しく

$$W = (2p_0 - p_0)(3V_0 - V_0) = 2p_0V_0$$

である。サイクルの中で吸熱の過程は，定積的に温度が上昇する A → B と，定圧的に温度の上昇する B → C であり，それぞれの過程における吸熱量は，

$$Q_{\mathrm{AB}} = n \cdot \frac{3}{2}R \cdot (T_{\mathrm{B}} - T_{\mathrm{A}}) = \frac{3}{2}p_0V_0$$

$$Q_{\mathrm{BC}} = n \cdot \frac{5}{2}R \cdot (T_{\mathrm{C}} - T_{\mathrm{B}}) = 10p_0V_0$$

となる。ここで，一見，熱力学第 1 法則を用いずに熱を求めることができているのは，我々があらかじめ単原子分子理想気体の定積モル比熱と定圧モル比熱を熱力学第 1 法則より求めたためである。

サイクルを通しての吸熱の総和は

$$Q_1 = Q_{\mathrm{AB}} + Q_{\mathrm{BC}} = \frac{23}{2}p_0V_0$$

であるから，熱効率は，

$$\eta = \frac{W}{Q_1} = \frac{4}{23} \fallingdotseq 17\,\%$$

となる。■

【例 5–2】

一定量の理想気体を運転物質として，等温変化と断熱変化により繋ぐ準静的サイクルを運転する。

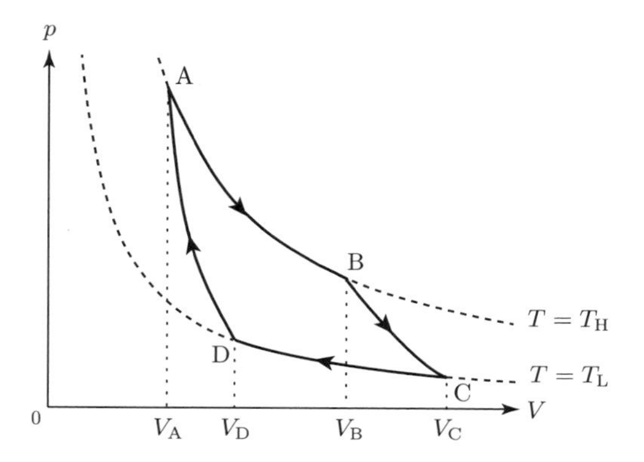

2 つの等温変化における温度を T_H, T_L $(T_\mathrm{H} > T_\mathrm{L})$ とする。このサイクルの中で，吸熱過程は等温膨張の $\mathrm{A} \to \mathrm{B}$ のみであり，放熱過程は等温圧縮である $\mathrm{C} \to \mathrm{D}$ のみである。等温変化では内部エネルギーが変化しないので，熱力学第 1 法則より，吸熱量 Q_1 は気体がした仕事と，放熱量 Q_2 は気体がされた仕事に等しい。したがって，

$$Q_1 = \int_{\mathrm{A}\to\mathrm{B}} p \cdot \mathrm{d}V = \int_{V_\mathrm{A}}^{V_\mathrm{B}} \frac{nRT_\mathrm{H}}{V}\,\mathrm{d}V = nRT_\mathrm{H} \log \frac{V_\mathrm{B}}{V_\mathrm{A}}$$

$$Q_2 = \int_{\mathrm{C}\to\mathrm{D}} (-p) \cdot \mathrm{d}V = \int_{V_\mathrm{D}}^{V_\mathrm{C}} \frac{nRT_\mathrm{L}}{V}\,\mathrm{d}V = nRT_\mathrm{L} \log \frac{V_\mathrm{C}}{V_\mathrm{D}}$$

準静的サイクルなので，断熱変化 $\mathrm{B} \to \mathrm{C}$，$\mathrm{D} \to \mathrm{A}$ についてポアソンの法則が使える。すなわち，気体の比熱比 γ を用いて，

$$T_\mathrm{H} {V_\mathrm{B}}^{\gamma-1} = T_\mathrm{L} {V_\mathrm{C}}^{\gamma-1}, \qquad T_\mathrm{H} {V_\mathrm{A}}^{\gamma-1} = T_\mathrm{L} {V_\mathrm{D}}^{\gamma-1}$$

が成り立つ。2 式を辺々割れば,

$$\left(\frac{V_{\mathrm{B}}}{V_{\mathrm{A}}}\right)^{\gamma-1} = \left(\frac{V_{\mathrm{C}}}{V_{\mathrm{D}}}\right)^{\gamma-1}$$

比熱比 γ は 1 より大きいので, $\gamma - 1 \neq 0$ である。よって,

$$\frac{V_{\mathrm{B}}}{V_{\mathrm{A}}} = \frac{V_{\mathrm{C}}}{V_{\mathrm{D}}} \qquad \therefore \quad \log\frac{V_{\mathrm{B}}}{V_{\mathrm{A}}} = \log\frac{V_{\mathrm{C}}}{V_{\mathrm{D}}}$$

が導かれる。以上より, このサイクルの熱効率は

$$\eta_{\mathrm{C}} = 1 - \frac{Q_2}{Q_1} = 1 - \frac{T_{\mathrm{L}}}{T_{\mathrm{H}}}$$

となる。なお, このサイクルは**カルノー・サイクル**と呼ばれる。

以上の計算から分かるように, このサイクルの熱効率が運転物質の種類 (γ の値) や物質量 (n の値) によらないことは注目すべきである。■

5.3 カルノーの原理〈参考〉

熱効率は定義から $0 \leqq \eta \leqq 1$ である ($\eta > 1$ の場合は熱力学第 1 法則に抵触する)。そこで, 18 世紀には熱効率を $\eta = 1$ とする研究が行われた (そのような熱機関を第二種永久機関という)。しかし, そのような熱機関は実現できなかった。これは, 技術的な限界ではなく, 原理的な限界であると考えられるようになった。しかし, 熱効率 $\eta = 1$ の熱機関を禁止する物理法則は存在しなかった ($\eta = 1$ の熱機関は熱力学第 1 法則には抵触しない)。

この点に関して, カルノーは次のような原理を要請した。

> **与えられた 2 つの温度 $T_{\mathrm{H}}, T_{\mathrm{L}}$ の恒温熱源の間で働く可逆な熱サイクルの熱効率は, 2 つの温度のみで決まる等しい値となり (η_0 とする), 不可逆な過程も含む一般の熱サイクルの熱効率 η は, $\eta < \eta_0$ である。**

これを**カルノーの原理**と呼ぶ。恒温熱源とは, 有限の量の熱をやり取りしても温度が変化しない熱容量が無限の理想的な熱源を意味する。

カルノー・サイクルは 2 つの恒温熱源を用いて運転される準静的 (可逆) サイクルなので, カルノーの原理によれば,

$$\eta_0 = \eta_{\mathrm{C}} = 1 - \frac{T_{\mathrm{L}}}{T_{\mathrm{H}}} \ \ (< 1)$$

であり, これが, 同じ熱源を用いて運転されるサイクルの中で最大の熱効率を与

えることになる。

熱力学的温度目盛〈発展〉

温度の値を具体的にどのように表示するかの約束を**温度目盛**という。これまでは理想気体の状態方程式に依拠した温度目盛を採用してきた。これを**理想気体温度目盛**と呼ぶ。しかし，温度は熱力学における最も基礎的な状態量の1つなので，特定の物質の性質に依存した温度目盛を使うことは好ましくなく，熱力学の理論に依拠した温度目盛を採用すべきである。

ところで，次節で説明するように，カルノーの原理は，実質的には熱力学の原理の1つである熱力学第2法則と本質的には等価である。このカルノーの原理によれば，2つの恒温熱源の間で可逆サイクルを運転したときに，各熱源から移動する熱 Q_1, Q_2 の比は，2つの熱源の温度 $T_\mathrm{H}, T_\mathrm{L}$ の関数になる。その関数の形は如何なる温度目盛を採用するかにより決定される。逆に，特定の関数の形を想定することは，特定の温度目盛を採用することを意味する。そこで，前節の計算と同様に

$$\frac{Q_2}{Q_1} = \frac{T_\mathrm{L}}{T_\mathrm{H}}$$

となるような温度目盛を採用することにする。これは，結局はこれまで用いてきた理想気体温度目盛と同一の温度目盛になるが，熱力学の理論に依拠して採用し直したことになる。この温度目盛を**熱力学温度目盛**と呼ぶ。

熱力学温度目盛により測った温度を**絶対温度**と呼び，単位はK（ケルビン）を用いる。これは，次節に登場する熱力学の巨人トムソンの爵位ケルビン卿（Lord Kelvin）に因んでいる。前述の通り，この熱力学温度目盛の温度とこれまで採用してきた理想気体温度目盛の温度は一致するので，これまでの計算はすべて有効であるし，今後も計算法を変える必要はない。

ところで，熱力学的温度目盛を採用する場合，これまでは温度の定義として捉えていた理想気体の状態方程式

$$pV = nRT$$

の役割は何か，という論理的な疑問が生じる。これは，理想気体の示強性状態量としての圧力 p の定義と捉えることができる。圧力は単位面積あたりの力の大きさと説明されるが，実は圧力と力は名前は似ているが，まったくの別ものである。

圧力はスカラー量であり，§2.3 でも述べたようにエネルギー密度（単位体積当たりのエネルギー）と密接に関わる。単原子分子理想気体では，

$$p = \frac{nRT}{V} = \frac{2}{3} \cdot \frac{U}{V}$$

となっている。外界との接触面では，圧力の存在が外向きの力として現れるという表現が正しい。

5.4 熱力学第 2 法則

前節で紹介したカルノーの原理は，結論は正しいのであるが，その導出過程に誤りがあった（今日では存在が否定されている熱素と呼ばれる物質の移動を熱の移動と考えていた）ため，正統な熱力学の理論からは除外されている。トムソンやクラウジウスは，カルノーの原理を熱力学の法則として発展させた。

トムソンは

熱として与えたエネルギーのすべてを仕事に変換して，他には何の変化も残さないということは不可能である。

ことを自然の摂理と要請することを提唱した。これを**トムソンの原理**という。トムソンの原理は，直接的には熱効率 $\eta = 1$ の熱機関を禁止する。

トムソンの原理は，エネルギー保存則（熱力学第 1 法則）とは独立な新しい原理であり，自然界で実現可能な変化の向きを示唆する原理となる。このトムソンの原理は**熱力学第 2 法則**の表現のひとつである。熱力学第 2 法則にはいくつかの表現があり，トムソンの原理と等価であり，トムソンの原理と並ぶ代表的な表現に**クラウジウスの原理**がある。クラウジウスの原理は，

熱を低温側から高温側へ移動し，他には何の変化も残さないということは不可能である。

と述べている。自然界で実現可能な熱の移動の向きを示している。

トムソンの原理やクラウジウスの原理が，カルノーの原理と等価であることは次のような思考実験から確認できる。

まず，基準として 1 つのカルノー・サイクル C を考える (次ページ左図)。

熱効率は

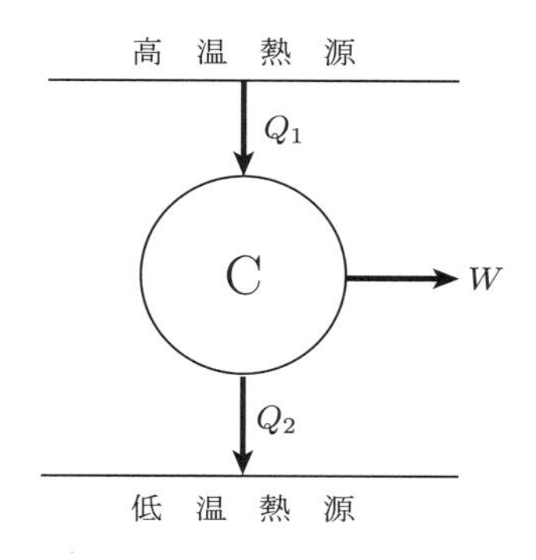

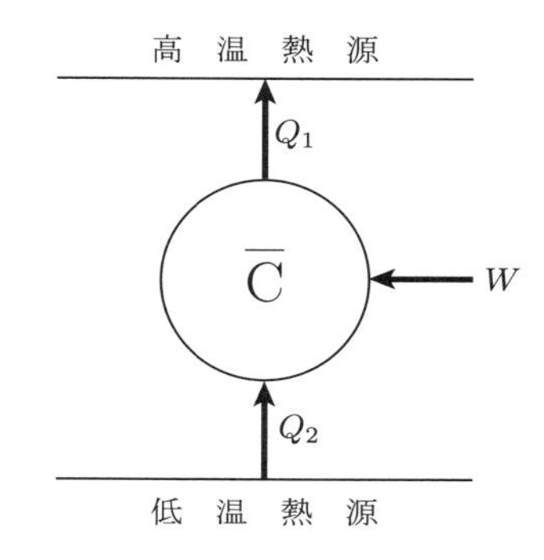

$$\eta_0 = 1 - \frac{Q_2}{Q_1}$$

である。カルノー・サイクルは可逆サイクルなので，逆向きの運転（これを $\overline{\mathrm{C}}$ とする）が可能である(上右図)。

さて，上のカルノー・サイクルと同じ2つの恒温熱源を使って運転される，カルノーの原理に反する，熱効率 η_{S} が

$$\eta_{\mathrm{S}} > \eta_0$$

である超熱機関Sが存在すると仮定する。この場合，運転物質の量を調整して高温熱源からサイクルが吸収する熱を Q_1 となるようにすれば，低温熱源に放出する熱 $Q_2{}'$ は

$$1 - \frac{Q_2{}'}{Q_1} > 1 - \frac{Q_2}{Q_1} \qquad \therefore \quad Q_2{}' < Q_2$$

となる。したがって，$\varepsilon > 0$ として，

$$Q_2{}' = Q_2 - \varepsilon$$

と表せる。このとき，Sがする正味の仕事は，熱力学第1法則より，

$$W' = Q_1 - Q_2{}' = Q_1 - (Q_2 - \varepsilon) = W + \varepsilon$$

となる。このうちの W を利用して $\overline{\mathrm{C}}$ を運転することを考えれば，Sと $\overline{\mathrm{C}}$ を結合した次ページ図のようなサイクルを運転できることになる。

つまり，トムソンの原理に反して，熱として与えたエネルギーのすべてを仕事に変換して，他には何の変化も残さないことになる。トムソンは，これは不合理であると考え，このような機関の存在を否定した。それは，カルノーの原理に反

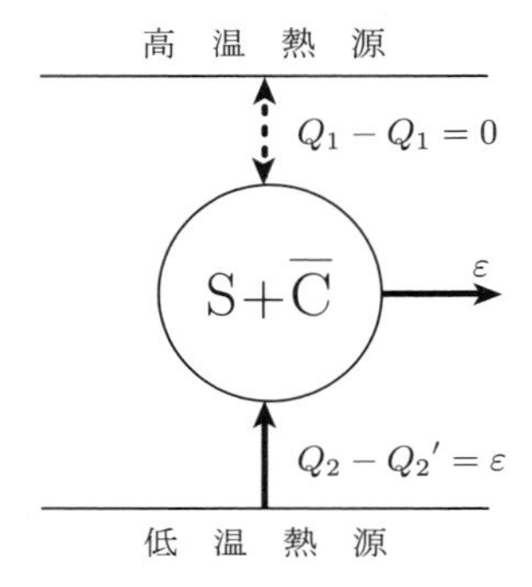

する超熱機関の存在の否定を意味する。

超熱機関Sの規模を調整してサイクルの間にする正味の仕事を上のカルノー・サイクルの正味の仕事 W と一致させれば，Sが高温熱源から吸収する熱 $Q_1{}''$ は，

$$\frac{W}{Q_1{}''} > \frac{W}{Q_1} \qquad \therefore \quad Q_1{}'' < Q_1$$

となるので，$\varepsilon > 0$ として，

$$Q_1{}'' = Q_1 - \varepsilon$$

と表せる。このとき，熱力学第1法則より，Sが低温熱源に放出する熱 $Q_2{}''$ は，

$$Q_1{}'' - Q_2{}'' = W = Q_1 - Q_2 \qquad \therefore \quad Q_2{}'' = Q_1{}'' - (Q_1 - Q_2) = Q_2 - \varepsilon$$

となる。したがって，Sと $\overline{\text{C}}$ を結合して，次のようなサイクルを運転することができる。

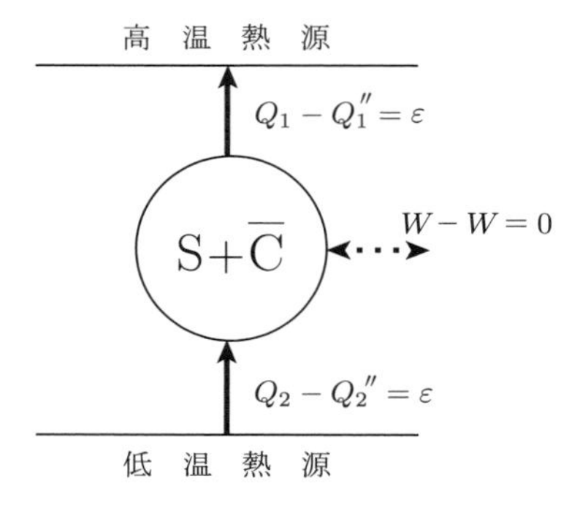

つまり，クラウジウスの原理に反して，熱を低温側から高温側へ移動して，他

には何の変化も残さないことになる。クラウジウスは，これは不合理であると考え，このような機関の存在を否定した。これも，カルノーの原理に反する超熱機関の存在の否定を意味する。

以上みたように，カルノーの原理は，トムソンの原理やクラウジウスの原理，すなわち，熱力学第 2 法則と実質的には等価な法則であった。

熱力学第 2 法則についてより深く理解するためには，エントロピーと呼ばれる新しい示量性状態量を導入する必要がある。

5.5 エントロピー〈発展〉

無限小変化に対する熱力学第 1 法則

$$\mathrm{d}U = \mathrm{d}'W + \mathrm{d}'Q$$

において，変化が準静的ならば，外界からの仕事を

$$\mathrm{d}'W = (-p)\mathrm{d}V$$

と示強性状態量と示量性状態量の微分の積の形に表示することができた。同じように外界からの熱 $\mathrm{d}'Q$ を状態量と状態量の微分の積の形に表現することを考えてみる。

準静的な状態変化では，内部エネルギーの変化を温度変化で記述することができ，熱力学第 1 法則は

$$nc_V\mathrm{d}T = \mathrm{d}'Q - p\mathrm{d}V$$

と書き直せる。よって，

$$\mathrm{d}'Q = nc_V\mathrm{d}T + p\mathrm{d}V$$

となる。この両辺を状態方程式 $pV = nRT$ で辺々割れば，

$$\frac{\mathrm{d}'Q}{T} = nc_V\frac{\mathrm{d}T}{T} + nR\frac{\mathrm{d}V}{V} \qquad (5\text{–}5\text{–}1)$$

となる。右辺は，任意の 2 つの状態間で積分すれば，状態量の組み合わせの関数として表現できる。その関数もひとつの状態量である。それを S とすれば，(5–5–1) 式の右辺は $\mathrm{d}S$ であり，

$$\frac{\mathrm{d}'Q}{T} = \mathrm{d}S \qquad \therefore \quad \mathrm{d}'Q = T\mathrm{d}S \qquad (5\text{–}5\text{–}2)$$

となる。ここで導入された新しい状態の関数（(5–5–1) より，示量性状態量であ

ることが分かる）S は，上の定義では定数分の不定性があるが，通常は絶対零度のときにゼロと定義する（この定義が物理的に妥当であること，つまり，S が状態量であることを保証する法則を熱力学第 3 法則という）。この新しい示量性状態量 S を**エントロピー**と呼ぶ。T は示強性状態量であるから式 (5–5–2) により，準静的変化における熱 $\mathrm{d}'Q$ を，示強性状態量と示量性状態量の微分の積の形で表示することができた。

これにより，準静的変化における熱力学第 1 法則は

$$\mathrm{d}U = (-p)\mathrm{d}V + T\mathrm{d}S$$

と表現される。状態量のうち $(V,\, S)$ の 2 つを独立変数として採用し，内部エネルギーの変化を通して内部状態の変化を追跡するための方程式である。別の変数の組を独立変数として採用する場合には，内部エネルギーの代わりに別の関数の変化に注目することになる（§6 参照）。

エントロピー S を用いると，熱力学第 2 法則を定量的に表現することができる。特に，孤立系については

自然な変化はエントロピー S が増加する向きに生じ，S が極大に達した状態で変化が止まる（熱平衡状態に達する）。

と表現できる。

これを §4.3 で調べた真空への断熱自由膨張に適用して考えてみる。実際の変化中は熱平衡が破れているが，初期状態 $(p,\, V,\, T)$ と §4.3 で求めた熱平衡状態 $\left(\dfrac{1}{2}p,\, 2V,\, T\right)$ とを準静的変化で繋ぐ経路として，等温膨張の過程を考えてみると，変化中は $\mathrm{d}T = 0$ なので，熱力学第 1 法則より，

$$0 = (-p)\mathrm{d}V + T\mathrm{d}S \qquad \therefore \quad \mathrm{d}S = \frac{p}{T}\mathrm{d}V \tag{5–5–3}$$

となる。エントロピー S が状態量であることを認めれば，この式に基づいて評価したエントロピーの変化は，現実の変化におけるエントロピーの変化と一致する。

(5–5–3) より，体積が大きいほどエントロピーの値が大きく，可能な範囲で体積最大の状態で極大となり変化が止まることが理解できる。つまり，2 つの容器全体に一様に広がった気体は，巨視的には変化が止まり平衡状態に達する。その後，逆向きの変化経路を経て，一方の容器に気体が集まるというようなことは自然界では起きない（観測されない）。

なお，化学ではエントロピーが「乱雑さ」を表す尺度として紹介されている。

ところで，熱力学の範囲ではエントロピーの解釈には不分明な部分もあり，ボルツマンにより統計力学が導入されることになる。統計力学とは，微視状態の統計的な追跡に基づいて巨視状態を演繹的に説明する理論である。

1 つの巨視状態は多数の微視状態の代表である。ボルツマンは，微視状態の数が W である巨視状態のエントロピー S が，

$$S = k_{\mathrm{B}} \log W$$

で与えられることを導いた。エントロピーが大きいということは微視状態の数が大きいことを示す。統計力学では各微視状態が等しい確率で実現すると考えるので，エントロピーが大きいことは，その巨視状態が実現する確率が大きいことを意味する。

5.6 熱力学関数〈参考〉

エントロピー S を導入することにより，準静的変化における熱力学第 1 法則が

$$\mathrm{d}U = (-p)\mathrm{d}V + T\mathrm{d}S$$

と表すことができた。この表式の意味について検討する。

熱力学第 1 法則

無限小変化についての熱力学第 1 法則は，

$$\mathrm{d}U = \mathrm{d}'W + \mathrm{d}'Q$$

であった。これは，状態量の変化ではない仕事 $\mathrm{d}'W$ と熱 $\mathrm{d}'Q$ の和が，状態量である内部エネルギー U の変化 $\mathrm{d}U$ になることを表す。また，実践的には熱を決定する方程式であると解釈できた。

変化が準静的であれば，さらに

$$\mathrm{d}U = (-p)\mathrm{d}V + T\mathrm{d}S \qquad (5\text{–}6\text{–}1)$$

と表すことができた。これは，気体の内部エネルギーに注目することにより，体積 V とエントロピー S を独立な変数として選び，気体の状態変化を追跡することを意味する。一定量の気体の準静的な状態変化は，いわば変化の自由度が 2 で

あり，2 つの状態量を独立変数として選ぶことにより変化を追跡できる。(5–6–1) 式では，体積 V とエントロピー S を独立変数として選び，p–V 図上の経路として状態変化を追跡している。

他の状態量を独立変数として選んだ方が便利な場合もある。例えば，等温変化や定圧変化を調べる場合にはあらかじめ温度 T，圧力 p を変化を追跡する変数として採用しておけば便利である。等温変化の条件は $\mathrm{d}T = 0$ であるし，定圧変化の条件は $\mathrm{d}p = 0$ である。変化を追跡する変数を換えた場合には注目すべき関数も変更する必要がある。

熱力学関数

やや唐突であるが，

$$H \equiv U + pV$$

なる関数を導入する。この微分は

$$\begin{aligned}\mathrm{d}H &= \mathrm{d}U + V\mathrm{d}p + p\mathrm{d}V \\ &= \{(-p)\mathrm{d}V + T\mathrm{d}S\} + V\mathrm{d}p + p\mathrm{d}V = T\mathrm{d}S + V\mathrm{d}p\end{aligned}$$

となるので，エントロピー S と圧力 p が独立変数として自然に選ばれることになる。このときに注目する関数 H をエンタルピーと呼ぶ。さらに，

$$\begin{aligned}F &\equiv U - ST \\ G &\equiv F + pV\end{aligned}$$

なる関数を導入すると，それぞれの微分は

$$\begin{aligned}\mathrm{d}F &= (-S)\mathrm{d}T + (-p)\mathrm{d}V \\ \mathrm{d}G &= (-S)\mathrm{d}T + V\mathrm{d}p\end{aligned}$$

となる。それぞれ (T, V)，(T, p) が独立変数として選ばれる。F をヘルムホルツの自由エネルギー，G をギブスの自由エネルギーと呼ぶ。

U, H, F, G などの状態量を熱力学関数と呼ぶ。気体（物質）の状態変化を追跡するときの道標となる。どのような条件の下で状態変化を追跡するのかにより使い分けると有効な議論ができる。

エンタルピー

エンタルピーは化学でよく用いられる。

エンタルピー $H = H(S, p)$ の変化は

$$\mathrm{d}H = T\mathrm{d}S + V\mathrm{d}p$$

であるので，$\mathrm{d}p = 0$ の定圧変化では

$$\mathrm{d}H = T\mathrm{d}S = \mathrm{d}'Q \tag{5–6–2}$$

となる。つまり，エンタルピー変化は物質が吸収する熱に等しい。化学変化は圧力が一定の環境の下で実現する場合が多い。(5–6–2) 式の関係は物質の相転移においても有効なので，例えば，液体から気体への相転移における潜熱，すなわち，蒸発熱は，その際のエンタルピー変化と一致する。そのため，蒸発熱を蒸発のエンタルピー（変化）と呼ぶこともある。

相転移では温度変化を生じなくても分子の結合状態が変化するため，内部エネルギーの変化は生じる。温度 T の液体状態における 1 mol あたりの内部エネルギーを $u_{\mathrm{L}}(T)$，体積を v_{L}，温度 T の気体状態における 1 mol あたりの内部エネルギーを $u_{\mathrm{G}}(T)$，体積を v_{G} とすれば，蒸発熱 q_{V} は，内部エネルギーの変化と膨張による外界への仕事の和に等しく，

$$q_{\mathrm{V}} = u_{\mathrm{G}}(T) - u_{\mathrm{L}}(T) + p(v_{\mathrm{G}} - v_{\mathrm{L}}) = \{u_{\mathrm{G}}(T) + pv_{\mathrm{G}}\} - \{u_{\mathrm{L}}(T) + pv_{\mathrm{L}}\}$$

で与えられる。これは確かに 1 mol あたりのエンタルピー $u + pv$ の変化と一致している。

5.7 実在気体の内部エネルギー〈参考〉

理想気体の内部エネルギーは温度 T のみの関数であったが，実在気体では分子間力の効果として内部エネルギーが体積 V にも依存する。§2.5 で紹介したファン・デル・ワールスの状態方程式に従う気体について調べてみる。

理想気体の状態方程式やファン・デル・ワールスの状態方程式は，特定の物質の特性方程式であるのに対して，熱力学第 1 法則や第 2 法則は物理法則であり，あらゆる対象に対して普遍的に有効である（だから，物理法則と呼ぶことができる）。

1 mol の気体についてのファン・デル・ワールスの状態方程式は

$$\left(p + \frac{a}{v^2}\right)(v - b) = RT \tag{5–7–1}$$

であった。$\dfrac{a}{v^2}$ が分子間力の存在を表している。この気体の内部エネルギーを u，エントロピーを s で表すことにする。

(5–7–1) 式を前提として，熱力学第 1 法則

$$\mathrm{d}u = (-p)\mathrm{d}v + T\mathrm{d}s$$

からスタートして計算を進めると（計算過程は数学的に難しくなるので省略する），等温変化において

$$\mathrm{d}u = \frac{a}{v^2}\mathrm{d}v \tag{5–7–2}$$

の成立が導かれる。内部エネルギーが体積に依存することを端的に示している。温度を一定に保ちながら気体が膨張するときには，(5–7–2) 式に従って内部エネルギーが増加する。それだけのエネルギーを外部から供給する必要があるので，外部からの熱も仕事もない真空への断熱自由膨張では温度が下がることになる。これが§4.3 の最後で紹介したジュール–トムソン効果である。

第 III 部
力学的波動

第1章　連続体の振動〈やや発展〉

弾性のある物質（弾性体）について，分子の結合により構成されているという離散的な構造を捨象して，空間的な広がりをもち，変形する連続的な物体（連続体）と見て，その力学を調べる。

連続体の1点に励起された振動は，連鎖的に連続体の広域的な振動を誘起する。このような連鎖的な振動の伝播現象を**波動（波）**という。その場合，振動が伝播する連続体を波の**媒質**と呼ぶ。弾性体を媒質とし，その弾性が波の伝播の駆動力となる波動を弾性波という。光も波の一種であるが，これには媒質は存在しない。光波は第V部（下巻）で扱う。この第III部では，物質の振動の波（主に弾性波動），特に直線状の媒質に伝播する1次元的な波動について調べる。

波としての現象の分析法は次章以降で扱い，本章では，力学の応用として連続体の振動について調べる。本章の内容は数学的にやや難しいので，次章から読み始めても構わない。

1.1　実体ばねの振動

力学では，運動を追跡する物体に力を及ぼす装置として質量の無視できるばねを考えた。現実のばねには質量があり，ばね自体が運動の主体となる（実体ばね）。

ところで，連続体の力学を考察する場合，そのままでは運動方程式が書けない。我々の学んだ運動方程式は，基本的には質点の運動方程式である。そこで，微小の部分 Δx ごとに分けて，各部分を質点と看做して運動方程式を書く。その後，$\Delta x \to 0$ の極限（連続極限）をとり，連続体の力学を記述する方程式を得る。

一様な材質でできた十分に長い実体ばねを考える。これを多数の質点 m が，自然長が Δx，ばね定数 k の質量が無視できるばねで連結された装置として扱うことができる。

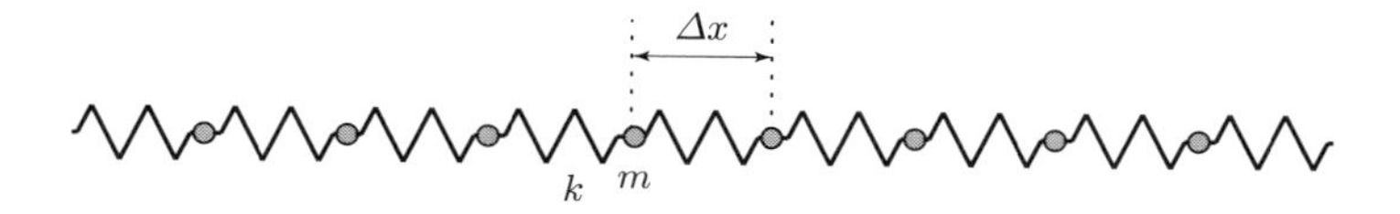

m は元のばねの長さ Δx の部分の質量であり，k は元のばねの長さ Δx の部分のばね定数を表す。

$$\rho \equiv \frac{m}{\Delta x}$$

は，ばねの**線密度**（単位長さあたりの質量）を表し，ばねの材質で決まる有限の一定値である。また，同じ材質ならば，ばねのばね定数は自然長に反比例する。したがって，

$$\kappa \equiv k\Delta x$$

も，ばねの材質で決まる（弾性の強さを表す）有限の一定値である。

ばねに沿って x 軸を設定し，ばねが静止した状態におけるばねの点の座標 x により，ばねの位置を指定する。

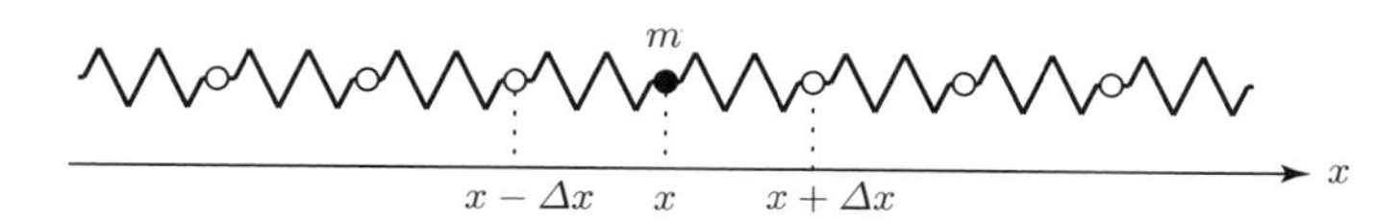

ばねの各点が x 方向に振動する場合を考える。その変位 q は，ばねの位置を指定する x と時刻 t の関数となる。x と t は独立な変数である。以下では，x についての微分を $'$（ダッシュ）で，t についての微分を $\dot{}$（ドット）で表し区別する。

位置 x の質点（位置 x を中心とする長さ Δx の部分を質点と看做したもの）の運動方程式は

$$m\ddot{q}(x,\, t) = k\left\{q(x+\Delta x,\, t) - q(x,\, t)\right\} - k\left\{q(x,\, t) - q(x-\Delta x,\, t)\right\}$$

となる。両辺を Δx で割ることにより，

$$\rho\ddot{q}(x,\, t) = \kappa\cdot\frac{\dfrac{q(x+\Delta x,\, t)-q(x,\, t)}{\Delta x} - \dfrac{q(x,\, t)-q(x-\Delta x,\, t)}{\Delta x}}{\Delta x}$$

と変形できる。

$\varDelta x \to 0$ のとき，

$$\frac{\dfrac{q(x+\varDelta x,\, t)-q(x,\, t)}{\varDelta x}-\dfrac{q(x,\, t)-q(x-\varDelta x,\, t)}{\varDelta x}}{\varDelta x} \to q''(x,\, t)$$

と読み替えられるので，連続体としての実体ばねの力学を記述する方程式として

$$\rho\ddot{q} = \kappa q'' \qquad \text{i.e.} \quad \ddot{q} = \frac{\kappa}{\rho} q''$$

を得る。この方程式の意味については，§1.4 で検討する。

1.2 弦の振動

十分に長く一様な細い弦が一直線状（弦に沿って，x 軸を設定しておく）に張ってある状態では，各点が一様な大きさの張力で引き合うことにより安定した静的状態になる。この平衡状態から弦の各点を弦の延びる方向と垂直な横方向に微小量変位させた後，自由にしたり（変位分布はなめらかであるとする），弦のある点を微小振動させたりすると，各点の平衡状態からの変位は時間的に変化し，その変位の状態の時間変化（振動）は弦に沿って伝わっていく。このような状態の伝播を記述する方程式を導いてみよう。

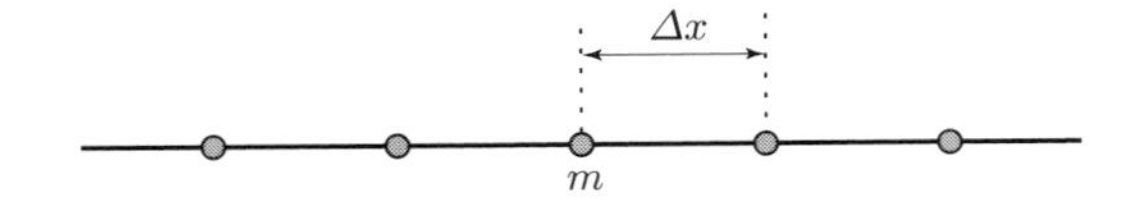

前節の実体ばねの場合と同様に，長さ $\varDelta x$ の部分を質点 m で代表し，それらが質量の無視できる長さ $\varDelta x$ の伸び縮みしない糸で繋がれている装置としてモデル化する。弦の線密度を ρ とすれば，

$$m = \rho \varDelta x$$

である。糸の張力はすべて一定値 F とする。

位置 x の質点の横方向（x 軸と垂直な方向）の変位 $q(x,\, t)$ は微小であり，弦の各点の傾き $q'(x,\, t)$ の角度 $\theta(x,\, t)$ について，

$$\sin\theta \approx \tan\theta$$

と近似できるものとする。

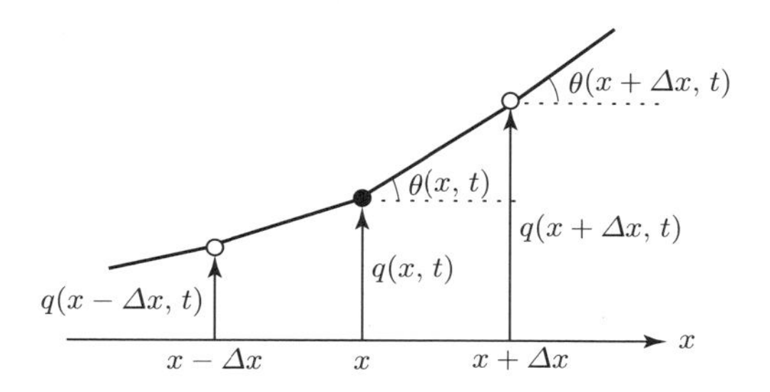

位置 x の質点の運動方程式は,

$$m\ddot{q}(x,\,t) = -F\sin\theta(x,\,t) + F\sin\theta(x+\Delta x,\,t)$$

となる。上の仮定より

$$\sin\theta(x+\Delta x,\,t) \approx \tan\theta(x+\Delta x,\,t) = \frac{q(x+\Delta x,\,t) - q(x,\,t)}{\Delta x}$$

と近似できるので, 運動方程式を

$$\rho\ddot{q}(x,\,t) = F\cdot\frac{\dfrac{q(x+\Delta x,\,t)-q(x,\,t)}{\Delta x} - \dfrac{q(x,\,t)-q(x-\Delta x,\,t)}{\Delta x}}{\Delta x}$$

と変形できる。$\Delta x \to 0$ とすれば, 連続体としての弦の力学を記述する方程式

$$\ddot{q} = \frac{F}{\rho}q''$$

を得る。

1.3　気柱の振動

空気を連続体と見たときに, その断面の振動は振動の方向と同じ方向に伝播する。これが**音**（**音波**）である。実際の音波は空間に広がりながら伝わっていくが, 簡単のために細い管の中の空気（気柱）の振動が, 一方向に伝わる場合を考察する。

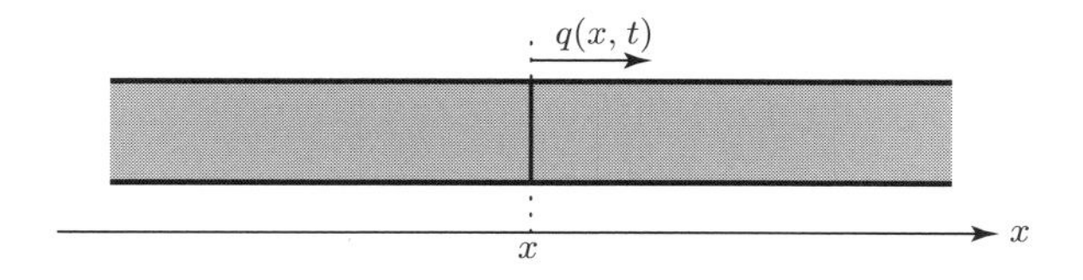

気柱に沿って x 軸を設定し，位置 x の点の空気の断面の $+x$ 向きの変位を q とする。q は位置 x と時刻 t の関数である。断面の運動方程式は書けないので，幅 Δx の微小領域についての運動方程式を考えることにより，音波の伝播を記述する方程式を導いてみよう。$\Delta x \to 0$ の極限において，この領域の運動が位置 x の断面の振動に対応する。

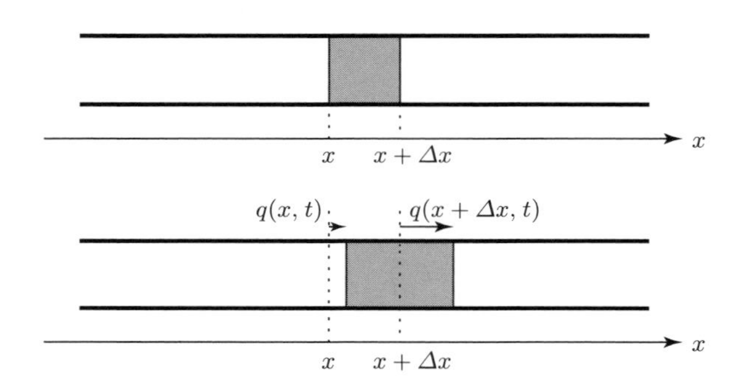

気柱の断面積を S，平衡状態（波動のない状態）の空気の密度を ρ_0 とする。微小領域の運動は，面している両側からの圧力による力の合力により説明される。位置 x の空気の圧力を $p(x,\, t)$ とすると，平衡状態で x から $x+\Delta x$ に分布する空気の微小領域の運動方程式は，

$$\rho_0 \cdot S\Delta x \cdot \ddot{q}(x,\, t) = p(x,\, t)\cdot S - p(x+\Delta x,\, t)\cdot S$$

$$\therefore \quad \ddot{q} = -\frac{1}{\rho_0}p' \tag{1–3–1}$$

となる。ここで，一般の状態での空気の密度を $\rho = \rho(x,\, t)$ とすれば，この領域についての質量の保存より，

$$\rho \cdot S\left\{\Delta x + q(x+\Delta x) - q(x)\right\} = \rho_0 \cdot S \cdot \Delta x$$

$$\therefore \quad \rho \approx \frac{\rho_0}{1+q'} \approx \rho_0\left(1-q'\right)$$

である。ここで，$|q'|$ は 1 と比べて十分に小さいとして近似した。熱の伝導は音波の伝播と比べて十分に遅いので，気体の状態変化は断熱的と扱うことができる。各微小領域では一様性が保たれて，ポアソンの法則が有効であるから，

$$\frac{p}{\rho^\gamma} = \frac{p_0}{{\rho_0}^\gamma} \quad \text{（一定）}$$

が成り立つ。これより，

$$p = p_0(1-q')^{\gamma} \approx p_0(1-\gamma q')$$

なので，

$$p' \approx -\gamma p_0 q''$$

したがって，(1–3–1) 式は，

$$\ddot{q} = \frac{\gamma p_0}{\rho_0} q''$$

となる。これは，連続体としての気柱の力学を記述する方程式であり，音波の伝播を記述する方程式である。

1.4 波動

上の3つの例では，連続体の振動状態 q の伝播が正定数 c を用いて

$$\ddot{q} = c^2 q''$$

という形の方程式に従うことが分かった。c の具体的な値は例ごとに異なり，§1.1 の例は，

$$c = \sqrt{\frac{\kappa}{\rho}}$$

§1.2 の例では

$$c = \sqrt{\frac{F}{\rho}}$$

であり，§1.3 では

$$c = \sqrt{\frac{\gamma p_0}{\rho_0}}$$

となっている。いずれも c は速さの次元をもつことが分かる。以下で見るように，この定数 c は実際の現象においても速さの役割を果たす。

振動状態の関数 q は，x と t の2変数の関数であり，ドットやダッシュで表された微分は偏微分であり，きちんと書けば，

$$\frac{\partial^2 q}{\partial t^2} = c^2 \frac{\partial^2 q}{\partial x^2}$$

となる。一般に，この形の偏微分方程式を**波動方程式**と呼ぶ。

偏微分とは，独立な2つ以上の変数（今の場合は t と x）の関数を，他の変数

は固定して1つの変数のみを変化させたときの微分（や導関数）である。偏微分の場合には，微分を表す記号としてdではなく∂を用いる。

数学的には，波動方程式の解を**波動関数**と呼ぶ。波動関数で表され，後に学習する**重ね合わせの原理**に従う現象を**波動**という。

2回以上微分可能な関数$f(\xi)$を用いて，

$$q(x,\,t) = f\,(x - ct)$$

とおくと，この関数は上の波動方程式を満たす。この関数は，時刻$t = 0$における状態分布$q = f(x)$が時刻tにはx軸の正の向きにctだけ平行移動することを示す。つまり，状態分布は正の向きに速さcで進行する。また，2回以上微分可能な関数$g(\xi)$に対して

$$q(x,\,t) = g\,(x + ct)$$

も波動方程式を満たすが，この関数はx軸の負の向きに速さcで進行する波動を表す。

このように時間の経過とともに状態分布が平行移動する波動を**進行波**という。進行するのは物質ではなく媒質の状態である。

関数$f(\xi)$として特にkを正の一定値として

$$f(\xi) = a \sin k\xi$$

と表される場合には，各時刻における状態分布（波形）がサインカーブになるので**正弦（進行）波**と呼ばれる。正弦波では，媒質の各点の運動は単振動となる。その**角振動数**ωは，

$$\omega = kc$$

であり，振動の**振幅**はaである。波動の問題では，正弦波を扱うことが多い。正弦波の特徴については§2.4で詳細を調べる。

1.5　エネルギーの流れ

質量をもった物質が振動運動を行うには力学的エネルギーが必要である。そのエネルギーは波源から媒質に供給され，波動とともに媒質に沿って運ばれる。正弦波を例として波動現象におけるエネルギーの輸送について調べてみよう。

媒質のモデルとしては，等間隔 Δx で多数並ぶ質量 m の振動子群を考える。波動関数を

$$q(x,\,t) = a\sin\omega\left(t - \frac{x}{c}\right)$$

として，この関数の空間的周期（**波長**）

$$\lambda = \frac{2\pi c}{\omega}$$

は，間隔 Δx と比べて十分に大きいものとする。

$$\dot{q} = a\omega\cos\omega\left(t - \frac{x}{c}\right)$$

なので，振動している振動子の単振動のエネルギーは，

$$E = \frac{1}{2}m(a\omega)^2$$

である。したがって，波動の伝播している媒質上には，単位長さあたりで

$$\varepsilon \equiv E \times \frac{1}{\Delta x} = \frac{1}{2}\rho(a\omega)^2$$

のエネルギーが分布している。ここで，

$$\rho \equiv \frac{m}{\Delta x}$$

は媒質の線密度である。ε は要するに，エネルギーの線密度である。波動のエネルギー（密度）が $(a\omega)^2$ に比例することは重要である。

単位時間の間には，新たに $\dfrac{c}{\Delta x}$ 個の振動子が振動を始めるので，エネルギーの保存より，媒質の各断面を単位時間あたりで

$$E \times \frac{c}{\Delta x} = \varepsilon \times c$$

のエネルギーの流れがある。もちろん，これは波源から媒質に供給される単位時間あたりのエネルギー（仕事率）と等しい。

第2章　波の伝播

x 軸に沿って分布する連続体の振動 $q = q(x,\, t)$ は

$$\ddot{q} = c^2 q''$$

という形の方程式に従う。c は連続体の力学的な状態で決まる速さの次元をもつ一定値である。

この方程式の一般解は

$$q(x,\, t) = f(x - ct) + g(x + ct)$$

となる。ここで，$f(\xi)$, $g(\xi)$ は 2 回以上微分可能な任意関数であるが，具体的には波源により決定される。この関数で記述される現象を**波**（**波動**）という。このとき，振動の主体である連続体を波の**媒質**と呼ぶ。

2.1　波の関数

まずは，$g(\xi) = 0$ の場合を考える。

$$q(x,\, t) = f(x - ct) \tag{2–1–1}$$

時刻 $t = 0$ において

$$q = f(x)$$

であるが，これは，時刻 $t = 0$ における媒質の変位の空間的な分布を表す。この変位の分布は，時刻 $t = 0$ に観測できる波の形を表している。波の形を**波形**と呼ぶ。

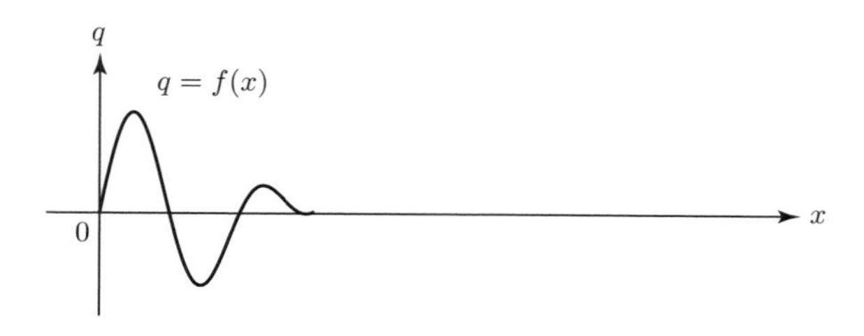

例えば，時刻 $t=0$ に観測される波形が上図のような場合を考える。(2–1–1) 式

$$q(x,\,t)=f(x-ct)$$

において，t を定数と見れば，これは，その時刻 t における波形を表す関数である。波形は，時刻 $t=0$ の波形が $+x$ 方向に ct だけ平行移動されて現れることになる。

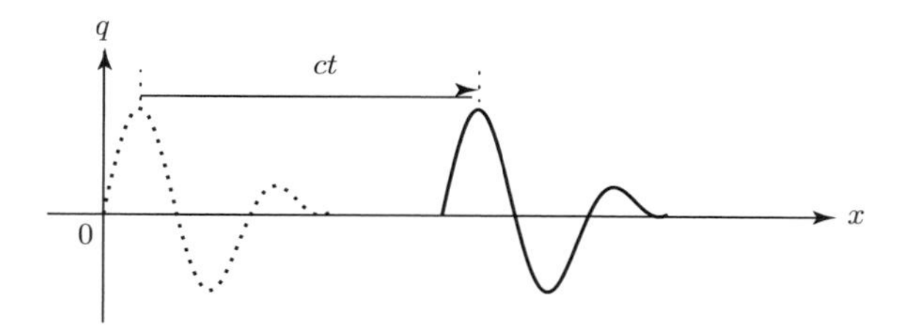

波形の移動は時間経過につれて連続的に生じる。つまり，波形が $+x$ 向きに動いて見える。そして，その速さが c となる。ただし，動くのは物質ではなく変位の状態である。このような状態の移動については「動く」という表現は用いずに「伝播する（伝わる）」という表現を用いる。

波動方程式に現れる c が波形の移動する速さであることが分かった。c は，もう1つの速さを表す。

(2–1–1) 式において $x=0$ とおくと

$$q=f(-ct)$$

となるが，これは $x=0$ における変位の時間変化（振動）の関数である。これを $F(t)$ とおくと，

$$f(x-ct)=f\left(-c\left(t-\frac{x}{c}\right)\right)=F\left(t-\frac{x}{c}\right)$$

となる。

$$q(x,\,t) = f(x - ct) = F\left(t - \frac{x}{c}\right)$$

において，x を定数と見れば，この関数は位置 x における振動を表す。$x = 0$ における振動が $F(t)$ なので，位置 x では時間 $\dfrac{x}{c}$ だけ遅れて $x = 0$ の振動を再現する。つまり，振動も $+x$ 向きに速さ c で伝播する。

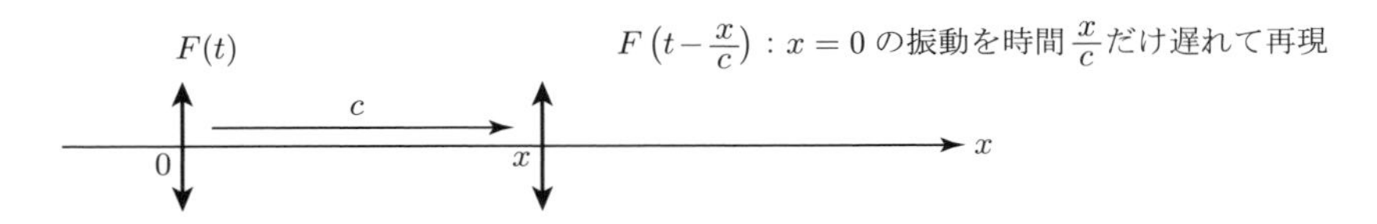

以上で調べたように，c は，波形が移動する速さと，振動が伝わる速さを表している。これを**波の速さ**と呼ぶ。そして，

$$q = f(x - ct) = f\left(-c\left(t - \frac{x}{c}\right)\right)$$

は，波形が速さ c で $+x$ 向きに平行移動し，振動が速さ c で $+x$ 向きに伝わる現象を表す。

一方，

$$q = g(x + ct) = g\left(c\left(t + \frac{x}{c}\right)\right)$$

は，波形が速さ c で $-x$ 向きに平行移動し，振動が速さ c で $-x$ 向きに伝わる現象を表す。

2.2 波の基本式

$f(x)$ が周期関数の場合を考える。その（基本）周期 λ は，位置 x の関数としての空間的な周期，つまり，波形の周期であり，**波長**と呼ぶ。波長は波形の単位となる部分の長さであり,「1 つ」の波の長さを表す。物理では，時刻 t の関数としての周期を単に「周期」と呼ぶ。

波形が波長 λ だけ移動すると，波形の見え方が元に戻る。その時間 T は,

$$T = \frac{\lambda}{c} \tag{2–2–1}$$

である。これは，波形の見え方の周期であるが,

$$F(t) = f(-ct)$$

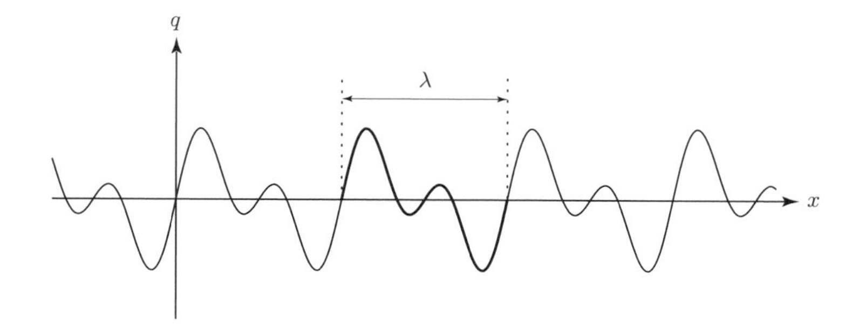

なので，$F(t)$ の周期，媒質の各点の振動の周期でもある。そこで，T は**波の周期**と呼ぶ。

ところで，

$$\nu \equiv \frac{1}{T}$$

は，単位時間あたりの媒質の各点の振動の回数を表し，**振動数**と呼ぶ（単振動の場合と同じ用語）。振動数は f で表すことが多いが，いまは関数の名称として f を使っているので ν を用いた。

振動数 ν を使うと，(2–2–1) の関係は

$$c = \nu\lambda \tag{2–2–2}$$

と表される。

(2–2–1) や (2–2–2) の関係式を**波の基本式**と呼ぶ。波長 λ は位置 x の関数としての波の特徴を代表し，周期 T や振動数 ν は時刻 t の関数としての波の特徴を代表する。その 2 種類のパラメータを，媒質で決まる波の速さ c を介して結びつける関係式が波の基本式である。

2.3　正弦波

あらゆる振動はいくつかの角振動数の単振動の重ね合わせとして表現できることが知られている。そこで，1 つの単振動の波について調べておくことは有意義である。$F(t)$ が正弦関数の場合，$f(x)$ も正弦関数になる。例えば，

$$F(t) = A \sin 2\pi\nu t$$

ならば，波の関数は

$$q(x,\,t)=F\left(t-\frac{x}{c}\right)=A\sin 2\pi\nu\left(t-\frac{x}{c}\right)$$

なので，

$$f(x)=q(x,\,0)=-A\sin\frac{2\pi}{\lambda}x\quad\left(\lambda=\frac{c}{\nu}\right)$$

となる。

このように，波形がサインカーブで，媒質の各点の振動が単振動である波を**正弦波**と呼ぶ。なお，上の例で A は，波形および各点の単振動の振幅であり，**波の振幅**と呼ぶ。

【例 2–1】

x 軸を負の向きに速さ c で伝わる正弦進行波があり，時刻 $t=0$ における原点の近くの波形が下図のようであったとする。

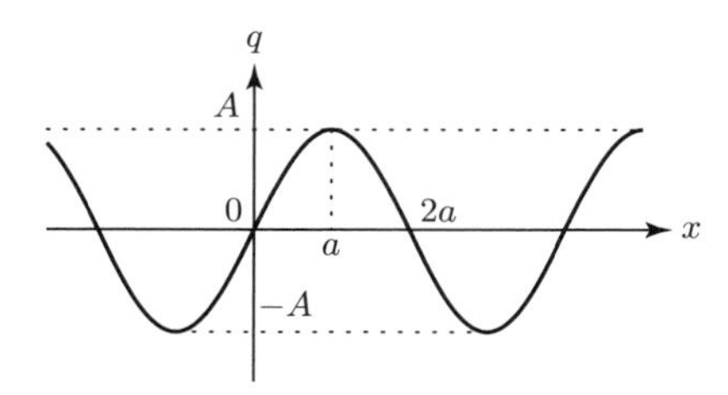

このときに，位置 $x=14a$ における振動の様子を求める。

上の図より，波長が $4a$，振幅が A であることが読み取れ，時刻 $t=0$ の波形を表す関数が

$$q=f(x)=A\sin\left(\frac{2\pi}{4a}x\right)=A\sin\left(\frac{\pi}{2a}x\right)$$

であることが分かる。「正弦波」との情報があるので，関数の形をこのように確定できる。

これが，速さ c で負の向きに伝わるので，任意の時刻 t に観測される波形は，上のグラフを x 軸の負の向きに ct だけ平行移動したものであり，

$$q=f(x+ct)=A\sin\left(\frac{\pi}{2a}(x+ct)\right)\quad(\equiv q(x,\,t))$$

で表される。これは，この正弦波の波の関数である。

波の関数は，その波に関する情報をすべて含んでいるので，あとは単純な計算により，あらゆることを知ることができる。$x = 14a$ の振動も，

$$q = q(14a,\, t) = A\sin\left(\frac{\pi}{2a}(14a + ct)\right) = -A\sin\left(\frac{\pi c}{2a}t\right)$$

と求めることができる。

$$\frac{\pi c}{2a} = 2\pi \cdot \frac{c}{4a}$$

は，この波の角振動数である。グラフで示せば，下図のようになる。

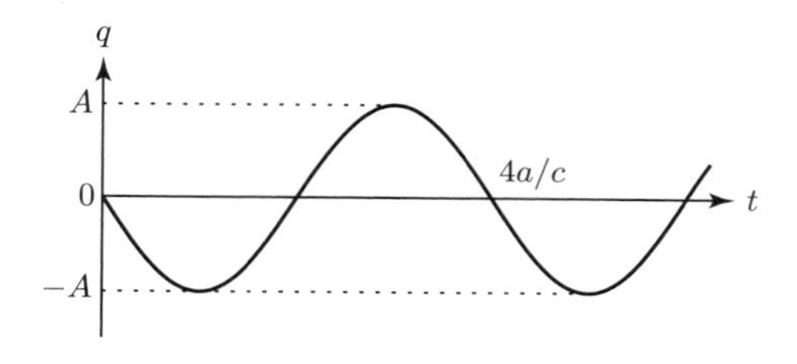

次のようにして同じ結論を導くこともできる。

波長が $4a$ なので，$x = 12a = 4a \times 3$ であることに注目すれば，時刻 $t = 0$ における $x = 14a$ の近くの波形は下図のようになる。

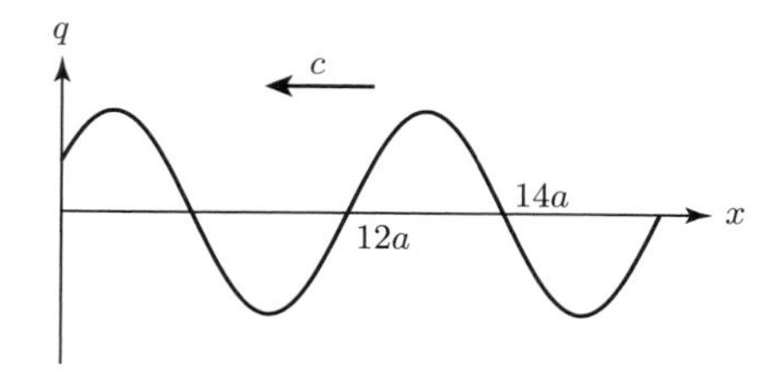

これが，時間経過につれて負の向きに平行移動していくので，$x = 14a$ における変位 q は，0 から負の値に変化することが分かる。正弦波の振動は単振動なので，$-\sin$ 型の振動であることが分かる。■

2.4 横波と縦波

波の分類の 1 つとして，横波・縦波の区別がある。

横波：媒質の振動方向と波が伝わる方向が直交する波

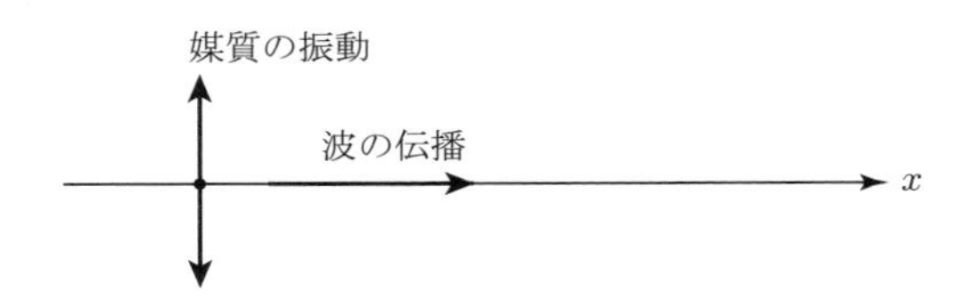

縦波：媒質の振動方向と波が伝わる方向が一致する波

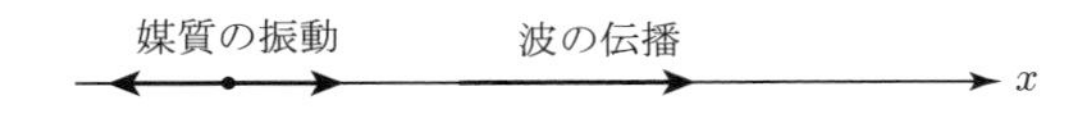

横波の例としては，弦の振動の波，物質の振動の波ではないが光波などを挙げることができる。縦波の例は，実体ばねの振動の波，音波などを挙げることができる。同じ媒質に同時に横波と縦波が現れることもある。地震のＰ波は縦波，Ｓ波は横波である。媒質が共通でも横波か縦波かにより伝播速度が異なるため到着時刻に差が生じる。

縦波の場合には，振動の伝播に伴って媒質の密度も振動し，波として伝播する。この波を**疎密波**と呼ぶ。疎密波については§2.6 において詳しく検討する。

水面波は，水の外部から観測できる水面の上下振動（水面の高さ）のみに注目して横波として扱うことも多いが，実は，横波でも縦波でもない。水深が十分に深い場合には，水の各点の運動は円運動となる。水深が浅くなると，横長の楕円運動となる。これは，横波と縦波に分解して調べることができる。その横波成分が外部からは，水面の上下振動として観測される。また，水面波の伝播の駆動力は重力であり，水面波は弾性波ではない。疎密波も，密度というスカラー量の振動の波（スカラー波）であり，横波でも縦波でもない。

2.5 音

縦波の代表例は音波である。音波について常識的な内容を纏めておく。

すでに述べた通り，音波は空気の断面の振動が伝播する縦波である。人間の耳に音として受信される振動数は，およそ 20 ～ 20000 Hz と言われている。もちろん，人によって差異はある。より振動数の高い音波は超音波と呼ばれ，人間には聞き取れない。しかし，現実には20000 Hzの音も聞き取るのは難しいだろう。また，20 Hz程度だと，音というよりも振動として感じるかも知れない。

人間は振動数の違いを音の高さとして認識し，振動数が大きいほど高い音とされる。「ド」の音の振動数は261.63 Hzであり，常温付近の音速はおよそ340 m/sなので，波長は

$$\frac{340}{261.63} \fallingdotseq 1.3\,\mathrm{m}$$

である。音階では1オクターブ上がるごとに振動数は2倍になる。

人間が音を区別する要素として

① **大きさ**

② **高さ**

③ **音色**

の3つを挙げることができる（**音の三要素**）。① **大きさ** は音波の振幅で決まり，② **高さ** は振動数で決まる。③ **音色** は波形の形に依る。例えば，振動数261.63 Hzの音も，純粋な正弦波ではなく，これよりも振動数の高い振動も混ざっている。その混ざり具合により波形が変形し，その差を人間は音色として認識する。人間に"高さ"として認識されるのは最も振動数の小さい振動（**基音**）である。楽器の発する音には，基音の整数倍の振動（**倍音**）が混ざっている（§4.1参照）。

音の速さは§1.3の計算によれば，空気の圧力p_0と密度ρ_0を用いて

$$c = \sqrt{\frac{\gamma p_0}{\rho_0}}$$

で与えられる。ここで，γは空気の比熱比であり，音の伝播現象を断熱変化と仮定した結果現れた。$p_0 = 1013\,\mathrm{hPa}$, $\gamma = \dfrac{7}{5}$，また，

$$\rho_0 = \frac{29\,\mathrm{g}}{22.4\,\mathrm{L}} = 1.29\,\mathrm{kg/m^3}$$

とすれば，

$$c \fallingdotseq 332\,\mathrm{m/s}$$

となり，0°Cにおける大気中の音速の測定値と一致する。仮に，音の伝播現象を等温変化とすると，係数γは現れないので，理論値は約0.85倍となる。断熱変化と扱ったことが妥当であったことが分かる。

ところで，空気の温度をTとして

$$\frac{p}{\rho T} = \frac{p_0}{\rho_0 T_0}$$

の関係が成り立つので（第II部§2.1参照），これを用いて音速を温度の関数として求めることができる。さらに，

$$T = (273 + \theta)\,\mathrm{K}$$

として摂氏温度の数値 θ を導入し，$|\theta| \ll 273$ として近似すれば，中学校の理科で学んだ

$$c = (331.5 + 0.6\theta)\,\mathrm{m/s}$$

の式を再現できる（各自で確認してみよう）。

2.6 疎密波

縦波の場合，媒質の変位の振動 $q(x,\, t)$ の伝播に伴って媒質の密度も

$$\rho = (1 - q')\rho_0$$

に従って時間的，空間的に変化する（§1.3参照）。この場合，q は $+x$ 向きの変位である。波が正弦波であり，

$$q = A \sin \frac{2\pi}{\lambda}(x - ct)$$

と表されるとき，

$$\rho = \rho_0 \left(1 - \frac{2\pi A}{\lambda} \cos \frac{2\pi}{\lambda}(x - ct)\right)$$

となる。これは，媒質の各点の密度が振動し，正弦波として伝わることを示している。このような密度の振動の波が疎密波である。変位の振動の波と疎密波は，波長も速さも共通であることも示している。

時刻 $t = 0$ には

$$q = A \sin \frac{2\pi}{\lambda} x, \qquad \rho = \rho_0 \left(1 - \frac{2\pi A}{\lambda} \cos \frac{2\pi}{\lambda} x\right)$$

である。これらの波形の関係を図示すると次図のようになる。

上の数式が示すように，変位の波形の傾き q' により媒質の密度が決定される。具体的には

$$q' > 0 \text{ ならば，} \rho < \rho_0, \qquad q' < 0 \text{ ならば，} \rho > \rho_0$$

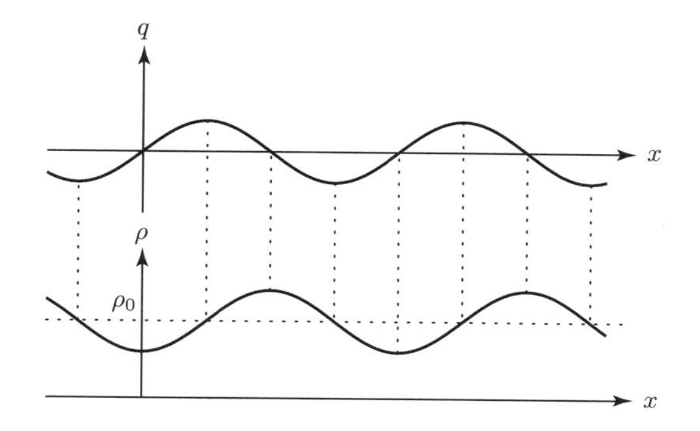

である。この傾向は上図にも現れている。正弦波の場合は，変位 $q=0$ の点において変位の波形の傾きの大きさ $|q'|$ が最大となるので，密度の変化が最も大きくなり，最も密または疎となる。媒質の疎密分布が変位の波形と対応して定まるので，疎密分布は変位の波形に付随して，同じ向きに同じ速さで移動する。

縦波の場合も上のように横波形式で波形を表示する（リアルに描くと図が潰れてしまう）。横波ならば，波形のグラフが現実の変位を表示しているが，縦波の場合は図示された変位と現実の変位の方向が異なるので，変位の正の向きを明示する必要がある。いまの場合は，$+x$ 向きが変位の正の向きなので，現実の変位の向きを模式的に示すと次のようになる。

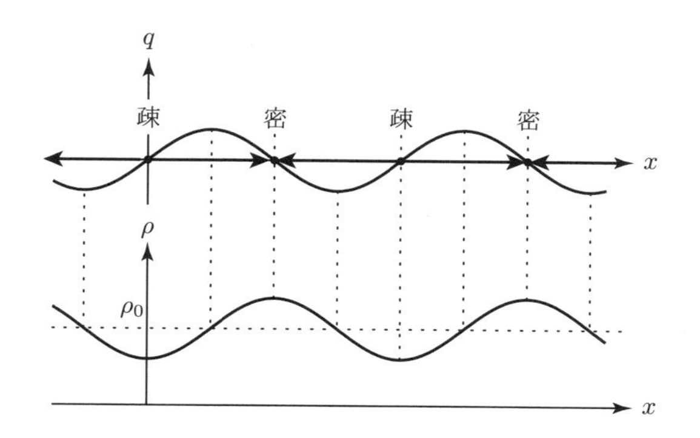

追記した矢印が現実の変位の向きを表している。最も密となる点では，その点の変位は $q=0$ であり，その点を中心に両側から媒質が集まっている。一方，最も疎となる点は，その点を中心に媒質が離れている。逆に，正弦波の場合は，変位の波形を見て，このような判断から最も密な位置，最も疎な位置を求めること

ができる。

2.7 水面波〈参考〉

水面波は，水の表面に撹乱があったときに重力を復元力として現れる振動の波である。その力学的な仕組みは複雑なので，ここでは結論としての現象の概略を紹介する。

水面波の伝わる速さ c は水深 h により異なる。浅い場合（波長 λ に対して $h \ll \lambda$）には

$$c = \sqrt{gh}$$

と近似できる。g は重力加速度の大きさである。水深が深い場合には，速さは波長に依存し，

$$c = \sqrt{\frac{g\lambda}{2\pi}}$$

となる。この波をトロコイド波と呼ぶ。

トロコイド波では，水面の各点の運動は円運動となる。水面に沿って x 軸，鉛直上向きに y 軸を設定する。波が x 軸の正の向きに伝わるとき，位置 $(X, 0)$ の点の運動は，円運動の半径を r として

$$\begin{cases} x = X + r\sin\dfrac{2\pi}{\lambda}(ct - X) \\ y = r\cos\dfrac{2\pi}{\lambda}(ct - X) \end{cases}$$

のように表される。この例では，媒質の各点は右回りに回転し，波は右向き（x 軸の正の向き）に伝わる。水面の高さ（y の値）に注目すれば x 軸の正の向きに伝わる横波の進行波のように観測される。

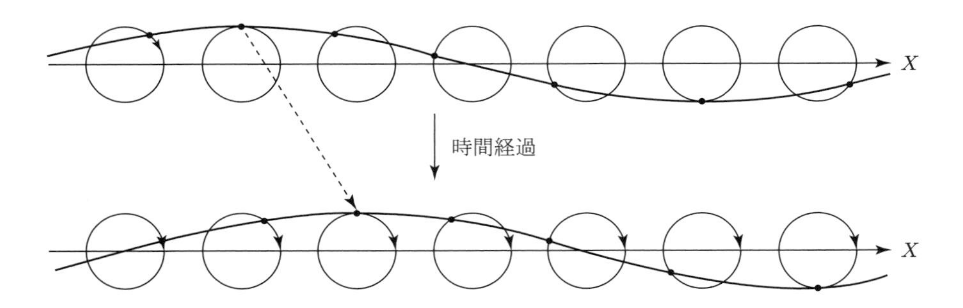

第3章　合成波の観測

本章では，複数の波源から共通の媒質を伝わった波が出会うと何が起きるかを調べる。

走ってきた物体と物体が出会うと，衝突が起き，それぞれ散乱してしまう。しかし，波は物体の移動ではなく状態の伝播であり，観測される現象の様相は大きく異なる。

3.1　重ね合わせの原理

2つの波源から発せられ同じ媒質を伝わる波 q_1, q_2 が出会うと，その媒質に実現する波は

$$q = q_1 + q_2$$

で表される。

これを波の**重ね合わせの原理**という。波源が3つ以上の場合も同様に，各波源からの波の関数の単純な代数和の関数で表される波が実現する。重ね合わせの結果の波を**合成波**という。媒質に実現して観測される波は合成波なので，各波源からの波は仮想的な存在であるが，各波源のみがはたらいた場合に観測される波を意味する。重ね合わせの原理とは,「原因ごとに分解して評価できる」という法則である。

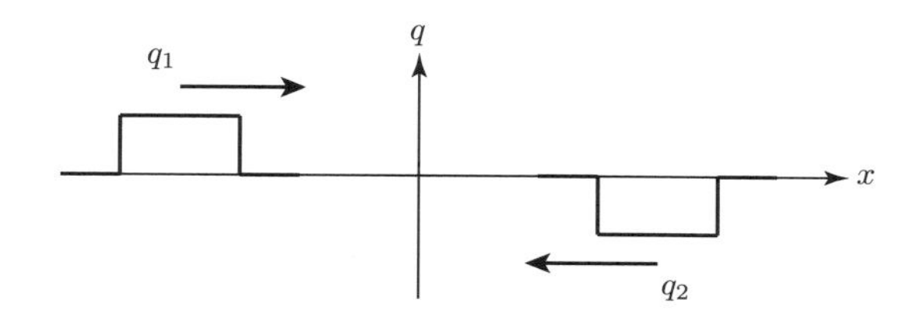

分かりやすい例として，前図で示されるような2つのパルス波（継続性がない単発的な波）の重ね合わせを考えてみる。

それぞれの波が単独に存在する場合の時間経過の様子を図示すると，以下のようになる。

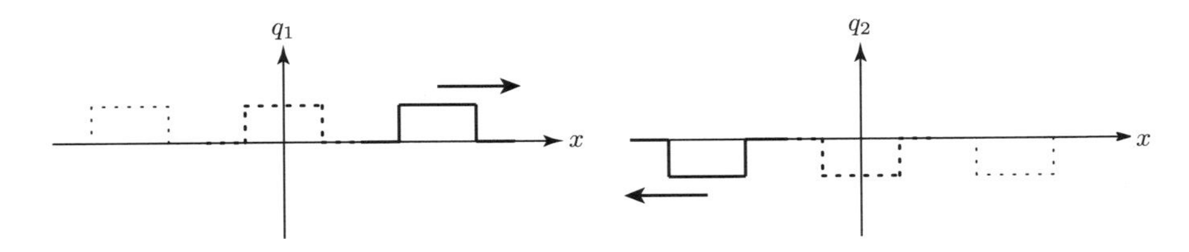

実際には重ね合わせの結果の合成波は実現し，下図のような時間経過をたどる。

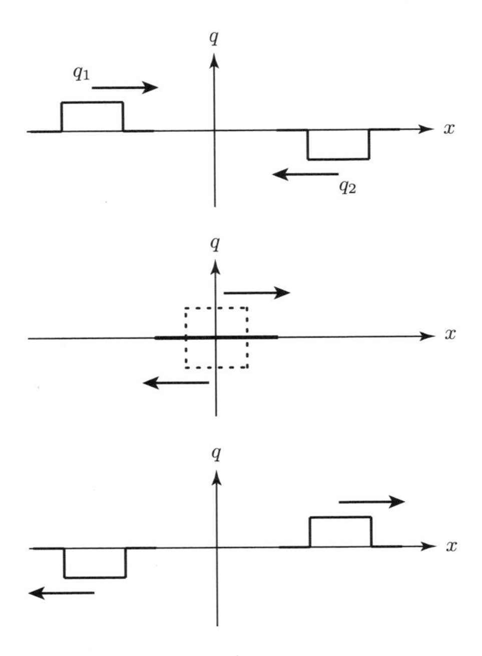

図の実線が，観測される波形を表す。

合成波が

$$q = q_1 + q_2$$

で表されるということは，

$$q_2 = 0 \text{ ならば，} q = q_1, \qquad q_1 = 0 \text{ ならば，} q = q_2$$

なので，2つの波がすれ違うと，それぞれが単独に存在している場合と同様の変位が実現する。

3.2 干渉

振動数の等しい2つの波源 S_1, S_2 からの波の合成波の振動を観測する場合を考える。このとき，観測点ごとに2つの波が強め合ったり，弱め合ったりする。これを**干渉**という。

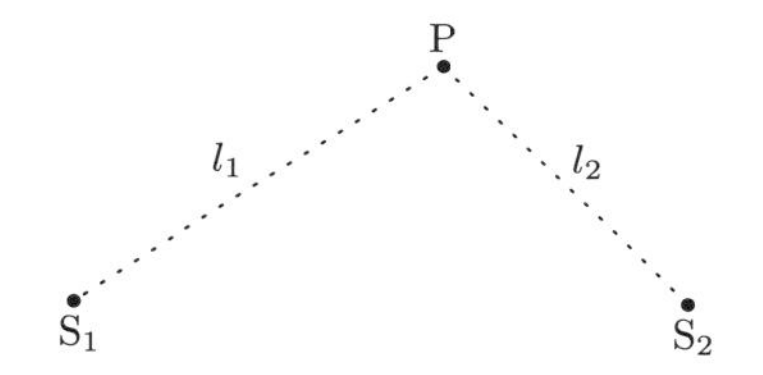

波源の振動は同位相の振動となっていて，いずれも $\sin 2\pi ft$ とする。f は振動数である。媒質が一様な場合，媒質に空間的な広がりがあっても，振動は波源と観測点Pを繋ぐ直線に沿って伝播する。したがって，波の速さを c, $\overline{S_1P} = l_1$, $\overline{S_2P} = l_2$ とすれば，S_1, S_2 から観測点Pに届く振動は，それぞれ

$$q_1 = A_1 \sin 2\pi f\left(t - \frac{l_1}{c}\right)$$

$$q_2 = A_2 \sin 2\pi f\left(t - \frac{l_2}{c}\right)$$

と表せる。A_1, A_2 は観測点Pに届いた各振動の振幅を表す。

2つの波の位相差は

$$\delta \equiv 2\pi f\left(t - \frac{l_2}{c}\right) - 2\pi f\left(t - \frac{l_1}{c}\right) = \frac{2\pi f}{c}(l_1 - l_2) = \frac{2\pi}{\lambda}(l_1 - l_2)$$

となる。$\lambda \equiv \dfrac{c}{f}$ は，波長である。位相差 δ の値は観測点ごとに一定となり，このことが干渉が観測されるための要件となる。係数

$$k \equiv \frac{2\pi}{\lambda}$$

は，長さを位相（差）に換算する係数である。高校の教科書には記載はないが，この係数は**波数**と呼ばれ，波の特徴を代表する重要な係数である。

さて，位相差 δ を用いると，

$$q_1 = A_1 \sin 2\pi f \left(t - \frac{l_1}{c}\right), \qquad q_2 = A_2 \sin \left\{2\pi f \left(t - \frac{l_1}{c}\right) + \delta\right\}$$

となる。現実に観測される振動は，重ね合わせの原理より，

$$\begin{aligned} q &= q_1 + q_2 \\ &= (A_1 + A_2 \cos\delta) \sin 2\pi f \left(t - \frac{l_1}{c}\right) + A_2 \sin\delta \cdot \cos 2\pi f \left(t - \frac{l_1}{c}\right) \end{aligned}$$

で与えられ，この振動の振幅 A は，

$$A^2 = (A_1 + A_2\cos\delta)^2 + (A_2 \sin\delta)^2 = {A_1}^2 + {A_2}^2 + 2A_1A_2\cos\delta$$

となる。

波の強さ（エネルギー）は振幅の 2 乗に比例する。${A_1}^2 + {A_2}^2$ は 2 つの振動の強さの和に相当し，$2A_1A_2\cos\delta$ が干渉の効果を表す。この項が正の値をとるときは強さの和以上に強め合い，負の値をとるときは弱め合うことになる。

したがって,（最も）強め合う条件は,

$$\cos\delta = +1 \qquad \text{i.e.} \quad \delta = \pi \times \text{偶数} \ \ (\equiv 0)$$

となる（ここで,「$\equiv$」は同値の意味で用いた)。正弦波の位相としては π の偶数倍は 0 に等しい。この状況を**同位相**と表現する。

一方,（最も）弱め合う条件（打ち消し合う条件）は,

$$\cos\delta = -1 \qquad \text{i.e.} \quad \delta = \pi \times \text{奇数} \ \ (\equiv \pi)$$

となる。正弦波の位相としては，π の奇数倍は π に等しい。

$$\sin(\theta + \pi) = -\sin\theta, \qquad \cos(\theta + \pi) = -\cos\theta$$

であり，位相が π ずれた振動は逆振動になる。この状況を**逆位相**と表現する。

合成される 2 つの振動の観測点における位相差 δ に注目すれば，干渉の条件は一般にこのように表現することができる。上の例のように，波源において同位相で，位相差が波源からの径路の差 $\Delta l \equiv l_2 - l_1$ のみに起因する場合は，干渉条件を次のように読み換えることができる。すなわち，m を整数として

$$\text{強め合う条件} \quad : \quad \delta = \pi \times 2m \iff \Delta l = m\lambda$$

$$\text{弱め合う条件} \quad : \quad \delta = \pi \times (2m+1) \iff \Delta l = \left(m + \frac{1}{2}\right)\lambda$$

となる。

3.3 うなり

振動数がわずかに異なる 2 つの音の合成波を観測すると，周期的な音の大きさの強弱の変化が観測される。この現象を**うなり**と呼ぶ。

振動数がわずかに異なるとは，その差の振動が人間には音としては関知されない程度，換言すると，2 つの音の高さの差が関知できない程度の差を意味する。例えば，400 Hz と 402 Hz などの組み合わせである。

簡単のため，2 つの音の振幅は等しく，観測点における 2 つの振動が

$$q_1 = A\sin 2\pi f_1 t \quad \text{と} \quad q_2 = A\sin 2\pi f_2 t$$

であるとする。2 つの振動数の差と平均を

$$\Delta f \equiv |f_1 - f_2|, \qquad \overline{f} \equiv \frac{f_1 + f_2}{2}$$

と表せば，合成波の振動は

$$q = q_1 + q_2 = 2A\cos\pi\Delta f t \cdot \sin 2\pi\overline{f}t$$

となる。仮定より $\cos\pi\Delta f t$ は振動数が数 Hz の緩やかな振動であり，振幅の変動 $2A\,|\cos\pi\Delta f t|$ として現れる。そして，

$$\cos^2\pi\Delta f t = \frac{1}{2}\left(1 + \cos 2\pi\Delta f t\right)$$

に比例する音の強さとして観測される。この式が示すように，音の強さの時間変化の振動数はちょうど合成される 2 つの振動数の差 $\Delta f = |f_1 - f_2|$ に等しい。つまり，周期

$$\frac{1}{\Delta f} = \frac{1}{|f_1 - f_2|}$$

のうなりが観測される。

別の観点から調べてみる。2 つの音が x 軸上で重なって観測者に近づく場合を考える。2 つの波は，音速を c として

$$q_1 = A \sin 2\pi f_1 \left(t - \frac{x}{c}\right), \qquad q_2 = A \sin 2\pi f_2 \left(t - \frac{x}{c}\right)$$

と表すことができる。合成波は

$$q = q_1 + q_2 = 2A \cos \pi \Delta f \left(t - \frac{x}{c}\right) \cdot \sin 2\pi \overline{f} \left(t - \frac{x}{c}\right)$$

となる。ここで,

$$\Lambda \equiv \frac{c}{\Delta f/2}, \qquad \lambda \equiv \frac{c}{\overline{f}}$$

とおけば,

$$q = -2A \cos \frac{2\pi}{\Lambda}(x - ct) \cdot \sin \frac{2\pi}{\lambda}(x - ct)$$

となる。$t = 0$ における波形は

$$q = -2A \cos \frac{2\pi x}{\Lambda} \cdot \sin \frac{2\pi x}{\lambda} \qquad (3\text{–}3\text{–}1)$$

であり，これが，そのままの形で速さ c で $+x$ 向きに平行移動する。

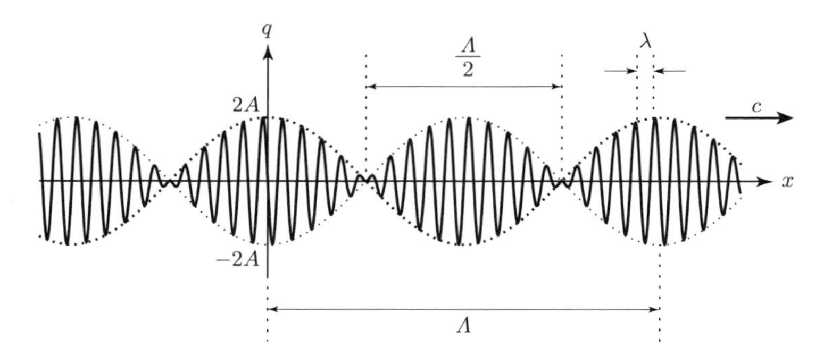

$\Delta f \ll \overline{f}$ なので，$\Lambda \gg \lambda$ である。上図では，見やすくするために Λ に対して λ を大きめに描いてある。したがって，(3–3–1) の表す波形は，大域的には

$$q = 2A \cos \frac{2\pi x}{\Lambda} \quad と \quad q = -2A \cos \frac{2\pi x}{\Lambda}$$

の形に見えて，これが小さな “波長”λ で波打って現れる。

この波形が x 軸上の定点にいる観測者を通過するときに，波長 λ の波は振動数 $\overline{f}$ の振動として観測される。上の例で言えば，$\overline{f} = 401\,\mathrm{Hz}$ であり，もとの 2 つの音と高さの区別がつかないような音である。波長 Λ の波は，波長 $\dfrac{\Lambda}{2}$ の振幅の分布として現れ，周期

$$\frac{\Lambda/2}{c}=\frac{1}{\Delta f}=\frac{1}{|f_1-f_2|}$$

のうなりとして観測される。大域的に見える1つの波の塊が1回のうなりに対応する。

3.4 定在波

振幅と波長が等しく（したがって，振動数も等しい），互いに逆向きに進行する波が重なると，波形の節や腹の位置が固定されて，波形が進行して見えない波が現れる。この状態を**定在波（定常波）**という。**節**とは変位がゼロの点，**腹**とは変位が極値となっている点である。定在波という呼び方の方が実体と適合しているが，入試の問題などでは定常波と呼ばれることも多い。定在波（standing wave）という呼び方は，波形が移動しては見えないことに注目している。一方，定常波（stationary wave）という呼び方は，状態が安定していることに注目している。

x 軸上を正の向きと負の向きに伝わる2つの進行波

$$q_1=A\sin\frac{2\pi}{\lambda}(x-ct) \tag{3–4–1}$$

$$q_2=A\sin\frac{2\pi}{\lambda}(x+ct) \tag{3–4–2}$$

の合成波は

$$q=q_1+q_2=2A\sin\left(\frac{2\pi}{\lambda}x\right)\cdot\cos(2\pi ft) \tag{3–4–3}$$

となる。

$$f\equiv\frac{c}{\lambda}$$

は，もとの2つの進行波の振動数である。

位置 x と時刻 t が (3–4–1) のように $x-ct$ の組み合わせで現れることが $+x$ 向きの進行波であること，(3–4–2) のように $x+ct$ の組み合わせで現れることが $-x$ 向きの進行波であることの徴（しるし）である。位置に応じて連続的に位相がずれて振動することが波形が移動して見える理由である。

一方，(3–4–3) では x と t が分離している。その結果，(3–4–3) の表す波は位置によらず $\cos(2\pi ft)$ の表す同位相の振動が実現する。振幅が位置により異なるので，波形は正弦波が現れる。それは常に $\sin\left(\frac{2\pi}{\lambda}x\right)$ に比例する。特徴的な時刻

$$t = 0, \ \frac{1}{6f}, \ \frac{1}{4f}, \ \frac{1}{2f}, \ \cdots$$

における波形を重ね描きすると，図のようになる。

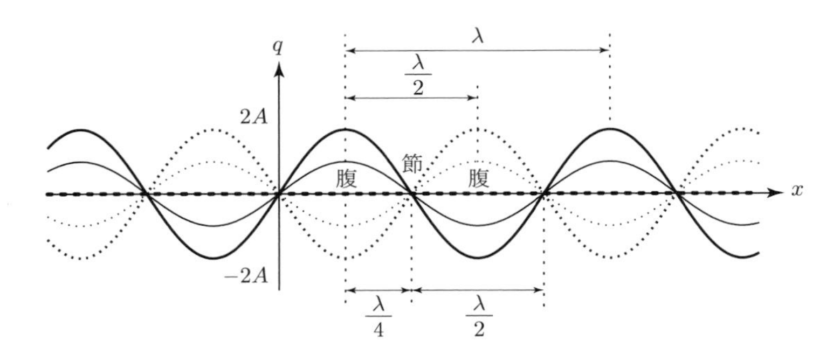

この図が示すように，節や腹の位置が固定され，波形が x 軸方向には移動して見えない。波長や振動数はもとの進行波と共通である。節や腹はそれぞれ半波長おきに分布し，隣り合う節と腹の間隔は 4 分の 1 波長である。

(3–4–1) は,

$$q_1 = A \sin\left\{\frac{2\pi}{\lambda}(ct - x) - \pi\right\}$$

と書き換えられるので，上の例において，同一の位置 x における 2 つの進行波 (3–4–1) と (3–4–2) の位相差は

$$\delta = \frac{4\pi}{\lambda}x + \pi$$

となる。

位置 x が定在波の節となる条件は

$$\sin\left(\frac{2\pi}{\lambda}x\right) = 0 \qquad \text{i.e.} \quad x = m \cdot \frac{\lambda}{2} \ \ (m \text{ は整数})$$

であるが，これは，2 つの進行波の位相差が

$$\delta = \pi \times (2m + 1)$$

となる条件，つまり，2 つの進行波による振動が弱め合う位置の条件である。同様に調べれば，腹となる条件は，2 つの進行波による振動が強め合う位置の条件であることが分かる。2 つの進行波の干渉により強め合う位置や弱め合う位置が定まり，それが定在波の腹や節となっている。

音波のような縦波の場合は，疎密波も定在波になるが，変位の振動の腹・節の位置と，疎密波の腹・節の位置が入れ替わる。したがって，定在波の状態の縦波について干渉の条件を考える場合に，変位の振動について論じるのか，疎密波について論じるのかにより結論が逆になる。

3.5 音の強さ

日常的に用いられる音の強さの単位 dB（デシベル）は，音圧（音の伝播に伴う圧力の変動）のレベルを測る単位であり，圧力振動によるエネルギーの大きさを表す。人間が観測する音の強さも音圧と対応する。同じ振動数であれば，振動のエネルギーは振幅の2乗に比例する。圧力振動の振幅は密度振動の振幅に比例するものと扱うことができるので，結局，疎密波としての振幅が大きいほど，強い音として観測されることになる。

干渉の結果による音の強さを論じる場合には，変位の波（変位波）として強め合う条件と疎密波として強め合う条件が必ずしも一致しないので，注意が必要である。合成波が進行波となる場合には，変位波としても疎密波としても進行波として観測され，いずれの振動の振幅もすべての位置で共通である。したがって，この場合には変位波として強め合う条件と，疎密波（あるいは，圧力波：圧力の振動の波）として強め合う条件は一致する。

一方，合成波が定在波になる場合には，観測する位置ごとに振幅が異なる。振幅が最大となる腹の位置で最も強い波が観測される。しかし，前述の通り，変位波の腹の位置では疎密波としては節，変位波の節の位置では疎密波としては腹となる。したがって，変位波としては弱め合う位置において疎密波としては強め合い，音圧も大きくなる。

音の強さをマイクロフォンで測定する場合には，さらに慎重な検討が必要になる。マイクロフォンの構造に応じて，変位波を検出するものと，圧力波を検出するものとがある。進行波の場合には，強い音を観測する条件はマイクロフォンの種類によらない。定在波の場合には，マイクロフォンの種類に応じて，強い音を観測する位置が異なる。変位波の腹となる位置では，疎密波（圧力波）としては節となるので，圧力波を検出するマイクロフォンは弱い音として測定するが，変位波を検出するマイクロフォンは強い音として測定する。変位波の節の位置，疎密波（圧力波）の腹の位置では，逆に，変位波を検出するマイクロフォンは弱い音，圧力波を検出するマイクロフォンは強い音として測定する。

3.6 波の反射

波は振動の連鎖であり，ある点の媒質の振動が“隣”の点の振動の波源として機能する。装置としての波源から，一様な媒質を伝わる波については，媒質の各点から後ろ向きに伝わる波は考慮する必要がなく，一方向に伝わり続ける。しかし，媒質の境界（媒質が途切れている点や媒質の力学的な状態が不連続に変化する点）では，その点に届いた振動がそのまま同じ向きに伝わる波（**透過波**）と逆向きに伝わる波（**反射波**）とに分岐する。一般に，透過波と反射波の振動数はもとの波（**入射波**）の振動数と等しい。これは，境界に入射する波の数の保存から理解できる。分岐を定量的に評価するには，波の伝播に伴うエネルギーの流れに注目する。

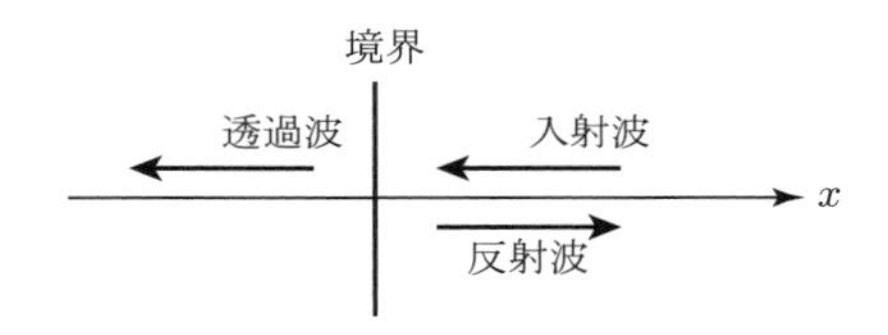

以下では特に 100％反射する場合を考える。この場合，反射波の振幅は入射波の振幅と等しくなる。入射波と反射波は振動数が等しく，同じ媒質を伝わるので，速さも等しいからである。

入射波が

$$q_1 = A \sin 2\pi f \left(t + \frac{x}{c} \right)$$

で表され，$x = 0$ に境界がある場合，反射による位相変化を δ とすれば，反射波は

$$q_2 = A \sin \left\{ 2\pi f \left(t - \frac{x}{c} \right) + \delta \right\}$$

となる。反射による位相変化 δ は境界の様態により決定される。

ところで，100％の反射が実現するためには，境界において媒質と外部の間にエネルギーの流れが遮断される必要があり，次の 2 つの可能性がある。

① **固定端**：媒質が完全に固定されていて振動が禁止されている境界

② **自由端**：媒質が振動の方向には外部から力を受けない境界

媒質に実現する波（振動）は，入射波と反射波の合成波である。固定端の場合

には，その合成波の境界における振動が止まることになるので，境界に入射した振動を打ち消すような，つまり，逆位相の振動が現れて，これが反射波の波源として機能する。

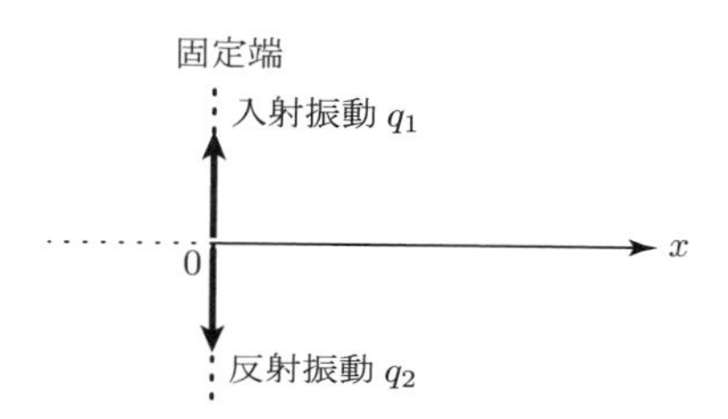

したがって，固定端反射では，反射による位相変化が

$$\delta = \pi$$

となる。ただし，位相変化が π であるということは形式的な表現であり，実質的に意味があるのは，反射波の振動が入射波の振動と逆振動になっていることである。

これを数式を用いて確認すると以下のようになる。

境界（$x = 0$）における振動は，重ね合わせの原理より，

$$\begin{aligned} q = q_1(0,\, t) + q_2(0,\, t) &= A\left\{\sin(2\pi ft) + \sin(2\pi ft + \delta)\right\} \\ &= A\left\{(1 + \cos\delta)\sin(2\pi ft) + \sin\delta \cdot \cos(2\pi ft)\right\} \end{aligned}$$

で与えられる。これが恒等的に（任意の時刻で）0 となる条件は

$$1 + \cos\delta = 0 \quad \text{かつ} \quad \sin\delta = 0$$

であり，$0 \leqq \delta < 2\pi$ とすれば，$\delta = \pi$ が導かれる。

固定端反射では，境界に入射した振動が逆転して逆向きに伝わっていくのに対して，自由端反射では，入射した振動がまったく妨げられずに，そのままの振動

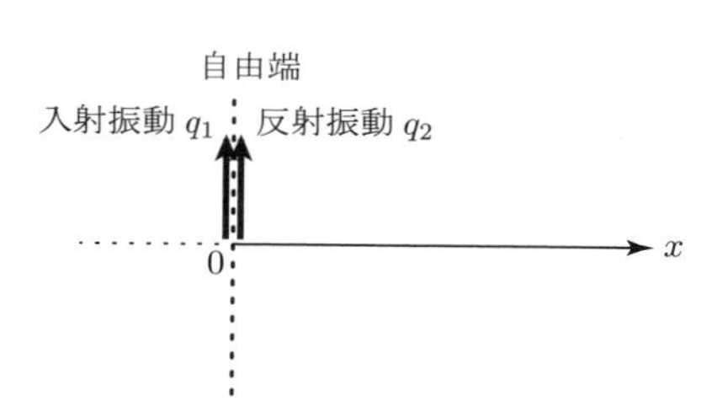

として逆向きに伝わっていく。つまり，入射波の振動が同位相で反射される。

形式的には

$$\delta = 0$$

と理解することができる。

固定端反射にしても自由端反射にしても，100％の反射では媒質上には振動数と振幅が等しく互いに逆向きに伝わる進行波が合成されるので，定在波が現れる(下図)。固定端反射では境界が定在波の節となる。自由端反射の場合は，境界において入射振動と反射振動が同位相の振動となり強め合うので，境界が定在波の腹となる。自由端では境界において外部から振動方向に力を受けないので，波形の傾きは常に0であり，その位置が定在波の腹となるのである。

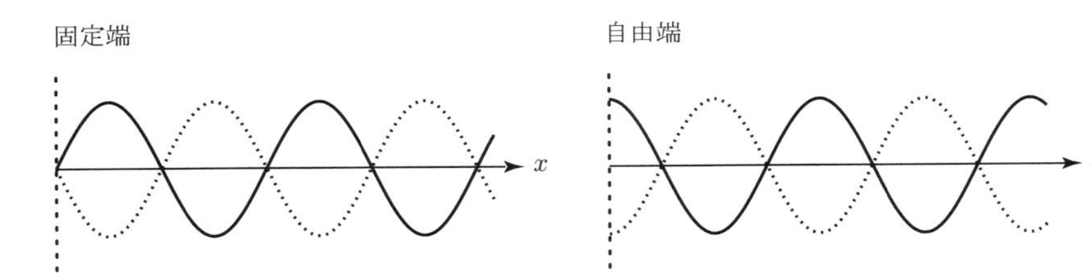

第4章　固有振動

弾性体に外部から振動を誘起する刺激を与えて（弦を弾くなど）自律的に振動させると，特定の振動数で振動する。この振動数を弾性体の**固有振動数**という。また，固有振動数による振動を**固有振動**と呼ぶ。

直線状の弾性体（弦や管の中の気柱）の場合は，両端の境界条件に注目することにより容易に固有振動数を求めることができる。

4.1　固有振動数

直線状の弾性体の固有振動数は，両端の境界条件を両立する定常波の振動数である。この振動数の定常波は，弾性体に安定に現れることができる。外部から振動を誘起する刺激が与えられたときに，他の振動数の振動は即座に減衰し消滅するが，固有振動数の振動は生き残る。

境界条件とは，境界が固定端ならば定常波の節となること，自由端ならば定常波の腹となることである。簡単のため，境界としては固定端または自由端のみを考慮する。

両端を固定した弦

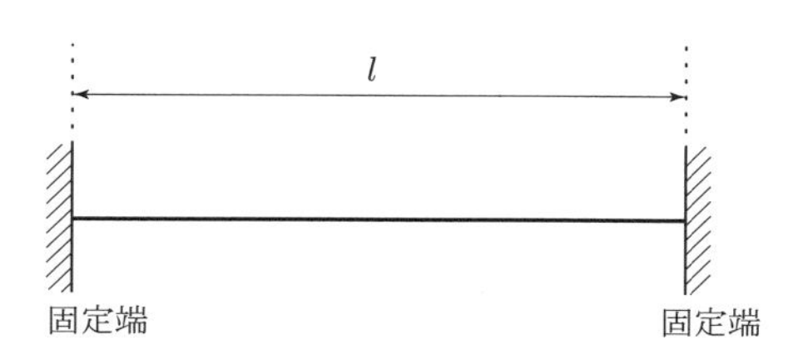

両端を固定した弦においては，両端が固定端となる。したがって，両端の境界条件を両立する定常波は，節で始まって節で終わる定常波である。弦の長さを l とすれば，波長 λ の条件として

$$l = \frac{\lambda}{2} \times n \quad (n = 1,\ 2,\ 3,\ \cdots)$$

と表すことができる。（下図は $n = 3$ の場合）

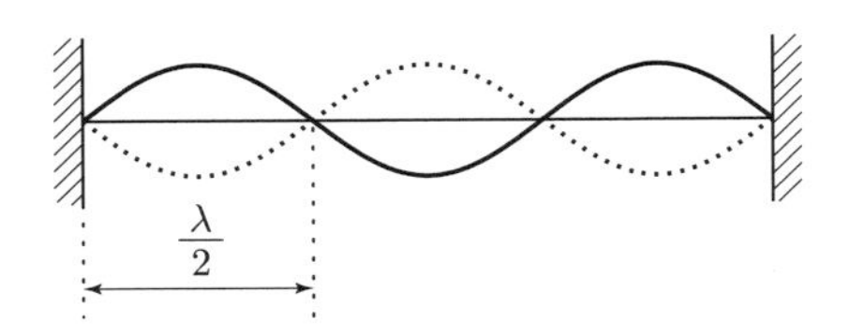

節から隣の節までの間隔が $\dfrac{\lambda}{2}$ なので，このブロックをちょうど正整数個連ねて弦の全長を埋めることが，定常波の条件である。

弦に伝わる波の速さを c として，振動数 f の条件に書き換えれば，

$$l = \frac{1}{2} \cdot \frac{c}{f} \times n \qquad \text{i.e.} \quad f_n = \frac{c}{2l} \times n$$

となる。正整数 n で特徴づけられるので，f_n とした。これが上の弦の固有振動数である。n を固有振動の次数という。

特に，最小の固有振動数

$$f_1 = \frac{c}{2l}$$

を**基本振動数**と呼ぶ。2 次以降の固有振動は**倍振動**と呼ぶ。すべての固有振動数は基本振動数の整数倍になっていて，この場合は，

$$f_n = f_1 \times n$$

なので，n 次の固有振動はちょうど n 倍振動になっている。

閉管内の気柱

閉管とは一方の口が開き，他方の口が閉じた管である（両方の管が閉じていると内部の気柱を振動させるのが難しい）。振動させるのは管ではなく，その内部の気柱である。気柱に伝わる波は気体の断面の縦振動の波（音波）である。閉口部の断面は振動できないので，閉口部は固定端となる。一方，開口部は外部の開放された気体と通じていて圧力変化が無視できるため，自由端と扱うことができる。

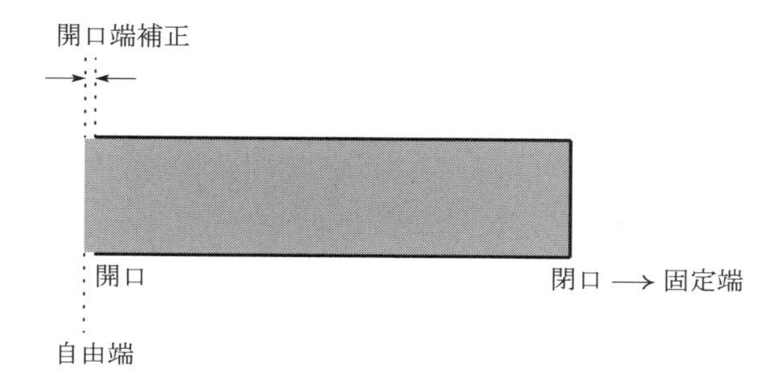

厳密には，開口端よりもわずかに外側が自由端となるが，その幅（**開口端補正**という）を理論的に求めることは難しい。

入試の問題では開口端補正は無視することも多いが，明示的に「無視する」との記述がなければ，開口端補正を想定すべきである。

この気柱の固有振動の定常波は，開口部の腹で始まり，閉口部の節で終わるので，開口端補正も含めた気柱の全長を l とすれば，固有振動の波長 λ の条件は，

$$l = \frac{\lambda}{4} + \frac{\lambda}{2} \times (n-1) \quad (n = 1,\ 2,\ 3,\ \cdots)$$

と表すことができる。（下図は $n = 2$ の場合）

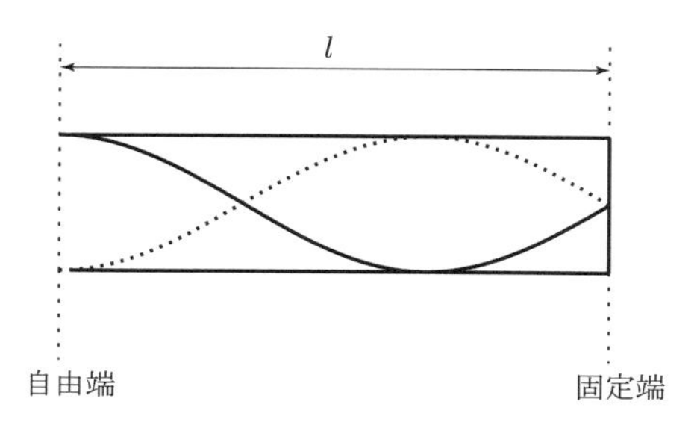

腹から隣の節までの間隔は $\dfrac{\lambda}{4}$ である。さらに，節から節のブロックを 0 個以上連ねてちょうど気柱の全長と一致することが条件である。

音速を c として，振動数 f の条件に書き換えれば，

$$l = \frac{1}{4} \cdot \frac{c}{f} + \frac{1}{2} \cdot \frac{c}{f} \times (n-1) \qquad \text{i.e.} \quad f_n = \frac{c}{4l} \times (2n-1)$$

となる。この f_n が閉管内の気柱の固有振動数である。この場合は，

$$f_n = f_1 \times (2n-1)$$

なので，n 次の固有振動は $2n-1$ 倍振動になっている。偶数倍振動は存在せず，奇数倍振動のみとなる。

開管内の気柱

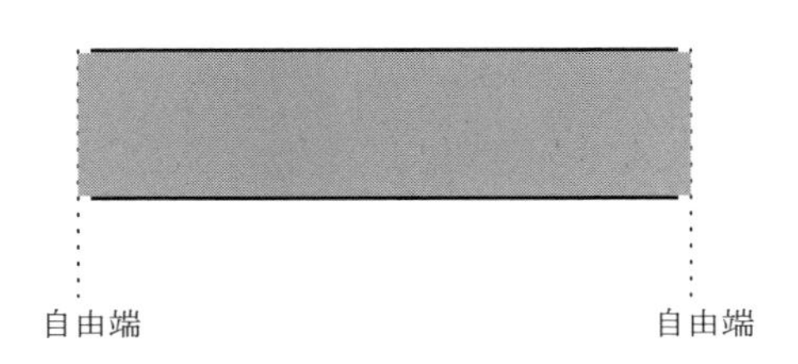

開管の場合は，開口端補正も考慮した両端が自由端となり，境界条件は両端が腹ということになる。腹と腹の間隔は，節と節の間隔と等しく $\dfrac{\lambda}{2}$ なので，固有振動の条件，および，固有振動数の表式は両端を固定した弦の場合と同じ形になる。2 次の固有振動の定常波の波形は下図のようになる。

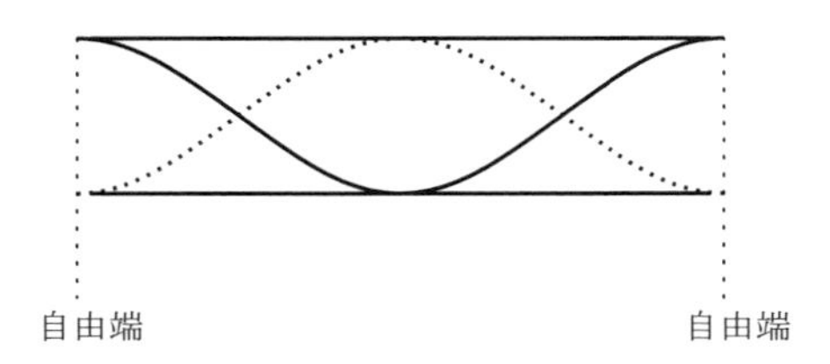

弦楽器や管楽器を演奏するとき，複数の固有振動数の振動が現れる。基本振動が基音として音程（音の高さ）を決定する。その他の固有振動が倍音として混ざり，その混ざり具合が音色として現れる。

4.2 共振・共鳴

弾性体を外部的作用により強制的かつ継続的に振動させるとき，一般には乱雑で微小な振動しか現れないが，その振動数が弾性体の固有振動と一致する場合には，両端での反射を繰り返して何重にも重なった振動が強め合い，大きな振幅の（したがって波として強い）安定した定常波が現れる。この状態を**共振**あるいは**共鳴**と呼ぶ。日常的には，音波の共振に対して共鳴の用語を用いる場合が多いが，物理用語としての区別はない。

外部から与えられた振動が反射を繰り返すときに，弾性体に実現する波はそれらの合成波である。一往復ごとの合成波は，一方の端の境界条件を満たす定常波になる。したがって，全体の合成波は一往復ごとの合成波が作る多数の定常波の合成波となる。すべての定常波の振動が同位相となり強め合う場合に，大きな振幅の定常波となり，これが共振の状態である。この条件から外れた場合は，少しずつ位相のずれた定常波が多数重なることになり，共振状態と比べて微小な振動しか残らない。

波は両端で反射するごとに伝わる向きが逆転するが，振動は連続的に繋がっている。一往復ごとの合成波から成る定常波は一定の位相差で並ぶので，すべての定常波が強め合う条件は，隣り合う 2 つの定常波の振動が同位相となることであり，1 つの定常波が，1 つ前の定常波のコピーになっていることである。さらに，その条件は，一往復のうちの同じ向きに伝わる進行波の同じ位置（下の図の × を付けた 2 点）の振動が同位相となっていることである。重なりをほぐした模式図で示すと，次のように見ることができる。

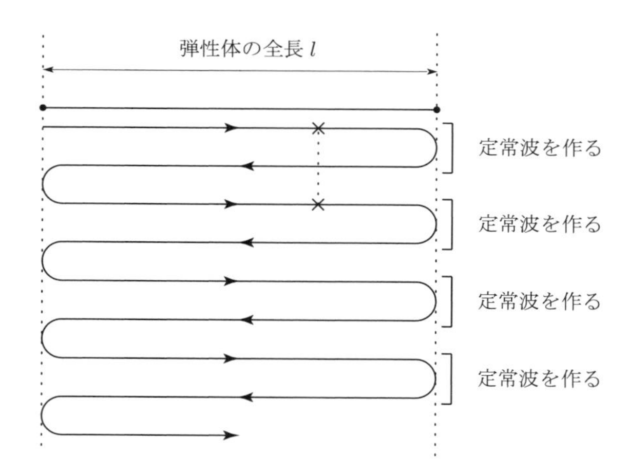

両端を固定した弦

両端が固定端である弦の場合には，反射ごとに位相が逆転する（位相変化 π を生じる）ので，弦の長さを l とすれば，隣り合う 2 つの定常波を形成する同じ向きの進行波の同じ位置（× を付けた 2 点）における振動の位相差は

$$\delta = 2l \times \frac{2\pi}{\lambda} + \pi + \pi$$

すなわち，

$$\delta = 2l \times \frac{2\pi}{\lambda}$$

としてよい（位相差 2π は 0 と同値）。したがって，2 つの定常波が強め合う条件は，正整数 n を用いて

$$2l \times \frac{2\pi}{\lambda} = \pi \times 2n \qquad \text{i.e.} \quad l = \frac{\lambda}{2} \times n$$

と表される。これは，前節で導いた固有振動の条件と一致する。つまり，両端を固定した弦に，その固有振動数と一致する振動数で振動させれば，共振が観測されることが分かる。

閉管内の気柱

閉管内の気柱の場合には，一端が固定端，一端が自由端なので，開口端補正も含めた気柱の全長を l とすれば，隣り合う 2 つの定常波を形成する同じ向きの進行波の同じ位置における振動の位相差は

$$\delta = 2l \times \frac{2\pi}{\lambda} + \pi$$

となる。したがって，2 つの定常波が強め合う条件は，正整数 n を用いて

$$2l \times \frac{2\pi}{\lambda} + \pi = \pi \times 2n \qquad \text{i.e.} \quad l = \frac{\lambda}{4} \times (2n - 1)$$

と表される。これは，前節で導いた固有振動の条件と一致する。つまり，閉管内の気柱に，その固有振動数と一致する振動数で振動させれば，共振が観測されることが分かる。

開管内の気柱についても同様にして，その固有振動数と一致する振動数で振動させれば，共振が観測されることが分かる。各自で確認してみよう。

第5章　ドップラー効果

音源と観測者が相対的に近づく，あるいは，遠ざかる向きの速度をもつ場合，観測者が観測する音の振動数は音源の振動数とは異なる値になる。この現象を一般に**ドップラー効果**という。

経験的に理解していると思うが，速度が近づく向きの場合は音は高くなり（振動数が大きくなり），速度が遠ざかる向きの場合は音は低くなって（振動数が小さくなって）観測される。この傾向は，音源が速度をもつ場合にも，観測者が速度をもつ場合にも共通である。しかし，振動数の変化の具体的な値は，音源と観測者のいずれが速度をもつのかにより異なる。

5.1　正面のドップラー効果

音源，あるいは，観測者が速度をもつ場合に，その方向が音源と観測者を結ぶ直線の方向である場合について調べる。音源や観測者の速さは音速 c よりも小さく，無風状態であるとする。

まずは，音源も観測者も静止している場合を考える。音源の振動数を f_0 とする。時刻 $t=0$ から発せられる 1 つの波を考える。この波の先端は時刻 $t=0$ から媒質（空気）を速さ c で走るので，波の発出が完了する時刻 $t=\dfrac{1}{f_0}$ には音源の位置から

$$\lambda = c \times \frac{1}{f_0} = \frac{c}{f_0}$$

の位置にあり，これが媒質を伝わる波の波長となる。

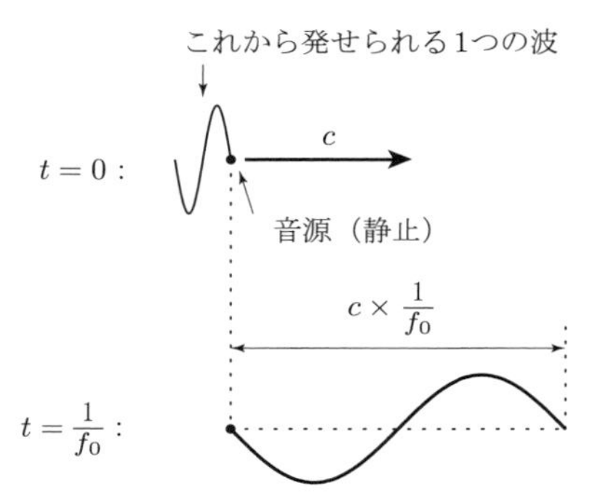

次に，波長 λ の音が観測者にどのように観測されるのかを考える。観測者が観測する音の振動数は単位時間に観測者を通過する波の個数である。いま音波は観測者に速さ c で通過していくので，単位時間に長さ c の部分が観測者を通過する。

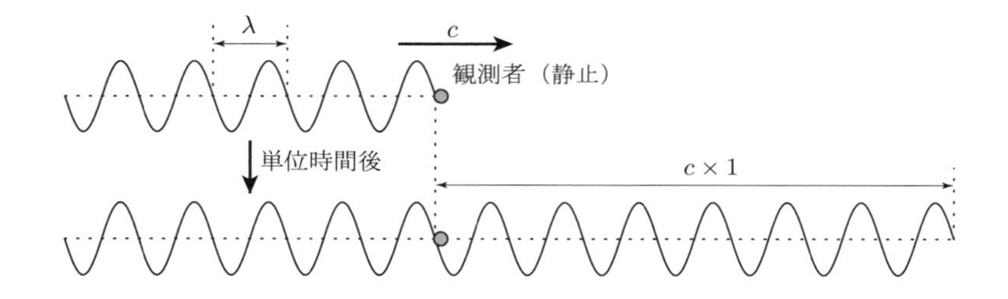

1 個の波の長さが波長 λ であるから，単位時間に観測者を通過した波の個数，すなわち，観測者が観測する音の振動数は

$$f=\frac{c}{\lambda}=\frac{c}{\frac{c}{f_0}}=f_0$$

となる。

結論は当然と思われるかも知れないが，当然と思われることを論理的に導くことは重要である。そして，同様の考察によりドップラー効果の結果を導くことができる。

音源の運動の効果

音源の速度が音が伝わる向きに v $(|v|<c)$ である場合を考える。上記と同様のシミュレーションを行うと分かるように，媒質に伝わる波の波長は

$$\lambda = \frac{c}{f_0} - \frac{v}{f_0} = \frac{c-v}{f_0}$$

となる。

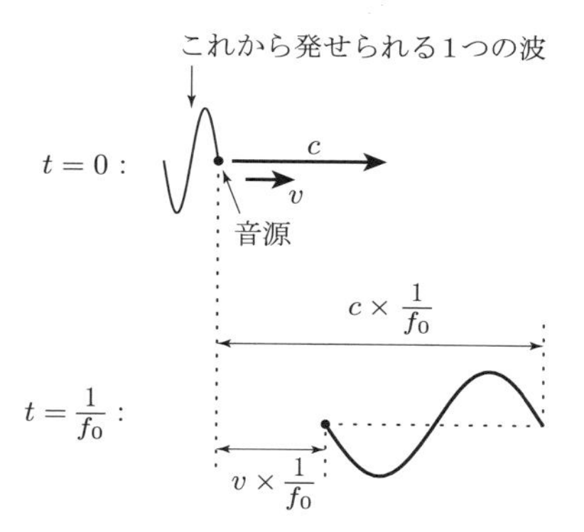

音源が自分の出す波を追いかけるので，その速度に比例して波長が短くなる。波の速さは媒質に対して振動が伝わる速さであり，音源の速度には依存しない。この波を媒質に対して静止している観測者が観測する振動数は，

$$f_1 = \frac{c}{\lambda} = \frac{c}{c-v} f_0$$

となる。

観測者の運動の効果

波長 λ の音波が伝わるときに，観測者の速度が音源に向かって（波が伝わる向きと逆向きに）u である場合を考える。

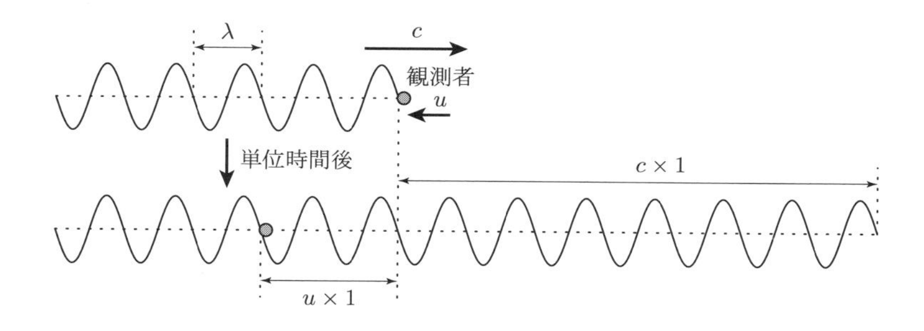

単位時間に観測者を通過する波の長さは $c + u$ となるので，観測者が観測する

音の振動数は,

$$f = \frac{c+u}{\lambda}$$

で与えられる。音源が静止していて

$$\lambda = \frac{c}{f_0}$$

であれば,

$$f_2 = \frac{c+u}{c} f_0$$

となる。観測者の速度に比例して単位時間に観測する波の長さが変化するので，振動数の変化も観測者の速度に比例する。

$u = v$ であっても，f_1 と f_2 は一致しない。これは，音源が動く場合と観測者が動く場合とでは，ドップラー効果のメカニズムが異なることに起因する。既述の通り，音源が動く場合は波長が変化することがドップラー効果の本質であるのに対して，観測者が動いても媒質に伝わる波自体には変化は現れず，単位時間に観測する波の個数が相対的に変化することがドップラー効果の理由となる。

まとめ

ここまでの「まとめ」として，音源も観測者も速度をもつ場合を考える。

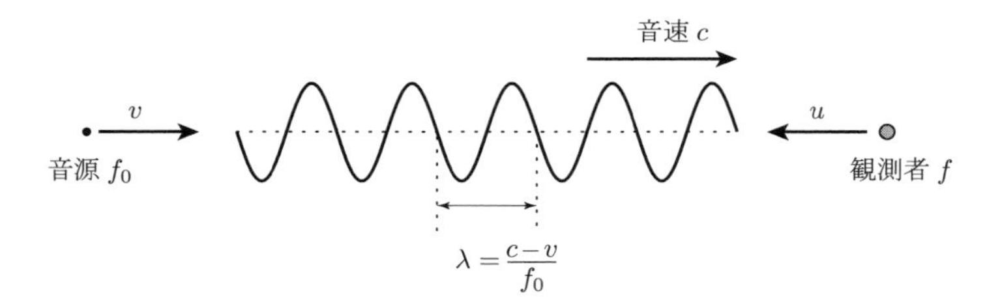

音源の速度を観測者に近づく向きに v とすれば，観測者に向かう音波の波長は

$$\lambda = \frac{c-v}{f_0}$$

である。観測者の速度を音源に近づく向きに u とすれば，単位時間に観測者を通過する波の長さは $c+u$ となるので，観測者が観測する音の振動数は

$$f = \frac{c+u}{\lambda} = \frac{c+u}{c-v} f_0$$

となる。ここで重要なのは，音源の速度 v が分母に，観測車の速度 u は分子に現れることである。足し算で現れるか，引き算で現れるかは，近づく場合は音が高くなり，遠ざかる場合は音が低くなる経験に基づいて判断できる。

なお，音源と観測者の速度が等しい（音源と観測者の距離が不変）の場合は，$u = -v$ なので，

$$f = \frac{c + (-v)}{c - v} f_0 = f_0$$

となる。つまり，観測者はドップラー効果を観測しない。

【例 5–1】

音源，観測者，反射板が，この順に一直線上に並んでいて，反射板がその直線に沿って移動する場合を考える。音速は c で，無風とする。

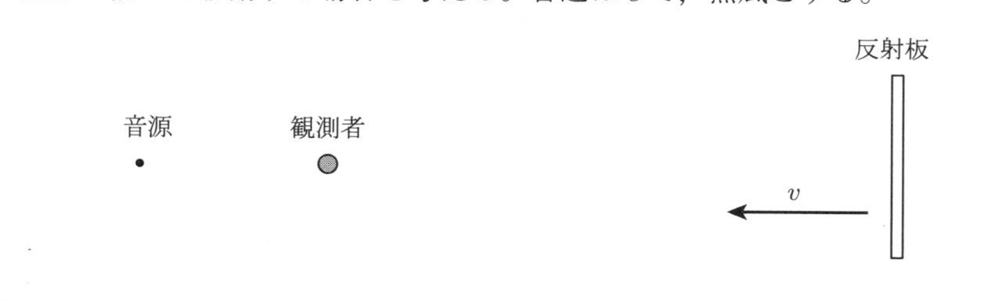

音源と観測者は静止していて，反射板が一定の速度 v で音源と観測者に近づいているものとする。このときに，反射板により反射される音が観測者に届いたときの振動数 f を求める。音源の振動数は f_0 とする。

反射板による反射とは，反射板が受信した振動数で振動し，これが反射波の音源として音を発信する現象である。反射板が音を受信する際には，音の観測者として機能する。今，この観測者は速度 v で音源に近づいているので，反射板が受信する振動数は

$$f_1 = \frac{c + v}{c} f_0$$

となる。反射板自身がこの振動数で振動し，反射音に対して，この振動数の音源として機能する。音源としても速度をもって音を発する。今の場合は，観測者に対して速度 v で近づくので，観測者に届く振動数は，

$$f = \frac{c}{c - v} f_1 = \frac{c + v}{c - v} f_0$$

となる。■

波の関数

波の関数を組み立てることにより，ドップラー効果の結論を導くこともできる。

媒質に固定した x 軸上の原点 $x=0$ に静止している音源が $A\sin(2\pi f_0 t)$ で振動するとき，

$$q = A\sin\left\{2\pi f_0\left(t-\frac{x}{c}\right)\right\}$$

で表される波が伝播するので，定点（x を定数と見る）で観測される音の振動数は音源の振動数と等しい f_0 となる。

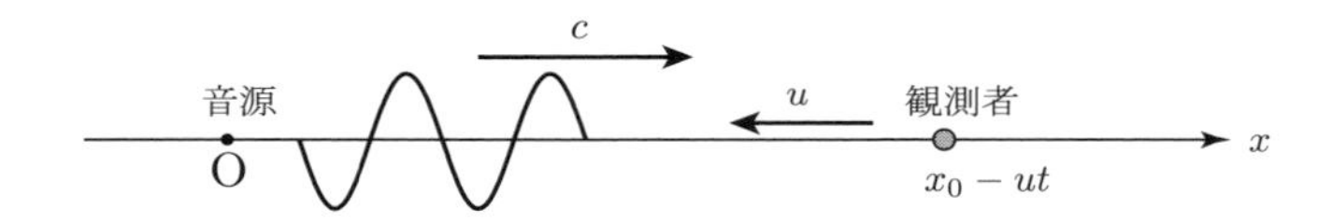

x 軸上を音源に向かって一定の速度 u で近づく観測者の位置は，時刻 $t=0$ における位置を $x=x_0$ として

$$x = x_0 - ut$$

で表されるので，この観測者が観測する振動は

$$q = A\sin\left\{2\pi f_0\left(t-\frac{x_0-ut}{c}\right)\right\} = A\sin\left\{2\pi f_0\frac{c+u}{c}\left(t-\frac{x_0}{c+u}\right)\right\}$$

で表される。これは，観測される音の振動数が

$$f = \frac{c+u}{c}f_0$$

となることを表している。

次に，音源が

$$x = vt$$

に従って x 軸上を一定の速度 v で移動する場合を考える。

音源に固定した座標軸 x' を考える。この座標軸から観測すると音の速さは $c-v$ となるので，波の関数は

$$q(x',\,t) = A\sin\left\{2\pi f_0\left(t-\frac{x'}{c-v}\right)\right\}$$

で与えられる。

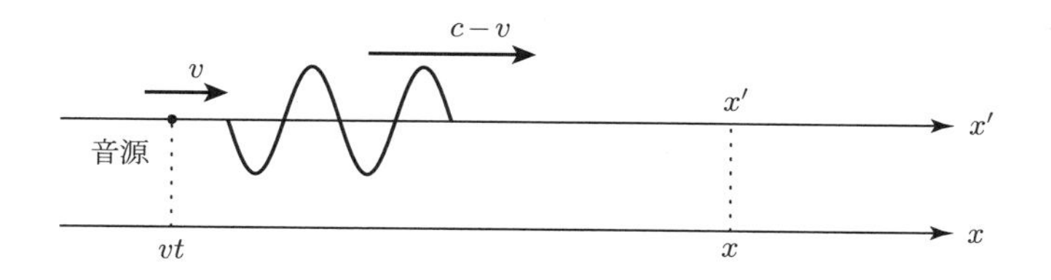

上図が示すように，x と x' は

$$x' = x - vt$$

の関係で結びつくので，波の関数を x と t の関数として表示すれば，

$$q(x - vt,\, t) = A\sin\left\{2\pi f_0\left(t - \frac{x - vt}{c - v}\right)\right\} = A\sin\left\{2\pi f_0\frac{c}{c - v}\left(t - \frac{x}{c}\right)\right\}$$

となる。これは，x 軸上の定点で観測するときの音の振動数が

$$f = \frac{c}{c - v}f_0$$

であることを表している。

5.2　風の影響

音源の速度が観測者に近づく向きに v，観測者の速度が音源に近づく向きに u であり，音源から観測者の向きに風速 w の風が吹いている場合を考える。風速 w も音速 c よりは小さいものとする。

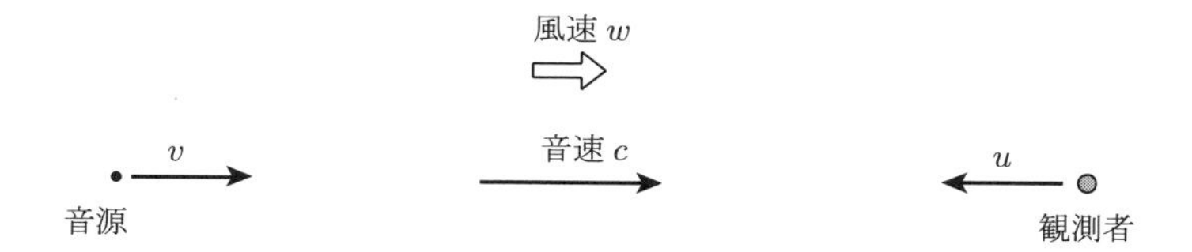

ここに現れた 4 つの速度 c, v, u, w の中で 1 つだけ仲間はずれがある。

速度はすべて相対的な量である。風速とは，音波の媒質である空気の平行移動の速度であるが，特に断りがなければ，これは地面に対する速度を意味する。音源の速度や観測者の速度も，通常は当然に地面に対する速度を意味する。一方，音速は媒質である空気に対して振動が伝播する速度である。無風であれば，空気は地面に対して静止しているので,「地面に対して」と「空気に対して」は同じ意味をもつ。したがって，音源の速度や観測者の速度の基準が，音速の基準と揃っていた。このことが，今までの議論の妥当性を保証している。

ところが，風が吹いている場合は，速度の基準が食い違ってしまうため，これまでの議論の結論をそのまま流用することができない。速度の基準を揃える必要がある。

自然な考え方としては 2 通りある。基準を地面に揃えるか，音の媒質（空気）に揃えるかである。

地面に揃えた場合，音源から観測者に向かう音速は c ではなく，風速が足されて $c+w$ となる。

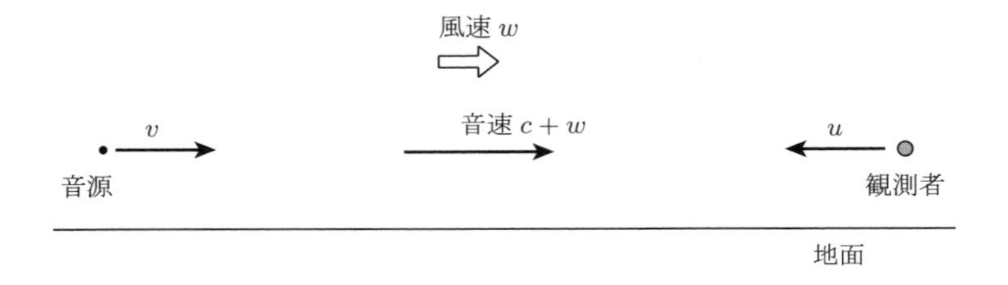

上の議論の c をこの値に読み換えれば，結論の式を利用することができる。すなわち，上述の設定で観測者が観測する音の振動数は

$$f = \frac{(c+w)+u}{(c+w)-v} f_0$$

となる。

媒質を基準にすると，音速は c のままであるが，音源の速度は $v-w$，観測者の速度は $u+w$ となる。

無風
$v-w$
音速 c
$u+w$
音源
観測者
空気

これを用いて，前節の結論を援用すれば，観測者が観測する音の振動数は

$$f = \frac{c + (u + w)}{c - (v - w)} f_0$$

となるので，地面に基準を揃えて考えた場合と同一の結論を得る。

5.3 斜めのドップラー効果

音源や観測者の速度の方向が，音源と観測者を結ぶ直線（この方向を視線方向と呼ぶ）に対して斜めの場合を考える。

音源が動く場合

まずは，音源が動いている場合を調べる。音源は，一定の直線に沿って音速よりも小さい一定の速さ v で移動しながら，一定の振動数 f_0 で音を発しているものとする（速度の「一定性」は本質ではない）。観測点は，音源の軌道から十分に離れた（距離を l_0 とする）定点とする。

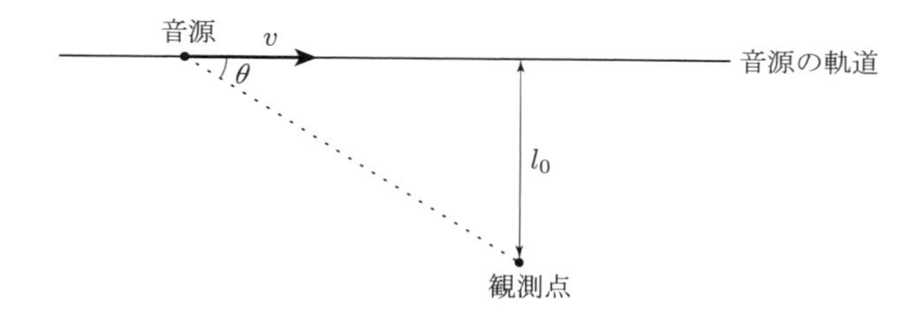

音源と観測点を結ぶ直線が，音源の軌道と角度 θ をなす瞬間に発した１つの波に注目する。この波の先端を発した時刻を $t = 0$，その点と観測点の距離を l_1 とすれば，波の先端が観測点に届く時刻は

$$t = \frac{l_1}{c}$$

である。波の尻尾が発せられる時刻は $t = \dfrac{1}{f_0}$ なので，その間に音源は $\dfrac{v}{f_0}$ だけ移動する。その点と観測点の距離を l_2 とすれば，波の尻尾が観測点に届く時刻は

$$t = \frac{1}{f_0} + \frac{l_2}{c}$$

である。

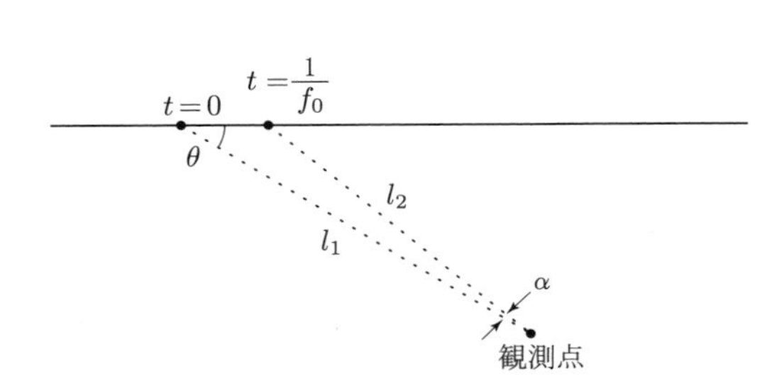

したがって，この波が観測される周期は

$$T = \left(\frac{1}{f_0} + \frac{l_2}{c}\right) - \frac{l_1}{c} = \frac{1}{f_0} - \frac{l_1 - l_2}{c}$$

となり，観測される音の振動数は

$$f = \frac{1}{T}$$

で与えられる。

上図のように角度 α をとれば，第 1 余弦定理より

$$l_1 = l_2 \cos\alpha + \frac{v}{f_0}\cos\theta$$

である。いま，

$$\frac{v}{f_0} \ll l_0$$

とすれば，

$$\frac{v}{f_0} \ll l_1, \qquad \frac{v}{f_0} \ll l_2$$

なので，$|\alpha| \ll 1$

$$\cos\alpha \fallingdotseq 1$$

と近似できる。したがって，

$$l_1 - l_2 \fallingdotseq \frac{v}{f_0}\cos\theta$$

であり，近似的に

$$T = \frac{1}{f_0}\left(1 - \frac{v\cos\theta}{c}\right) \qquad \therefore \quad f = \frac{c}{c - v\cos\theta} f_0$$

となる。この結論は，音源の速度を音が伝わる方向に正射影した成分（視線方向成分）$v\cos\theta$ を用いて，正面のドップラー効果の式を用いた場合と一致する。

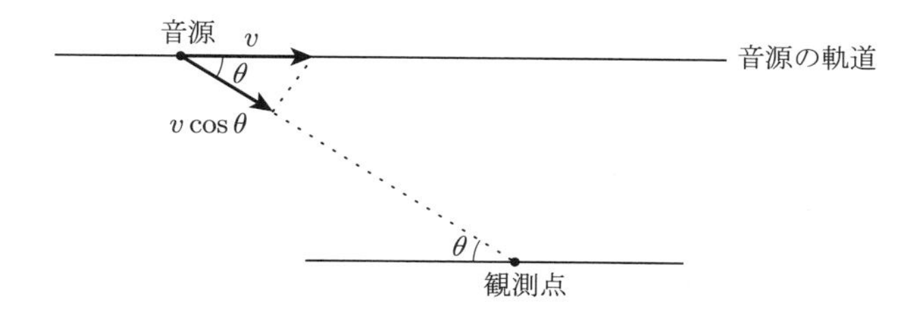

1つ注意すべきは音源が音を発する時刻と，観測者が音を観測する時刻にずれがあることである。音源の軌道と観測点は十分に離れている場合を考えているので，この時間のずれは無視できない。したがって，上記の振動数の音が観測されるのは，音源が角度 θ の方向に見えるときに聞こえる音ではない。角度 θ の方向から届く音の振動数である。

観測者が動く場合

観測者が斜め方向に動く場合も，観測者の軌道と音源が十分に離れている場合には，観測者の速度を音が届く方向に正射影した成分を用いて，正面のドップラー効果の式を用いればよい。

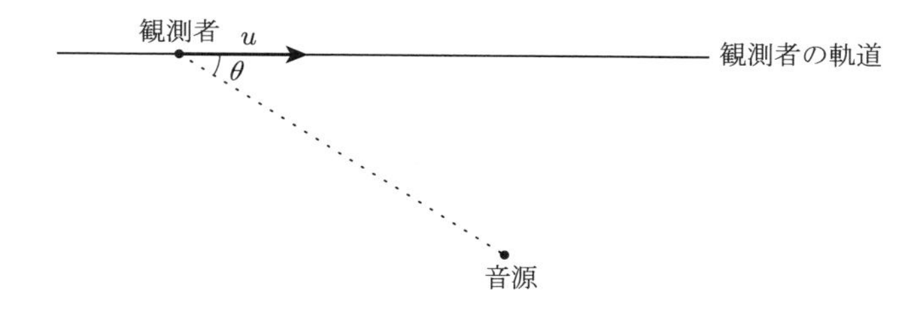

図の位置で1つの波の先端を観測した時刻を $t=0$ とすれば，この先端が音源から発せられた時刻は

$$t=-\frac{l_1}{c}$$

である。よって，波の尻尾は時刻

$$t=-\frac{l_1}{c}+\frac{1}{f_0}$$

に音源から発せられる。観測者に届く時刻は

$$t = \left(-\frac{l_1}{c} + \frac{1}{f_0}\right) + \frac{l_2}{c} = \frac{1}{f_0} - \frac{l_1 - l_2}{c}$$

となる。したがって，観測者がこの波を観測するときに聞く音の振動数 f は

$$\frac{1}{f} = \frac{1}{f_0} - \frac{l_1 - l_2}{c}$$

で与えられる。

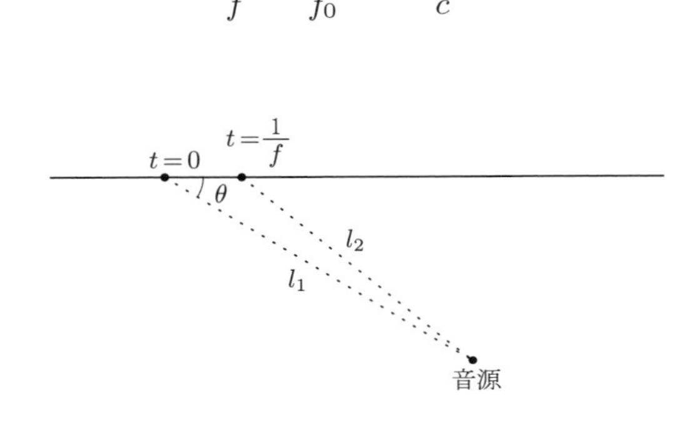

観測者の速さを u とすれば，音源が斜めに移動した場合と同様の議論により，

$$l_1 - l_2 = \frac{u}{f}\cos\theta$$

と近似できるので，

$$\frac{1}{f} = \frac{1}{f_0} - \frac{1}{f}\cdot\frac{u\cos\theta}{c} \qquad \therefore \quad f = \frac{c + u\cos\theta}{c}f_0$$

となる。これは，観測者の速度を音が届く方向に正射影した成分（視線方向成分）を用いて，正面のドップラー効果の式を用いた場合と一致する。

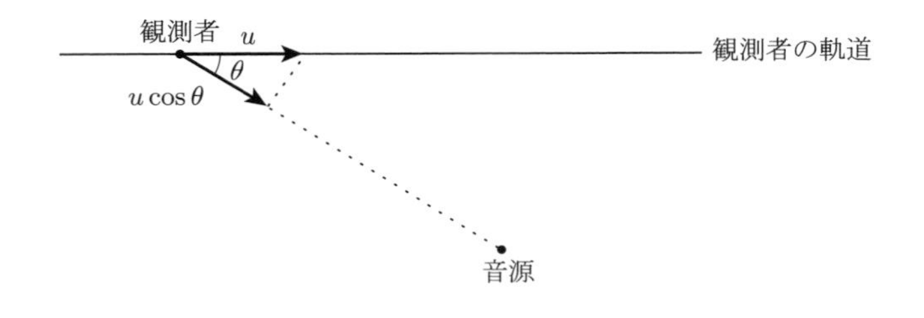

付録A　ギリシャ文字

大文字	小文字	読み方	英語	ラテン文字
A	α	アルファ	alpha	A
B	β	ベータ	beta	B
Γ	γ	ガンマ	gamma	G
Δ	δ	デルタ	delta	D
E	ϵ, ε	イプシロン	epsilon	E
Z	ζ	ゼータ	zeta	Z
H	η	エータ	eta	H
Θ	θ	シータ	theta	Q
I	ι	イオタ	iota	I
K	κ	カッパ	kappa	K
Λ	λ	ラムダ	lambda	L
M	μ	ミュー	mu	M
N	ν	ニュー	nu	N
Ξ	ξ	グザイ	xi	X
O	o	オミクロン	omicron	O
Π	π	パイ	pi	P
P	ρ	ロー	rho	R
Σ	σ	シグマ	sigma	S
T	τ	タウ	tau	T
Υ	υ	ウプシロン	upsilon	U
Φ	$\phi,\ \varphi$	ファイ	phi	F
X	χ	カイ	chi	C
Ψ	ψ	プサイ	psi	Y
Ω	ω	オメガ	omega	W

※ Word 等のワープロソフトで「Symbol」のフォントを選び，表のラテン文字を入力すると，対応するギリシャ文字が表示される．

付録B　物理定数

物理量	記号	数値
標準重力加速度	g	$9.80665\ \mathrm{m/s^2}$
万有引力定数	G	$6.67427 \times 10^{-11}\ \mathrm{N \cdot m^2 \cdot kg^{-2}}$
熱の仕事当量	J	$4.18580\ \mathrm{J/cal}$
アボガドロ定数	N_{A}	$6.02214076 \times 10^{23}\ \mathrm{mol^{-1}}$
ボルツマン定数	k	$1.380649 \times 10^{-23}\ \mathrm{s^{-2} \cdot m^2 \cdot kg \cdot K^{-1}}$
気体定数	R	$8.314472\ \mathrm{J \cdot mol^{-1} \cdot K^{-1}}$
真空中の光の速さ	c	$299792458\ \mathrm{m \cdot s^{-1}}$
真空の誘電率	ε_0	$8.854187817 \times 10^{-12}\ \mathrm{F \cdot m^{-1}}$
真空の透磁率	μ_0	$1.2566370614 \times 10^{-6}\ \mathrm{N \cdot A^{-2}}$
電気素量	e	$1.602176634 \times 10^{-19}\ \mathrm{A \cdot s}$
プランク定数	h	$6.62607015 \times 10^{-34}\ \mathrm{s^{-1} \cdot m^2 \cdot kg}$
リュードベリ定数	R	$1.0973731568527 \times 10^{7}\ \mathrm{m^{-1}}$

物理学と数学（上巻のあとがきに代えて）

「この巨大な書物（宇宙）は数学という言語で書かれている。」

これは，近代的な自然科学の祖の一人であるガリレオ・ガリレイの言葉です。自然科学を学ぶためには，数学の手法を習得することが必須の条件となります。

筆者が物理の学習を始めたのは高校２年生のときです。それ以前から物理という分野の存在は認識していて，将来は物理学科に進もうと決めていましたが，特に自主的に物理の学習を行うことはしていませんでした。その理由のひとつは，自分には数学の学習が足りていないという自覚があったためです。物理の学習には数学の知識が必要だということを何かで読み，まずは数学をしっかり勉強しようと思っていました。物理の学習は，学校で物理の授業が始まるまでは我慢していました。

高校での物理の授業が始まってみると，学校の授業を理解する上では，予想していたほど数学を使う必要はありませんでした。いわゆる公式の類いを覚えれば，定期試験の問題は解けてしまいます。要求されるのは数学ではなく，算数の能力でした。ところが，学習が進みさまざまな公式を覚えると，どの公式を使うべきかの選択で迷うようになりました。高２が終わる頃には，公式を覚えて計算力で勝負するというやり方に限界を感じました。そこで手に取ったのは駿台予備学校から出版されていた『必修物理』というテキストです。そのテキストにより，数学の手法を用いることによって，物理学の理論を体系的に理解することができるということを知りました。物理学の習得には，この体系的な理解が重要です。数学は，そのための道具となります。『必修物理』を読んだ後は，大学１,２年生用に書かれた教科書を読み始めましたが，最初に手に取ったのは「物理数学」（物理学で用いる数学的手法を学ぶ分野）のテキストです。

大学では，物理学科の１年生の必修科目で物理の学習に必要な数学の手法を徹底的に訓練させられました。その講義は，当時の早稲田大学物理学科を代表する教授のお一人であった並木美喜雄先生が担当されていました。並木先生ご自身は電気通信学科を卒業された後，物理学を学ばれ，早稲田大学の物理学科の創設にご尽力された先生です。並木先生は数理物理学（理論物理学のなかで特に数学的側面を重視する分野）に広く興味をもたれていて，学生に対しても，物理学を学ぶためには数学の理解が必要であることを強調されていました。筆者もその教えに従って，学部生の頃は，物理学科の講義よりも数学科の講義により多く出席していました。代数，解析（微分・積分），幾何，確率などさまざまな分野の数学を学びました。そのような努力が実ったのか，学部 4 年の研究室配属では並木先生の研究室の選考に合格することができ，そのまま大学院まで進みました。

物理学を学ぶ人間には，必要に応じて数学的手法を躊躇なく用いる姿勢，十分な数学的手法が用意されていなければ自分で作って使うくらいの覚悟が必要です。ニュートンも，力学の理論を記述する必要性から微分・積分の手法を確立しました。高校物理を理解する上では，難解な数学の概念は必要ありません。高校で学ぶ程度の数学の手法が駆使できれば十分です。高校生の段階でも，本気で物理学を学び始めるのであれば，はじめから数学的手法を躊躇なく運用するという本来の物理学の学び方をするべきと考えています。筆者は勤務校でも，そのような思想に基づいた教育を実践しています。そして，受講生からも一定の評価を得て，十分な成果をあげていると自負しています。

本書も，高校までで学ぶ数学の手法は躊躇なく利用してきました。これから物理学を学び始める高校生にも，もう一度物理学を学び直そうとしている大人の方にも，遠回りをせずに王道を通って物理学を学習してもらいたいと考え，本書を執筆しました。

2019 年 3 月

吉田弘幸

索引

あ

か

さ

た

な

は

ま

や

ら

●著者自己紹介

吉田弘幸（よしだ・ひろゆき）

1963年東京生まれ。理学修士，法務博士，予備校講師（物理・数学）。

6歳くらいまでは東京で暮らしたが，小学校入学前に父の転勤のため神奈川県の大磯町に引っ越し，大学院入学前までそこで生活した。海が近く自然環境に恵まれた地域だった。学校は，町立の大磯小学校，大磯中学校を経て，県立大磯高等学校に進学した。中学の校庭は境目なく砂浜に繋がっていたし，高校の教室からも海岸を望むことができた。大磯高校は県内でも随一といえるくらいの自由な校風だった。その分，勉強も自分のペースで自由に行うことができた。

現代とは時代が異なるし，田舎暮らしだったので，塾や予備校には通わなかったが，文系・理系を問わずさまざまな分野に好奇心が働いた。しかし，なぜか，物心がついた頃から，職業としては科学者を目指していた。

高校進学前の春休みに岩波新書の『相対性理論入門』（内山龍雄著）を読み，自分の興味の対象の核心が物理学であることを知り（それまでは物理学という分野の存在自体を意識していなかった），大学は物理学科へ進学することを決めた。そして，早稲田大学理工学部の物理学科，同大学院で物理学を学んだ。大学院では宇宙論，特に量子宇宙論に関する研究を行った。修士論文のテーマは「偽真空泡の量子化の可能性」である。

大学院入学と同時に，アルバイトで駿台予備学校の数学科講師を始めた。当初は，研究者になるまでの学費と生活費を稼ぐためのつもりだったが，いつの間にか生活の比重が予備校講師に傾いてしまった。修士課程修了後は研究者の道を断念し，予備校講師に専念した。その後，いくつかの予備校で教えてきたが，現在はSEG（科学的教育グループ）と河合塾で高校生や受験生に物理を教えている。その他に，大学入試に関連するさまざまな仕事も行っている。

2004年に創設された法科大学院の制度にも興味があり，40歳を過ぎてから慶應義塾大学の法科大学院で法律学を学んだ。若く優秀な学生たちと新しい分野を学ぶ経験は非常に刺激的だった。勉強不足のため法曹の資格は取得できなかったが，友人が増え，視野が広がり，予備校講師としての仕事にも間接的には良い影響があったと思っている。

自分の子どもが生まれてからは，より広い見地で教育への興味が広がってきた。今後も，できるだけ長い間，教育に関わる仕事に携わっていきたい。また，予備校講師としての蓄積を文書として表現しておきたいと考えている。

はじめて学ぶ物理学【第2版】［上］
——学問としての高校物理

2019年 4月25日 第1版第1刷発行
2023年 6月10日 第2版第1刷発行

著　者……………………………吉田弘幸 ©
発行所……………………………株式会社 日本評論社
〒170–8474 東京都豊島区南大塚 3–12–4
TEL：03–3987–8621［営業部］ https://www.nippyo.co.jp/
企画・制作…………………………亀書房［代表：亀井哲治郎］
〒 264–0032 千葉市若葉区みつわ台 5–3–13–2
TEL & FAX: 043–255–5676 E-mail：kame-shobo@nifty.com
印刷所……………………………三美印刷株式会社
製本所……………………………井上製本所
装　訂……………………………銀山宏子（スタジオ・シープ）
組版・図版…………………………亀書房編集室

ISBN 978–4–535–79836–6 Printed in Japan